Architectural Design Note Vol.1
Selected Works of Architectural Design Studios

LEARNING FROM BUILDINGS

건/축/설/계/강/의/노/트

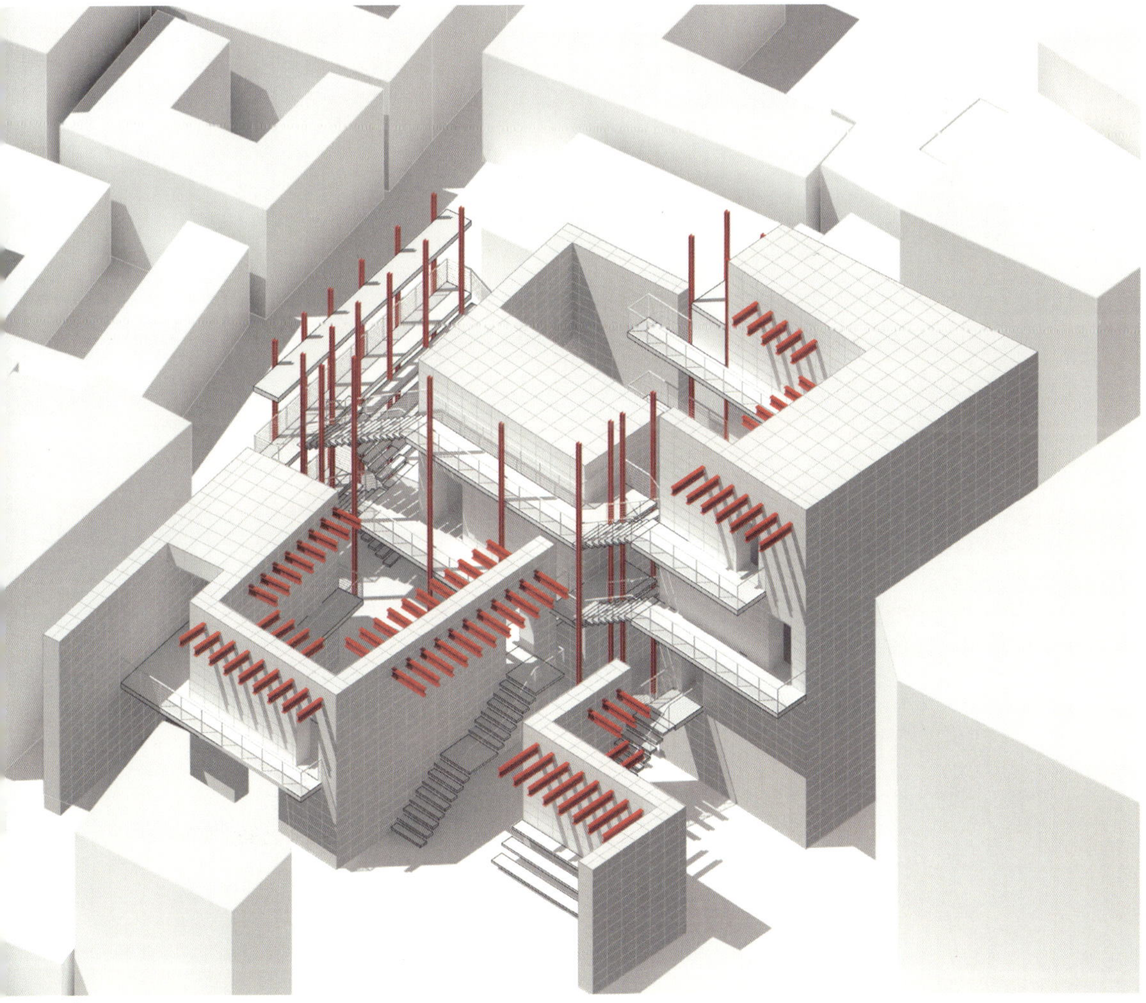

저자 소개

이강준
한양대학교 ERICA 건축학부 교수

한양대학교 ERICA 건축학부와 영국 런던 AA 스쿨에서 공부했습니다. 졸업 후 Foster and Partners에서 다년간 실무 경험을 쌓았으며 영국 건축사입니다. 2013년부터 한양대학교 ERICA 건축학부 교수로 재직 중이고, 건축형태분석연구실(Geometry Analysis Laboratory)에서 디지털 건축의 역사와 이론, 그리고 이를 기반으로 한 설계방법론을 연구하고 있습니다.

Learning from the Buildings
건축설계강의노트

초판 인쇄 I 2025년 4월 20일
초판 발행 I 2025년 4월 30일

지은이 I 이강준
편집 및 자료수집 I 박세진, 윤희경, 이예은, 백지원, 최민혁, 방예석, 신재웅
발행인 I 조규백

발행처 I 도서출판 구민사
주소 I (07293) 서울특별시 영등포구 문래북로 116, 604호(문래동3가 46, 트리플렉스)
전화 I (02)701-7421
팩스 I (02)3273-9642
홈페이지 I www.kuhminsa.co.kr

신고번호 I 제 2012-000055호(1980년 2월 4일)
ISBN I 979-11-6875-543-7 (93540)

정가 I 30,000원

Contents

Prologue

제가 처음 건축교육을 시작한 것은 런던에서 공부를 마치고 회사 다니기 시작한 지 3년 정도가 되던 2010년이었습니다. 모교인 한양대학교 ERICA 건축학부에서 외국에 나가서 실무하고 있는 동문들을 모아 재학생들과 함께 하는 짧은 워크샵을 기획하였는데 여기에 우연한 기회로 참여하게 되면서였습니다. '어떻게 가르칠 것인가?'라는 질문에 한쪽으로는 그동안 배워왔던 선생님들의 교수법을 떠올리고 다른 한쪽으로는 그 동안의 제 경험을 떠올리며 이 둘을 잘 버무려 보려는 일념에 잠 못 이루던 준비기간들과 물리적으로 잠을 잘 수 없었던 워크샵 기간이 기억에 남습니다. 몇 살 차이나지 않는 후배들과 좌충우돌하면서 2주 남짓 되는 짧은 기간에 무엇이든 의미 있는 결과물을 내려고 노력했던 시간들은 자신을 건축가로 정의하고 설계하는 일만 하던 제가 최초로 '가르치는 일도 재미가 있구나!' 하고 느끼게 해주었습니다.

몇 년 후 모교에 전임으로 임용되면서 건축가로서 설계 작업을 하는 것 외에 벌써 10년이 넘게 건축설계를 가르치는 일이 제 주 업무 중 하나가 되었습니다. 10년이면 강산도 변한다는 옛말처럼 10년이란 시간은 누구도 짧다고 말할 수 없는 시간인 것 같습니다. 사람이 10년 무언가를 하면 본능적으로 정리하고 싶어지는 것일까요? 닥친 일을 처리하는 것에 급급하여 바쁘게 살다가 어느 순간 문득 나는 가르치는 일도 하는 사람이지 않나? 라는 생각과 함께 주로 하던 설계 작업을 정리하여 게재하거나 전시하는 일처럼 이제 가르치는 일도 정리해 볼까하는 생각이 들었습니다.

정리란 '흐트러진 것이나 어수선한 것을 한데 모아 둘 자리에 두어서 질서 있는 상태가 되게 하거나 일정한 순서나 체계를 가진 상태가 되게 함'으로 정의합니다. 물론 일관된 건축론으로 가르쳤지만 10년 동안 다른 학년과 학기를 가르쳤고 상황에 따라 매번 조금씩 바꿔가며 강의하였기에 강의 결과물을 일정한 순서나 체계를 가진 상태로 만드는 작업은 쉽지 않았습니다. 과연 한 번에 정리될지도 의문입니다만 그럼에도 불구하고 시작을 해보려 합니다. 이 책에 기술된 내용은 2010년부터 이어진 제 건축설계교육의 첫 번째 정리입니다.

정리를 시작하기 전에 먼저 현대 건축학교육의 상황과 현재의 형태의 교육방식이 만들어지게 된 과정을 고찰할 필요가 있습니다. 현재 우리나라 대학에서 이루어지는 건축교육은 크게 건축이론, 건축기술, 그리고 건축설계교육으로 나눌 수 있습니다. 건축이론이나 기술교육은 우리가 타과에서 흔히 볼 수 있는 강의(Lecture) 형식의 수업으로 이루어집니다만 건축설계교육은 교수와 학생이 1:1로 만나서 토론하는 튜터리얼(Tutorial)과 학생이 자기작품을 교수와 다른 학생들 앞에서 발표하고 토론하는 세미나(Seminar) 형태의 크리틱(Critique)으로 이뤄집니다. 우리나라의 경우 건축학인증을 받은 70여개 학교에서는 한 명의 교수가 스튜디오라고 부르는 12명 남짓의 소규모 학생들을 담당하여 보통 매주 2회 수업하는데 상당부분 교수와 튜터리얼방식으로 학생의 프로젝트를 발전시키고 중간이나 기말고사 크리틱으로 진행하여 발전된 각자의 프로젝트를 발표하고 평가 받습니다.

그런데 이러한 교육방식은 어떻게 만들어졌을까요? 모든 실무 중심 업종의 교육이 그렇듯이 근대 건축설계교육 또한 산업화 전의 도제식 교육에서 벗어나 현재의 제도권 교육형태로 정착되기까지 여러 번의 변곡점이 있었습니다. 한 명의 건축가의 사무실에서 수련을 받는 방식의 도제식 교육은 역사적으로 건축교육의 오랜 교육 방식이었습니다. 첫 번째 변화는 프랑스에서 일어났습니다. 건축교육 중 설계교육은 기존과 같이 건축가의 공방에서 실무를 하면서 이루어졌지만 건축역사이론과 기술교육 따로 떼어져 학교에서 교육되기 시작했습니다. 지금처럼 건축설계교육이 최초로 학교에서 이루어지게 된 것은 도제식교육에 반발한 젊은 건축가들이 1847년 설립한 영국 런던의 AA School에서부터라고 볼 수 있습니다. 물론 등록된 건축사가 되기 위해서는 현재와 같이 졸업 이후 일정 기간의 실무를 거쳐야만 했지만 건축이론이나 기술교육이 아니라 건축설계를 학교에서 먼저 가르치기 시작했다는 점에서 큰 의미가 있습니다.

그러나 AA 스쿨의 설립 초기에는 지금처럼 소규모 그룹을 한 명의 선생님(Tutor)이 가르치는 것이 아니라 여러 명의 학생들을 여러 명의 선생님(Tutor)들이 가르치는 집단교육 체제였습니다. 아마도 그 당시는 건축설계라고 정의되는 학문이 선생님이 누구냐에 따라 가르치는 내용이 다르지 않았을 것이기 때문에 굳이 학생들을 따로 스튜디오로 나눠 가르칠 필요를 못 느꼈을 것이라 생각됩니다.

지금과 같은 스튜디오 시스템이 만들어진 시점은 1970년대 초입니다.

1950년대까지는 르 꼬르뷔제(Le Corbusier)와 미스 반데 로헤(Mies van der Rohe)로 대변되는 모더니즘 건축이 전 세계를 뒤덮고 있던 시기였습니다. 르 꼬르뷔제를 중심으로 하는 근대건축가 그룹은 '근대 건축 국제 회의(CIAM)'를 전 유럽을 돌아다니면서 개최하였고 자신들이 공유하는 건축의 기본 생각들을 하나하나 결의하여 지금 우리가 모더니즘 건축하면 떠올리는 국제주의 양식(Internationalism)을 탄생시킵니다. 1928년에 1회를 시작으로 1959년에 개최된 10회 대회까지 무려 31년 동안 개최된 CIAM은 10회를 준비하던 젊은 건축가 그룹에 의해 와해되는데 후에 이들은 Team X이라 불리게 됩니다.

이들은 과거와의 단절을 선언하고 새로운 것을 향하던 모더니즘 건축이 다시 형태만 다를 뿐 고전건축의 양식화를 답습하는 모습에 환멸을 느끼고 양식의 형성을 통한 보편화가 아니라 각자의 시대와 상황에 맞는 개별화를 주장합니다. 이는 당시 유럽에 만연했던 탈근대주의 운동(포스트모더니즘)과도 맞닿아 있는데 이에 민감하게 반응한 것은 다시 AA School이었습니다. 1970년대 초 AA School의 교장이던 Alvin Boyarsky는 같은 주제를 건축가들에 따라 너무도 다르게 해석하는 시대에 더 이상 여러 명의 건축가들이 같은 학생을 가르친다는 것이 의미가 없다고 깨닫게 되고 작은 그룹의 학생들을 한 명의 건축가가 자신의 건축관에 따라 교육하는 'Unit System'을 고안합니다. AA School 수학시절 저는 학교 도서관에서 일할 기회가 있었는데 주로 도서관 이용자들의 요청이 있을 경우 오래되거나 잘 보지 않는 책들을 따로 보관하는 별도의 창고형 서가에서 책을 가져다주는 일을 하였습니다. AA는 학기 시작 전에 학생들에게 Unit을 선택할 기회를 주는데 이를 위해 AA Preview라는 책을 만듭니다. 시간이 남을 때마다 서가 맨 앞에 있는 이 책들을 연도별로 볼 기회가 있었는데 초창기 AA Diploma School의 유닛은 9개였는데 이 유닛의 선생님들 대부분이 Zaha hadid, Rem Koolhaas, Peter Cook, Ron Herron, Bernard Tschumi, Robin Evans 등 우리가 너무나도 잘 알고 있는 친숙한 이름들이었던 것이 기억납니다.

이 Unit System은 현재도 AA School에서 사용하는 교육제도이고 전 세계의 건축설계교육이 이 제도에 영향을 받아 설계교육을 하고 있습니다. 우리나라의 경우도 마찬가지라 할 수 있는데, 다만 우리나라는 2000년대 들어서 건축교육의 질을 세계적 기준에 부합하기 위해 도입된 건축학인증교육 전에는 30명가량의 학생을 한 선생님이 일주일에 3시간 안에 가르쳐야 했던 것을 인증 이후에는 12명 정도의 학생을 일주일에 10-12시간 동안 가르친다는 차이가 있습니다. 건축학인증이 도입된 이후 건축설계교육의 질은 전과 비교할 수 없이 높아졌고 20여 년이 지난 지금 건축선진국이라 일컫는 나라들의 유명한 학교들의 교육과 비교해도 뒤떨어지지 않습니다.

그렇다면 건축설계교육은 어떻게 이루어지며 이루어져야 할까요? 한 명의 건축가가 소규모의 스튜디오 과목을 가르치는 형식의 교육이 존재하는 이유는 건축설계방법이 하나가 될 수 없다는 방증입니다. 각각의 건축가는 건축에 대한 다른 시각을 가지고 있고 이를 건축으로 풀어내는 방법론 또한 저마다 다릅니다. 학생들은 학기마다 다른 선생에게 다른 건축설계방법론을 배우며 이를 자양분 삼아 자신의 건축설계방법론을 구축하게 됩니다. 이 때문에 건축설계를 가르치는 선생님은 자신의 스튜디오를 수강하는 학생에게 절대적인 영향력을 미칩니다. 따라서 선생님은 차별되는 자신만의 건축관을 명확하게 설명할 수 있어야 하고 그 건축관을 증명하기 위해 어떻게 설계 스튜디오를 구성할 것인지를 학생들에게 보여줄 수 있어야 합니다.

전자에 해당하는 선생님의 건축관을 명확하게 드러내는 글을 Agenda라고 부릅니다. 직역하면 의제, 논제 등의 의미가 있는 이 단어는 건축가 자신의 건축 선언(Manifesto)이나 가설(hypothesis)과 같은 글로써 설계 스튜디오의 개설 목표를 설명합니다. 이 글은 자신이 관심있는 건축에 대해 '이 부분은 이러저러한 이유로 이러할 것이다'는 식의 논리적 근거를 통한 주장과 예상을 담고 있습니다. 후자에 해당하는 Agenda를 증명하기 위한 설계스튜디오의 구성을 보여주는 글을 Brief라고 합니다. 이 글은 나의 건축적 Agenda는 이러저러하니 이것이 타당하다는 것을 증명하기 위해 이번에 우리 스튜디오는 어떤 프로그램을 어떤 규모로 어디에다 계획하고 어떠한 방법론을 따라 어떠한 스케줄로 진행하겠다'는 식의 글입니다. 이는 마치 과학자가 이론적 연구를 통해 산소를 섞으면 물이 만들어지지 않을까? 하는 가설을 설립한 후에 여러 실험 장비들을 갖추고 특수한 방법으로 수소원자와 산소원자를 결합시키는 실험 끝에 두 원자의 비율이 2:1일 때 물이 만들어진다는 결과를 증명하는 과정과 매우 유사합니다. 물론 과학자가 증명하고 싶은 가설이 하나일리 없고 이를 증명하기 위한 실험의 방법도 여러 가지일 수 있듯이 건축가의 Agenda 또한 하나일 수 없고 하나의 Agenda를 증명하는 Brief 또한 하나일 수 없습니다.

이 책은 저의 첫 번째 Agenda와 이를 증명하기 위해 설계된 4개의 Brief를 담고 있습니다. 그리고 부족한 저를 믿고 이 건축적 실험에 기꺼이 응해준 18명의 한양대학교 ERICA 건축학전공 학생들의 결과물을 담고 있습니다. 과학자들의 실험처럼 건축실험은 이것이 성공이었느냐 실패였느냐를 말하기 어렵습니다. 다만 가치가 있는 실험이었느냐 그렇지 않았냐 하는 비평만이 있을 수 있다고 생각합니다.

이 책의 출판을 위해 적극적으로 도움주신 도서출판 구민사 조규백 대표님과 직원 여러분께 감사를 드립니다.

10년만의 정리라는 핑계를 빌어서 독자분들의 평가를 기대합니다.

마지막으로, 많은 도움을 주신 건축형태분석연구실(Geometry Analysis Laboratory) 학생들과 도서출판 구민사 조규백 대표님 이하 직원분들께 감사 인사를 전합니다.

Studio Agenda

건축가는 건축물을 설계할 때 창, 계단, 지붕 등 건축물을 이루는 요소들을 어떤 모양으로 할지 결정해야 합니다. 사각형 혹은 삼각형으로 할지 또는 원형으로 할지에 관한 문제, 즉 보다 건축학적 용어로 '디자인 언어'의 선택 문제는 건축가나 건축학도가 항상 답해야하는 질문이지만 언제나 쉽지 않습니다.

디자인 언어는 기능적 측면만 고려해서 선택할 수 없습니다. 예를 들어 기능은 건물의 목적을 수용하는데 필요한 볼륨(Volume) 또는 열 쾌적성 또는 충분한 자연 채광을 얻기 위해 필요한 입면의 개구부 비율을 제안할 수는 있지만 그 형태(Geometry)를 제공하지는 않습니다.

역사적으로 디자인 언어는 개인적인 경험이 바탕이 된 건축가의 직관(Intuition)이나, 장소성(Genius loci)이라고 일컫는 대지의 역사성, 물리적 조건, 맥락(Context) 등으로부터 얻을 수 있는 영감(Inspiration)에서 생성되거나 혹은 이 둘 모두의 영향으로 생성된다고 믿었습니다. 이러한 오랜 믿음은 포스트모더니즘 시대에 이르러 설명의 편의를 위해 사용되던 일종의 삽화(Graphic Shorthand)를 의미하던 다이어그램(Diagram)이라는 단어의 개념을 건축설계의 '형태 생성장치(Generative Devices)'로 재정의한 피터 아이젠만(Peter Eisenman)을 중심으로 한 소수의 전위적인 건축가와 이론가에 의해 1960년대 후반쯤부터 도전을 받기 시작합니다.

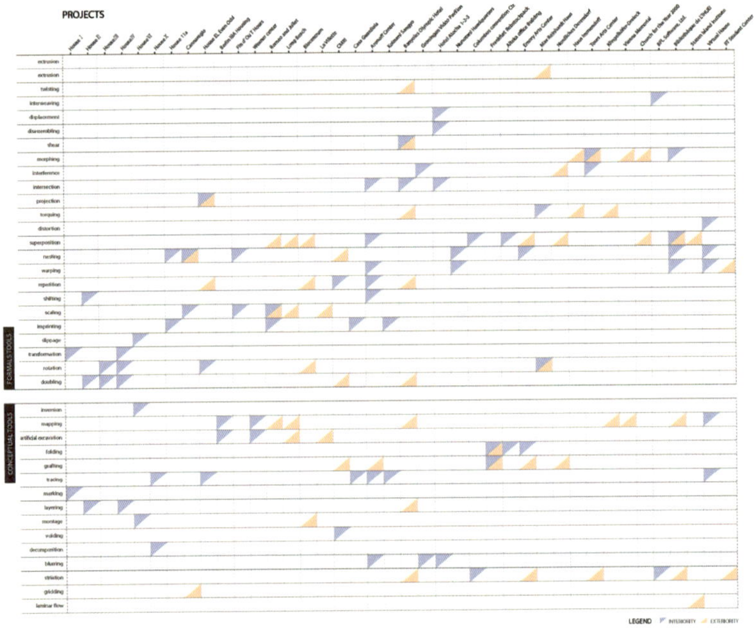

[그림 01] Eisenman's Table of Tools.
(source : Peter Eisenman, Diagram Diaries, London: Thames and Hudson, 1999.)

그들이 말하는 형태 생성장치로의 다이어그램은 형태적 잠재력을 유지하지만 아직 기능에 연결되지 않은 형상적 개체입니다. 즉, 형태는 있는데 이것이 무엇을 정확하게 지시, 의미, 표상하고 있지 않다는 것입니다. 좀 더 쉽게 말하면 카드 결재할 때마다 5만 원 이상이면 단말기에 손으로 사인을 해야 하는데 너무 귀찮아서 대충하면 이것이 내 이름을 한글로 써놓은 것인지 영어로 쓴 것인지 알아보기 어려운 경우가 있습니다. 그 휘갈겨 쓴 사인이 일종의 다이어그램이라 할 수 있겠습니다. 이 다이어그램을 설계하는데 사용했던 이유는 그 당시는 현재와 같이 컴퓨터로 설계를 하는 시대가 아니었고 머릿속에서 먼저 생각한 후 그것을 제도판 앞에 앉아서 손으로 그리는 방식이었으므로 그릴 수 있는 형태가 한정적이었습니다. 그런 한계에서 벗어나고자 하는 열망들이 모여 머릿속으로 먼저 생각하고 그것을 그리는 방법(Top-Down)이 아닌 그려진 형태를 보면서 이를 건축적으로 활용할 수 있는 가능성을 생각해보는 방법(Bottom-up)을 사용하기 시작했는데요. 그런 방법을 사용할 때 먼저 그려진 형태가 다이어그램입니다. 이 다이어그램을 건축설계에 이용하는 과정은 일반적으로 두 단계로 나뉩니다. 첫 번째 단계는 다이어그램을 선택하는 과정이고 두 번째 단계는 선택된 다이어그램의 건축적 활용 가능성을 탐구하기 위한 실험입니다.

이러한 설계프로세스는 컴퓨터의 발명과 CAD(Computer-Aided Design) 프로그램들의 개발이 큰 영향을 주었는데 초기에는 다이어그램의 기원을 자연지형이나 현상, 유기체, 아니면 어느 정도의 복잡도를 가지고 있는 패턴 등 건축 외부에서 찾으려는 경향이 강했습니다. 아마도 과거에는 지어진 건축물들이 Diagram을 추출하는 대상으로 삼을 만큼 형태적으로 충분히 흥미롭지 않다고 여겨졌나 봅니다. 그러나 예전과 달리 우리 주변에는 컴퓨터가 본격적 도입된 이후 설계과정에 건축형태의 자유를 누리면서 축조된 60년 이상의 참고자료가 있습니다. 비단 많은 참고자료가 있다는 것뿐만 아니라 이미 축조된 건축물에서 다이어그램을 추출해 다시 새로운 건축설계에 적용하는 방법은 실험해볼 만한 다른 이유가 또 있습니다.

컴퓨터가 우리의 일상에 들어온 이후로 세상은 빠르고 또 많이 변화하고 있는 것 같아 보입니다. 이러한 변화는 1980년대에 살았던 사람들에게는 더 극적이었을 것으로 생각합니다. 예를 들어 영화 '블레이드 러너'에 나오는 로스앤젤레스의 미래적인 이미지는 사람들이 1982년의 관점에서 2019년을 어떻게 상상했는지 보여줍니다. 그러나 영화에서 보여주는 항상 어둡고 비오는 날씨와 자동차가 하늘로 날아다니는 예측과 달리 로스앤젤레스의 하늘은 여전히 맑고 푸르며 자동차는 도로 위로만 주행합니다. 또한, 사람들의 사고방식과는 다르게 우리는 여전히 하루 세 끼를 먹고 하루 평균 8시간 일하고 8시간 잠을 자는 1982년과 거의 같은 생활방식으로 살고 있으며 이 방식은 가까운 미래에 변화하지 않을 것 같습니다.

이런 맥락에서 "건축에서 다시 건축으로" 라는 개념의 건축설계 방법론은 의미가 있습니다. 현재 건축가들이 이용하는 CAD(Computer Aided Design) 프로그램들은 발전에 발전을 거듭하면서 거의 모든 형태들을 분석하고 연구할 수 있게 도와줍니다. 하지만 CAD프로그램 안에서는 그릴 수 있지만 실제로 현장에 구현할 수 있는 것은 일부분입니다. 프로그램에서 그려진 복잡한 형태와 실제로 지어진 벽 사이에는 꽤 큰 간격이 존재하며 이러한 간극은 계약 당사자 간의 갈등, 공기 지연 및 예산 초과와 같은 바람직하지 않은 부작용으로 이어집니다. 제가 제안하는 설계 프로세스는 많은 실제적인 문제가 이미 고려되어 지어진 건축물의 형태를 형태 생성장치로서의 다이어그램으로 사용하므로 형태의 복잡도에서 기인하는 설계와 시공의 간극에서 발생하는 여러 문제를 사전에 차단할 수 있다고 생각합니다.

자가이식(autotransplantation)은 "신체에서 신체로"라는 개념을 나타내는 의학 용어입니다. 장기, 조직 또는 단백질을 자신의 신체에서 떼어내 다시 자신의 신체 내의 다른 부분으로 이식하는 것으로 정의됩니다. 이러한 형태의 이식은 부작용이 적고 회복기간이 짧다는 장점이 있습니다. 제가 제안한 "건축에서 건축으로" 개념의 설계프로세스 또한 동일한 방식으로 작동하리라 기대합니다. 이러한 기대를 바탕으로 본 스튜디오는 흥미로운 건축형태(Geometry)의 지어진 건축물들을 선정하여 Diagram을 추출하고 다시 새로운 건축물에 설계에 적용하는 '자가이식'적 설계 프로세스를 실험하고 관련된 장단점을 고찰하는 것을 목표로 합니다.

Design Phase 1 : Geometry Analysis

학생들은 비록 그것이 시대가 다르고 재료와 구법이 다르고 기능이 다를지라도 건축형태의 명료성을 가지고 있는 건축물을 하나 선택합니다. 그리고 선택한 건물 중에서도 그 건축물을 선택하게 만든 부분, 예를 들면 지붕구조나 파사드, 구조, 개구부 등을 중점적으로 이해합니다. 평면, 입면, 단면, 투상도 등의 건축도면을 그리는 방법은 선택한 요소가 어떠한 형태인지 혹은 다른 부분들과 어떻게 연결되어 있는지 등을 이해하는 가장 좋은 방법임과 동시에 형태 생성장치로서의 다이어그램을 처음 만나는 순간입니다. 컴퓨터로 어떤 형태를 그리는 것은 인지하고 있던 그렇지 않던 3차원 형태를 알고리즘(Algorithm)과 파라미터(Parameter)로 구성하는 과정입니다. 알고리즘은 형태를 구성하는 논리(Logic)입니다. 삼각형의 형태를 예로 들면 '서로 다른 좌표에 있는 세 점을 연결한 도형'이라는 삼각형의 정의가 알고리즘이고 세 변의 길이나 꼭짓점들의 좌표 등 숫자로 표현될 수 있는 것들이 파라미터입니다. 그리고 알고리즘과 파라미터로 정의된 형태를 지오메트리(Geometry)라고 하는데 이것이 바로 우리가 실험에 이용할 형태 생성장치로서의 다이어그램의 다른 이름입니다. 선택한 다이어그램의 이해가 끝나면 이제 그 구축가능성을 확인할 차례입니다. 학생들은 레이저커터(Laser Cut Machine)를 이용하여 모형을 제작합니다. 이는 복잡한 형태에 대한 막연한 환상을 지양하고 구축 가능성에 대한 현실 감각을 유지하기 위함입니다.

Design Phase 2 : Parametric Experiment

학생들은 주어진 대지와 프로그램의 분석을 통해 새롭게 설계할 대지의 조건과 공간적 규모 등을 산출합니다. 또한 대지의 특성이나 프로그램에 따라 설계를 통해 만족시켜야 할 많은 요구조건들을 나열합니다. 이제 본격적인 설계 단계입니다. 우리가 선택하여 분석하고 구축해본 형태(Geometry)를 이용하여 대지와 프로그램 분석에서 요구하는 조건들을 충족할 수 있도록 형태를 조절하면서 설계를 완성합니다. 예를 들어, 가로세로 10m에 높이 20m의 볼륨이 필요하고 서피스 형태의 다이어그램을 건물 외피로 사용하려면 볼륨을 덮을 수 있도록 파라미터를 적절하게 조절합니다. 이 과정에서 먼저 연구한 다이어그램이 어떤 것을 할 수 있는지 실험하는 과정을 거칩니다. 선택한 형태(Geometry)의 파라미터를 조절하는 것은 건축에서는 스케일을 조절하는 것입니다. 정육면체는 스케일에 따라 15cm 높이의 계단이 될 수도 있고 4m 높이의 공간이 될 수도 있고 100m 높이의 건축물이 될 수도 있습니다. 최종 모형은 프로토타입 모델과 동일한 구축방식이나 혹은 그 연장선상에 있는 방법으로 제작합니다.

Studio Brief 1
Learning from Buildings to Design Pavilions

학생들은 하나 혹은 여러 개의 Surface가 지붕의 형태를 구성하고 있는 건물을 선택합니다. 선택한 건물은 비록 그것이 여러 가지 이유로 다른 형태언어를 띄고 있더라도 지붕구조가 건물의 전체적인 형태나 건물 내 공간 구획방식에 큰 영향을 미친다는 공통점을 가지고 있습니다. 학생들은 선택한 건물의 평면, 단면 혹은 투상도 등을 그리며 지붕구조의 형태를 분석하고 공간 점유방식을 이해합니다.

이러한 분석과 이해를 바탕으로 한양대학교 ERICA 캠퍼스 내에 30m × 30m 규모의 파빌리온(Pavilion)을 설계합니다. 파빌리온은 비를 피할 수 있는 지붕을 갖추고 있지만, 외벽으로 둘러싸인 공간이기보다는 주로 외기를 면하는 건축물입니다. 다양한 용도로 사용될 수 있지만, 복잡한 프로그램을 담기보다는 간단한 기능이나 행위를 담는데 유용하게 사용됩니다. 학생들은 캠퍼스 내에 대지의 위치를 선정하고, 파빌리온의 기능을 지붕 형태와의 연관성을 고려하여 설계합니다.

Project No.	Student	Buildings	Architect
1	주영석	Oslo Opera House	Snøhetta
2	김태완	Kimbell Museum	Louis Kahn
3	홍정욱	Yokohama Ferry Terminal	FOA
4	이혜성	The Eden Project	Nicholas Grimshaw

Project	Oslo Opera House
Architect	Snohetta
Program	Opera House
Location	Oslo, Norway
Built Year	2008

노르웨이 출신의 Snøhetta가 설계한 Oslo Opera House는 오페라와 발레 공연이 가능한 공연장으로, 노르웨이 국립 오페라단과 발레단이 사용하는 건물입니다. 이 건물은 국제 설계 공모를 통해 선정되었으며, '카펫(Carpet)'이라는 이름의 바닥과 지붕이 하나의 면(Surface)으로 연결된 구조로 설계되었습니다. 이 카펫은 한 면이 바다에 접해 있고 경사를 이루며, 경사를 따라 오페라 하우스의 다양한 레벨로 자연스러운 진입을 가능케 합니다. 또한 오페라 하우스 지붕에 있는 옥상 전망대로도 연결되어 바다를 조망할 수 있는 기회를 제공합니다.

유리와 콘크리트로 이루어진 이 카펫은 마치 종이를 'ㄷ' 형태로 잘라낸 후, 잘라낸 부분을 들어 올린 형태로 해석될 수 있습니다. Surface를 잘라내는 방법, 크기, 경사의 기울기 등을 변화시키며 형태의 가능성을 연구한 후, 버스 정류소 앞 작은 휴게소를 설계했습니다. Surface의 경사는 계단식 휴식공간으로, 'ㄷ' 형태로 잘라내 들어 올린 부분은 작은 편의점의 지붕으로 사용되었습니다.

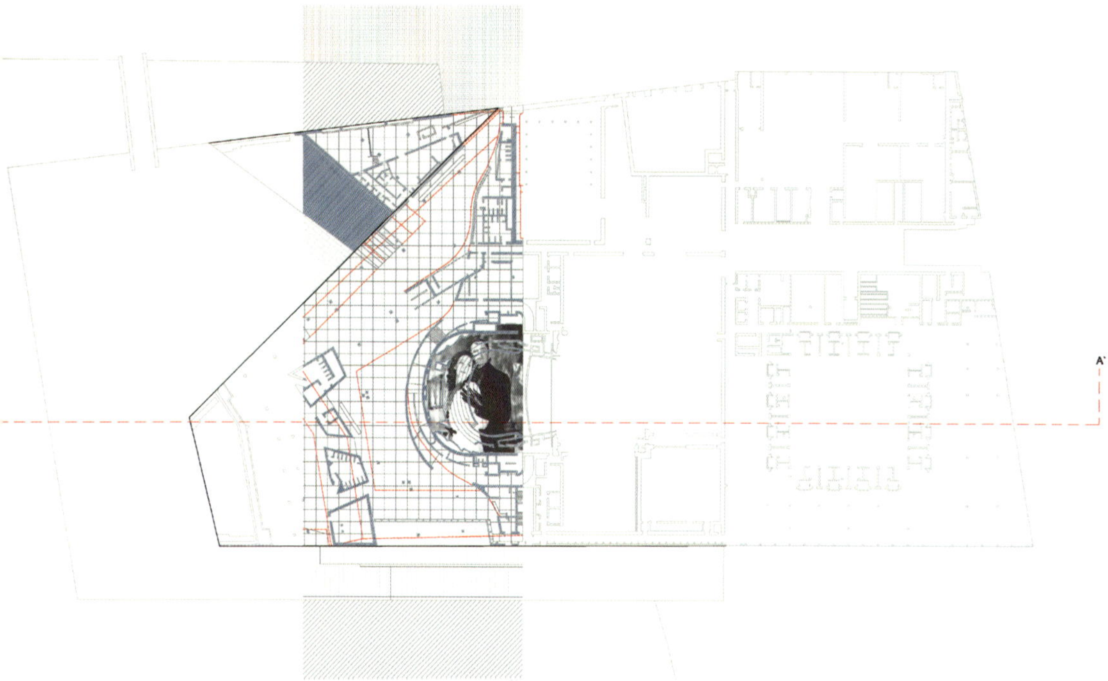

Plan_Oslo Opera House

A-A' Section_Oslo Opera House

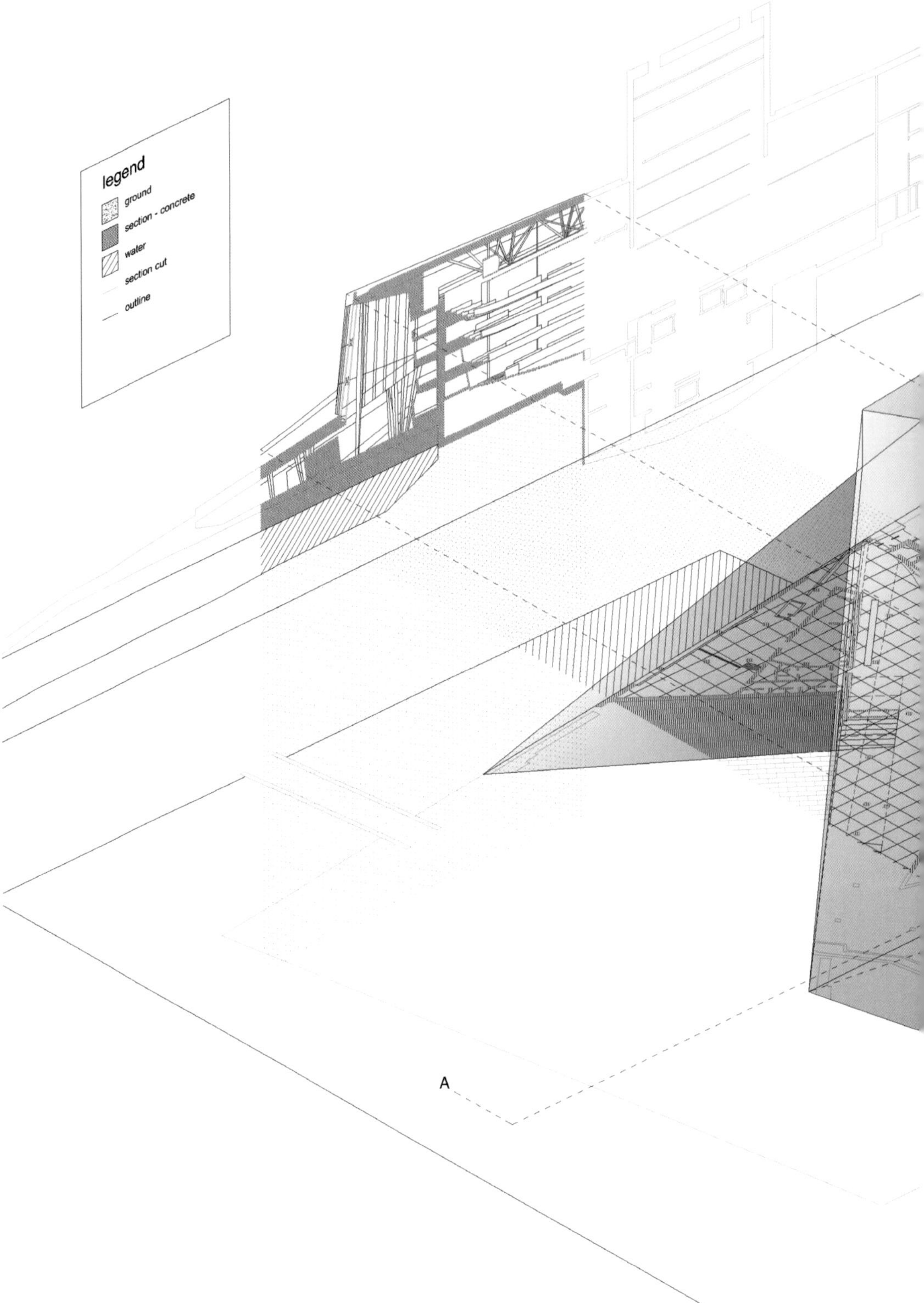
legend
ground
section - concrete
water
section cut
outline
A

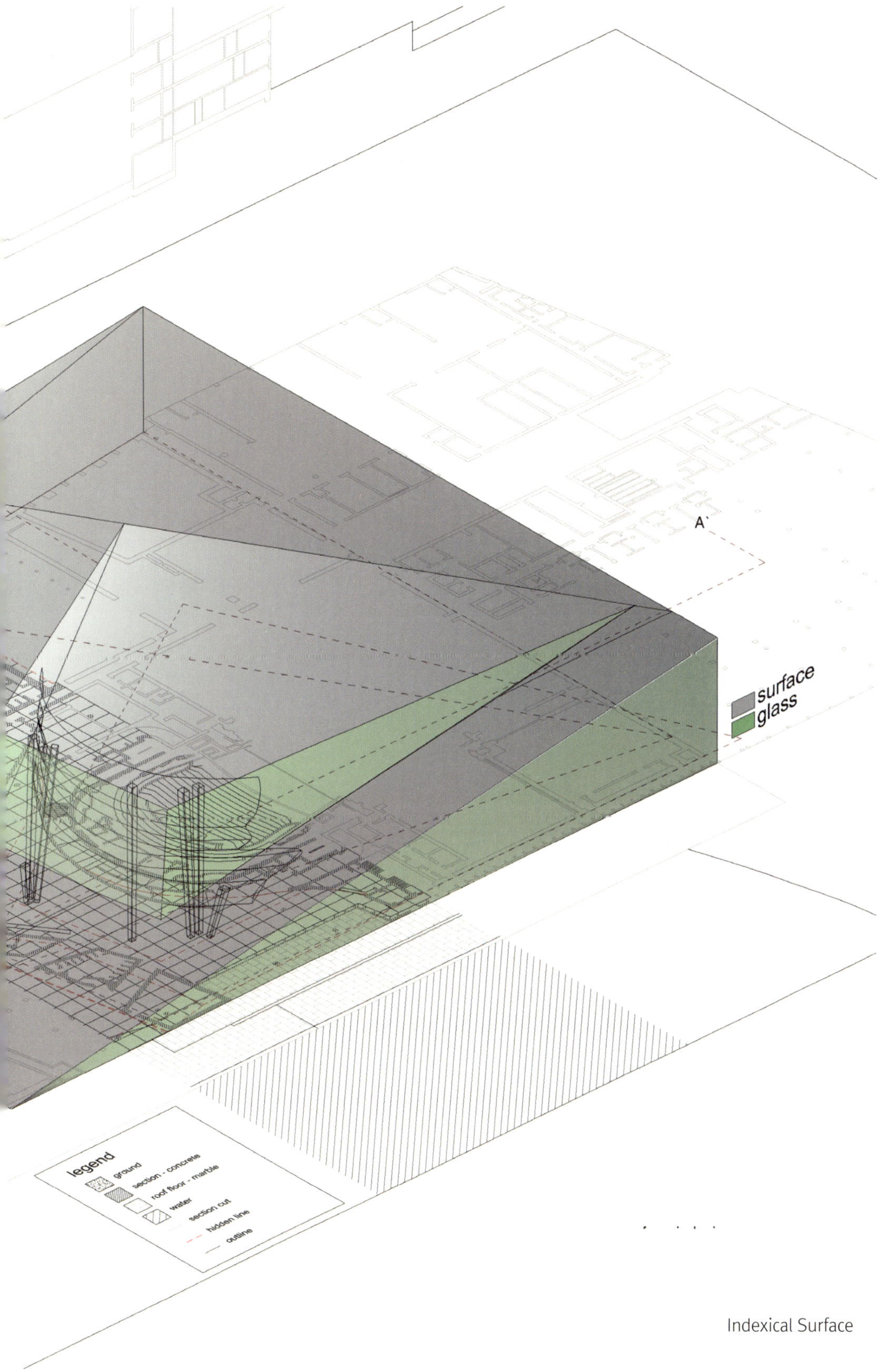

Indexical Surface

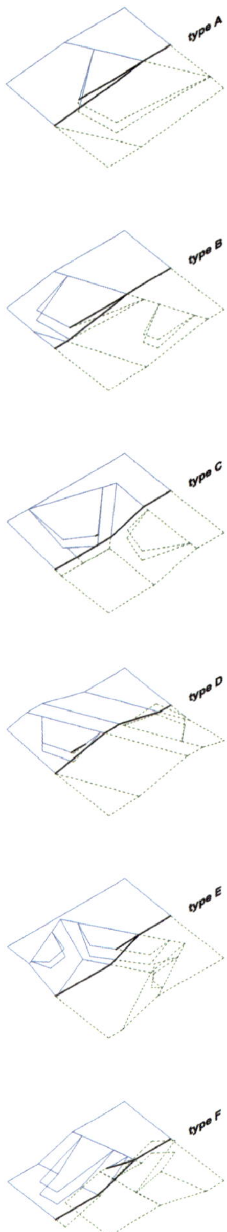

6 typologies of the diagram

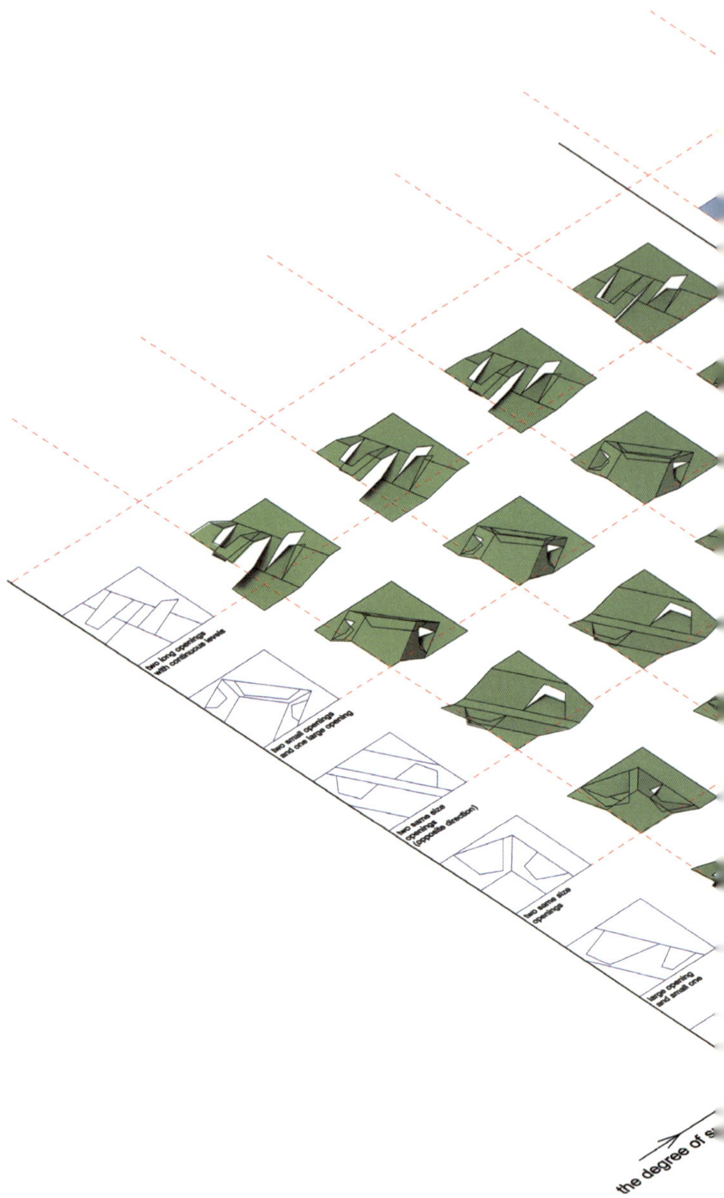

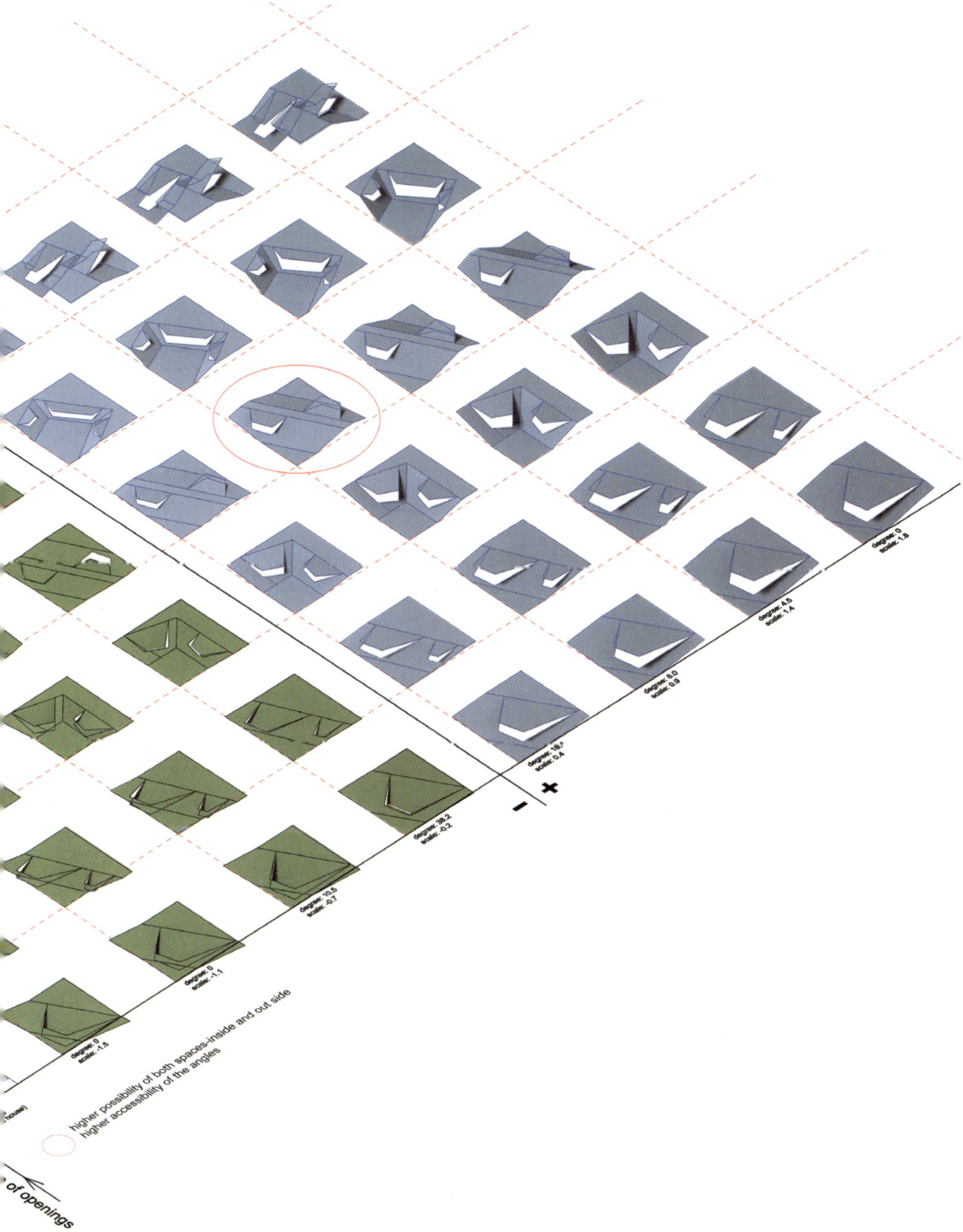

Parametric Matrix

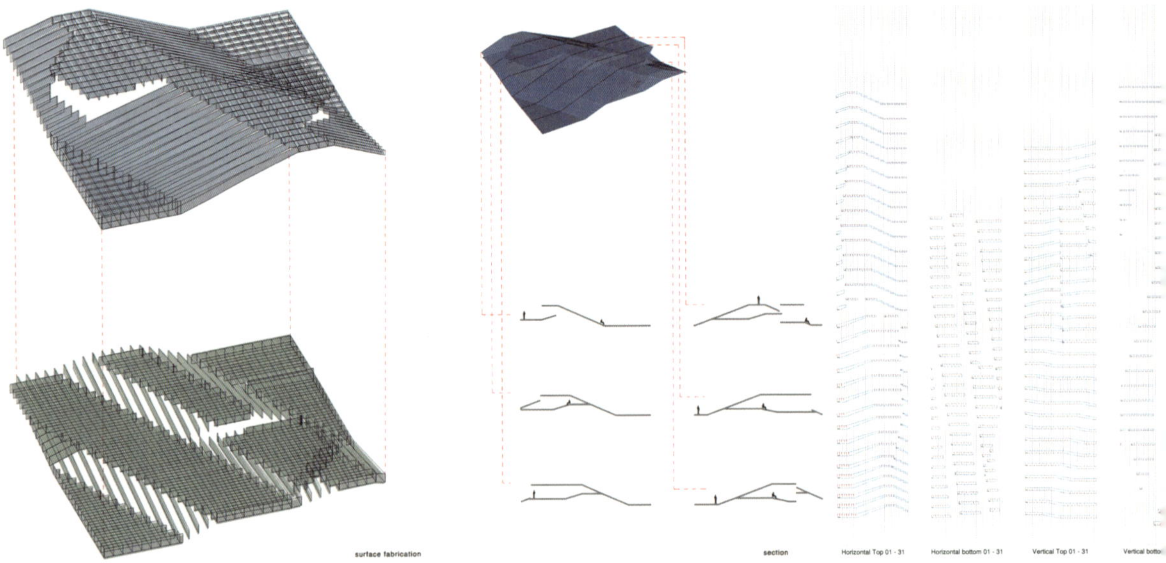

Physical Model Template

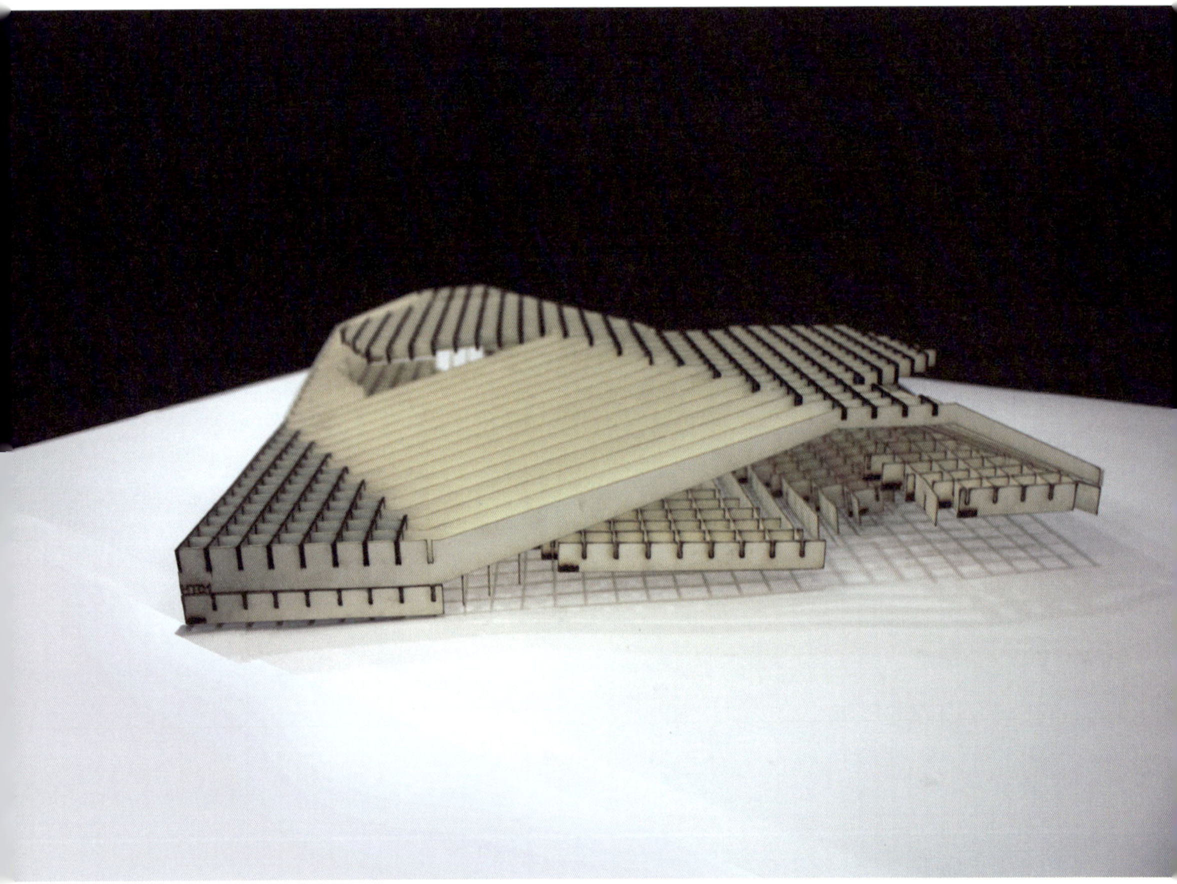

Physical Model Photo

Project	Kimbell Art Museum
Architect	Louis I. Kahn
Program	Museum
Location	Fort Worth, Texas, USA
Built Year	1972

서양건축의 아치(Arch)는 콘크리트를 이용하여 바닥과 기둥으로 이루어진 구조가 개발되기 이전에 지붕의 하중을 기둥으로 분산시키기 위해 사용되었습니다. 주로 돌과 벽돌을 쌓아서 건축물을 만들던 시대였으므로 정교하게 깎은 돌을 기둥과 기둥 사이에 곡선으로 쌓아서 연결하는 방식이었습니다. 이 아치를 길게 통로형태로 연장시킨 것을 배럴 볼트(Barrel Vault)라고 합니다. 미국 텍사스주에 위치한 킴벨 미술관(Kimbell Art Museum)은 근대건축의 거장 중 한 명 인 Louis Kahn의 대표작으로 배럴 볼트형태의 지붕구조를 장변으로 이어 붙여 설계된 점이 인상적입니다.
특히 볼트형태의 지붕 가운데를 가로지르는 천창과 이를 통해 유입되는 은빛 자연광이 만들어내는 전시공간은 매우 유명합니다.

킴벨 미술관의 배럴 볼트형태는 캠퍼스 내 학생들을 위한 소규모 수영장 설계에 활용되었습니다. 배럴 볼트의 폭, 높이, 조합 방법을 변화시키며 그 아래 형성되는 공간들의 건축적 가능성을 연구하고 분석한 뒤, 폭과 높이 등이 서로 다른 3개의 볼트를 선택하여 프로그램에 맞는 세부 공간을 설계하는데 사용하였습니다.

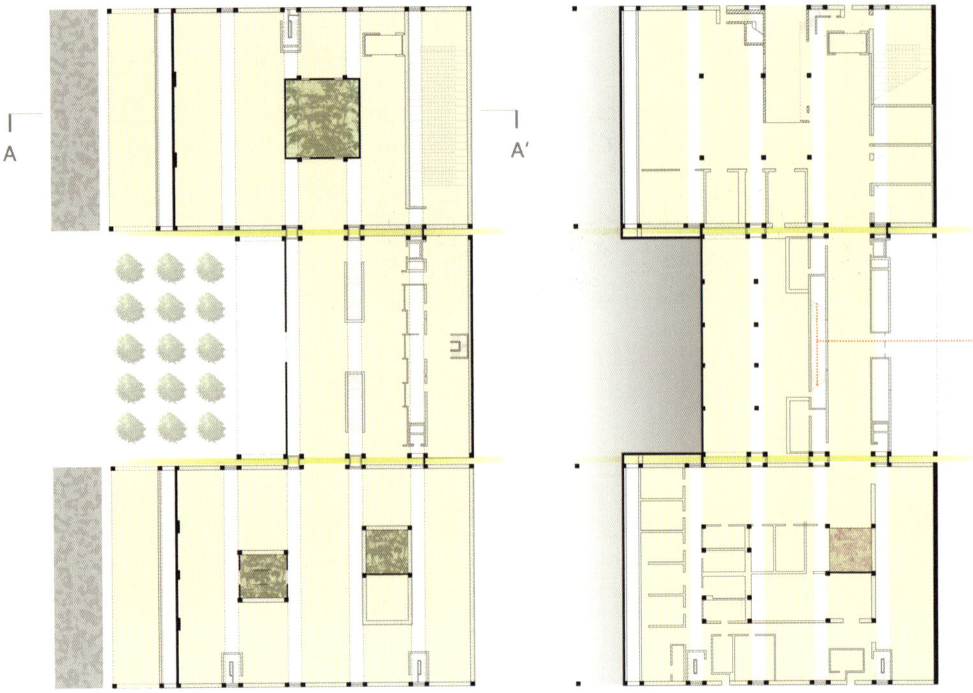

Plan_Kimbell Art Museum

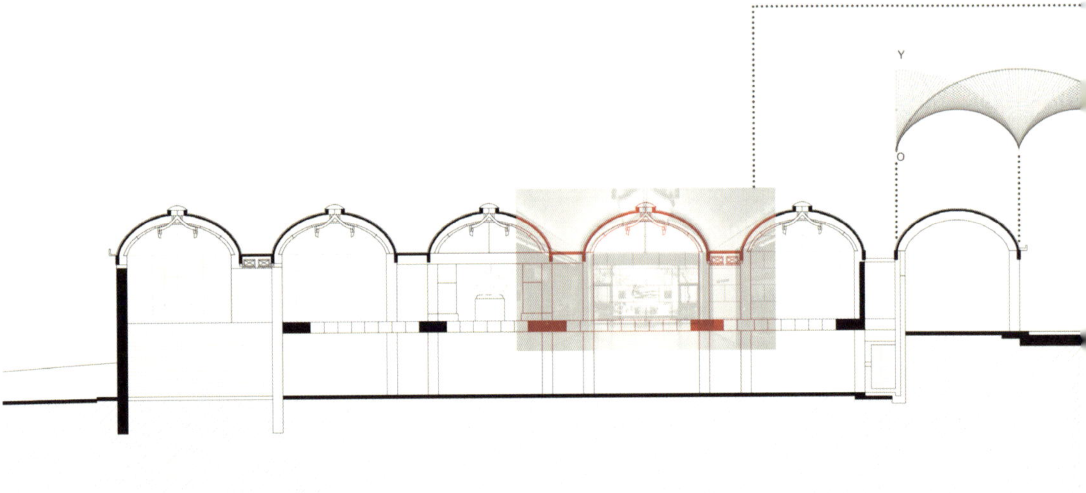

A–A' Section

Space_Kimbell Art Museum

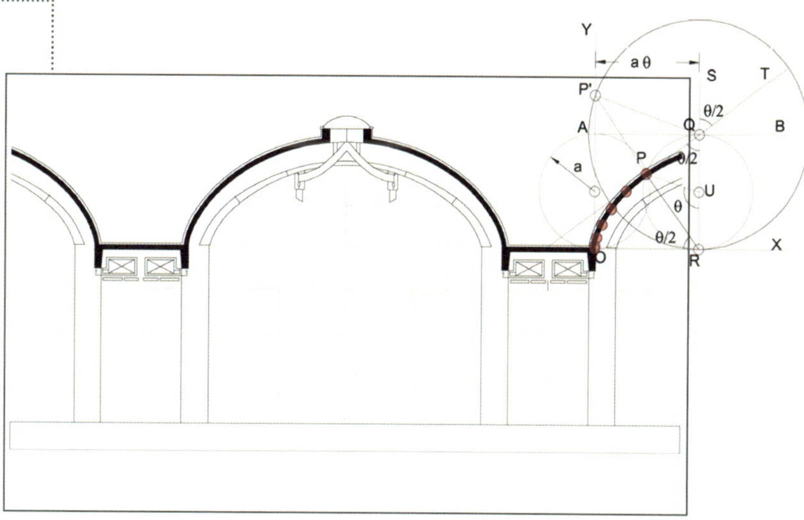

Magnified Section

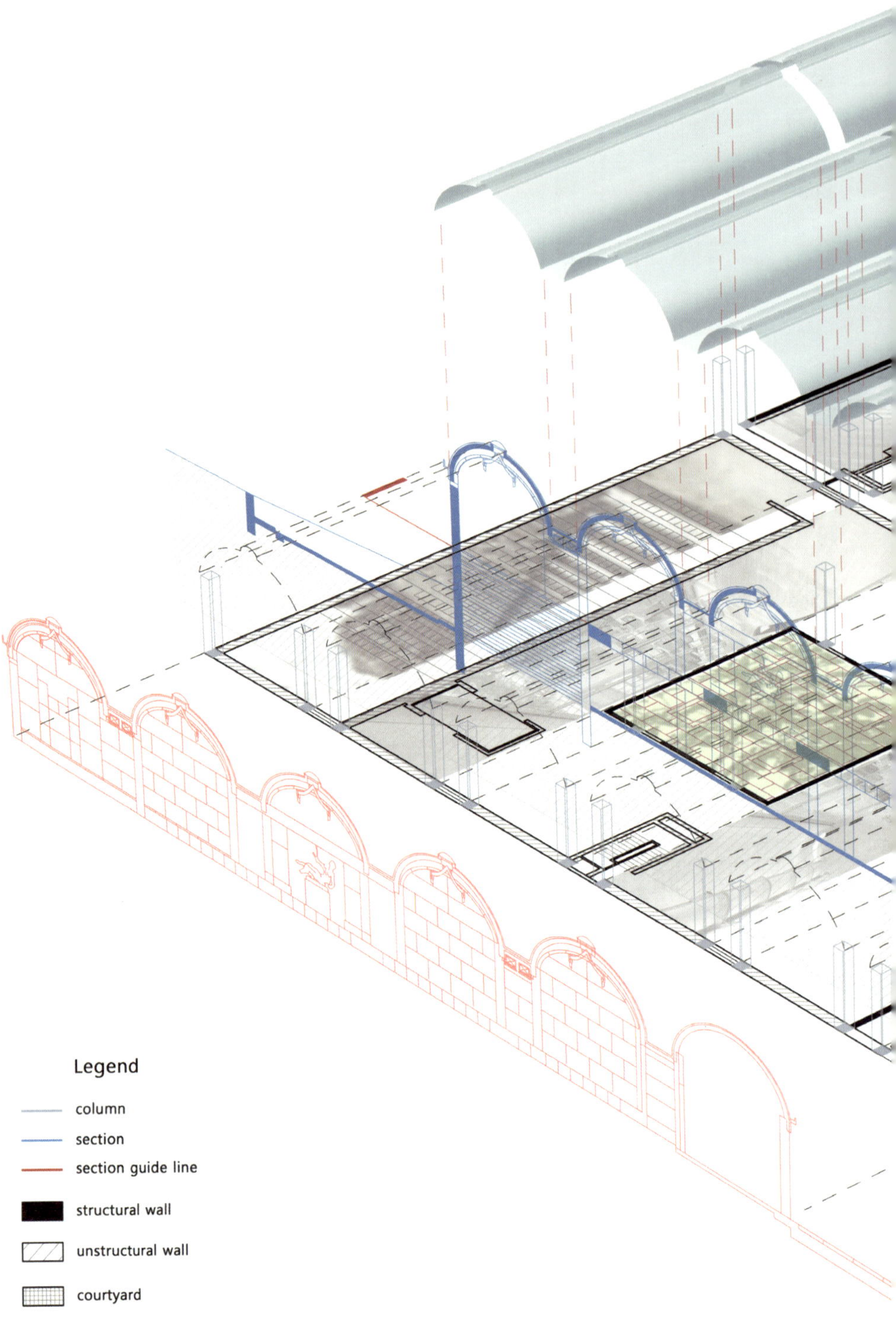
Legend
column
section
section guide line
structural wall
unstructural wall
courtyard

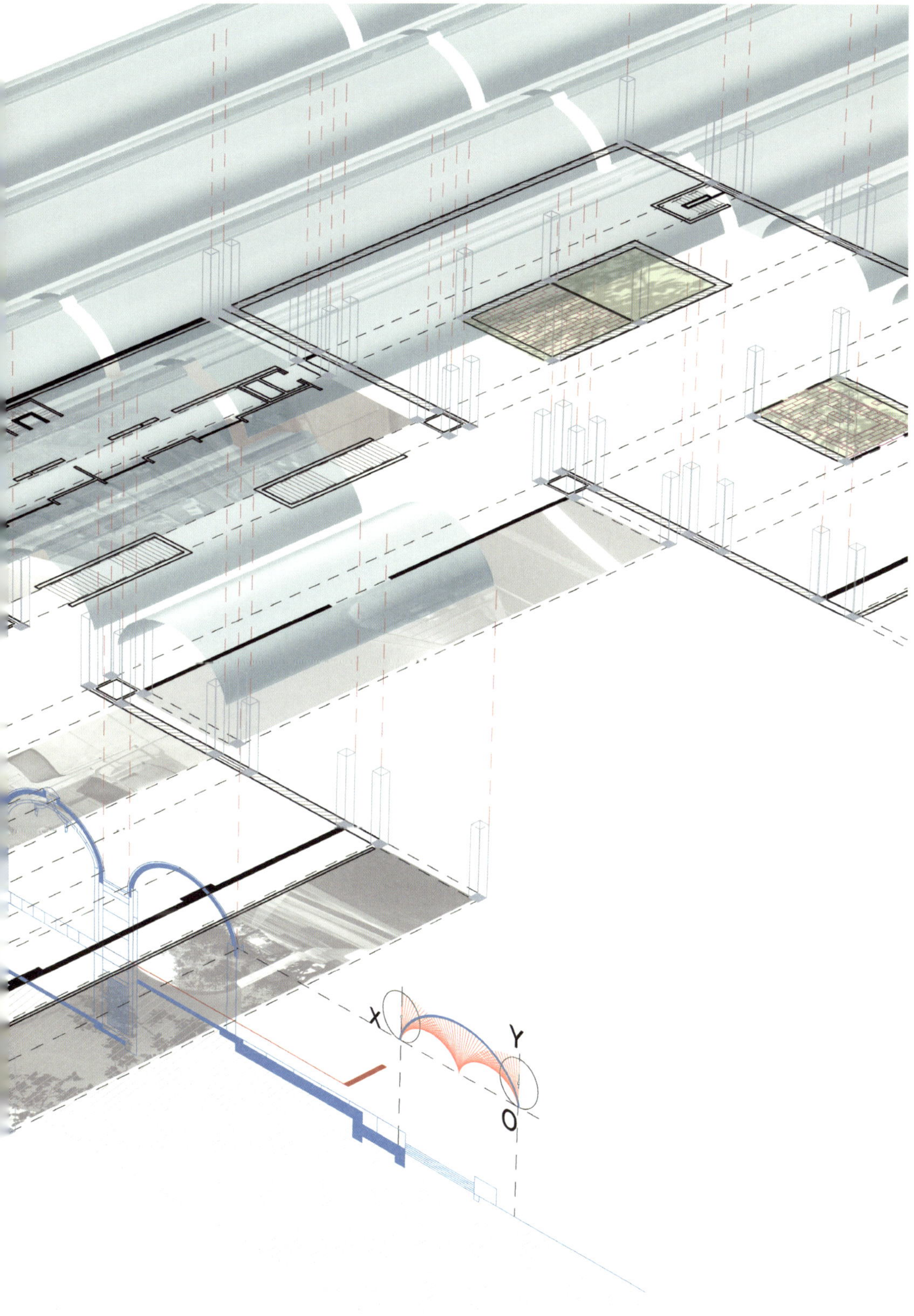

Indexical Surface

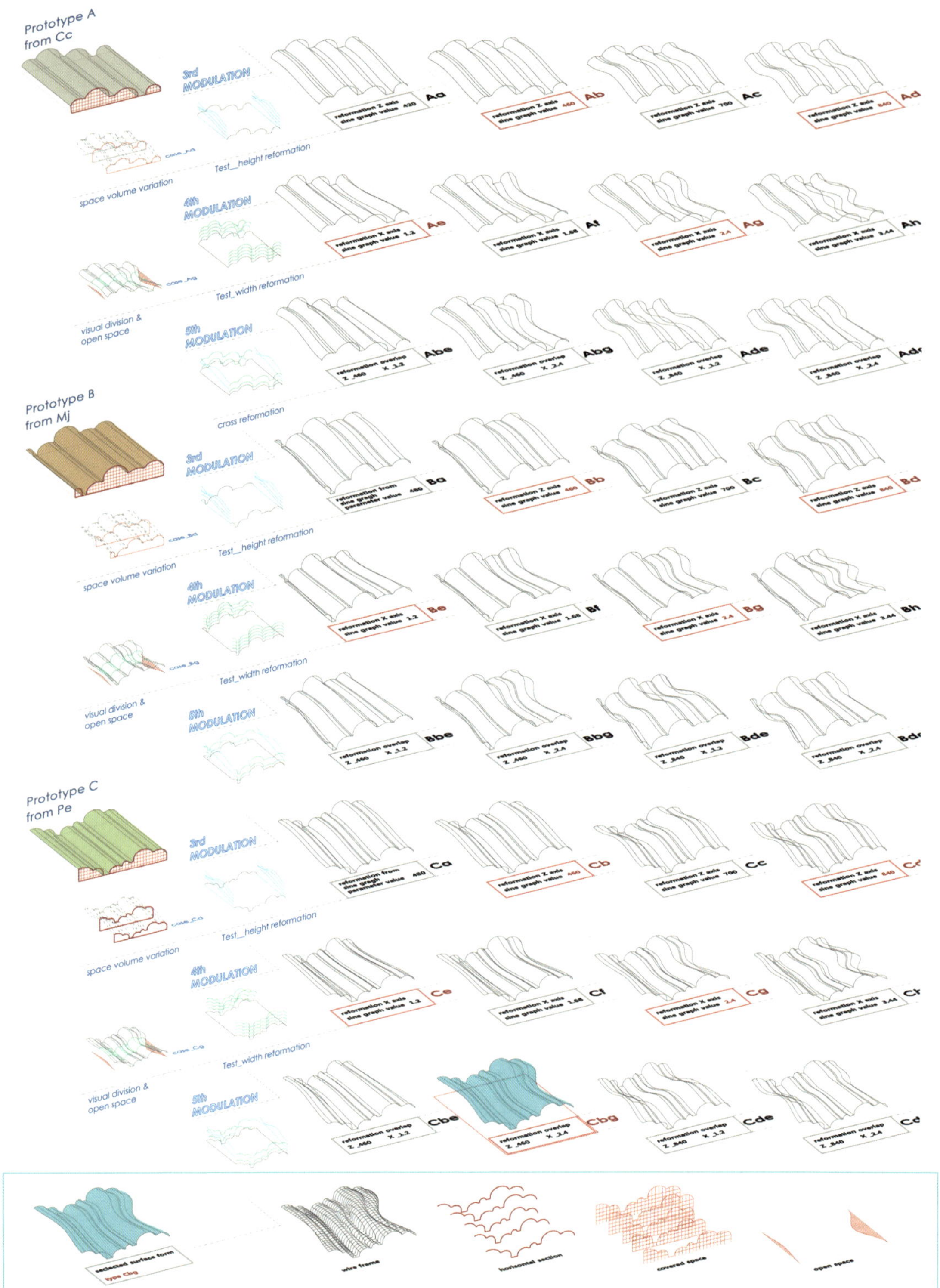

Parametric Matrix

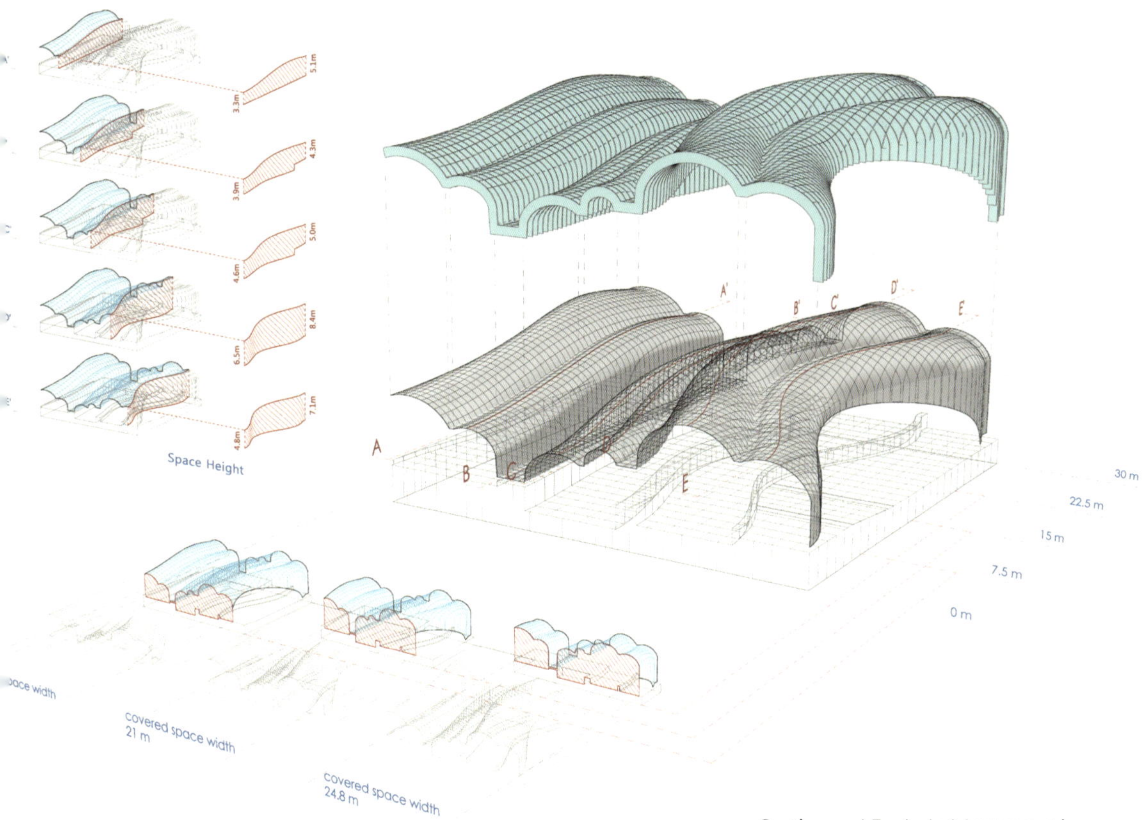

Section and Exploded Axonometric

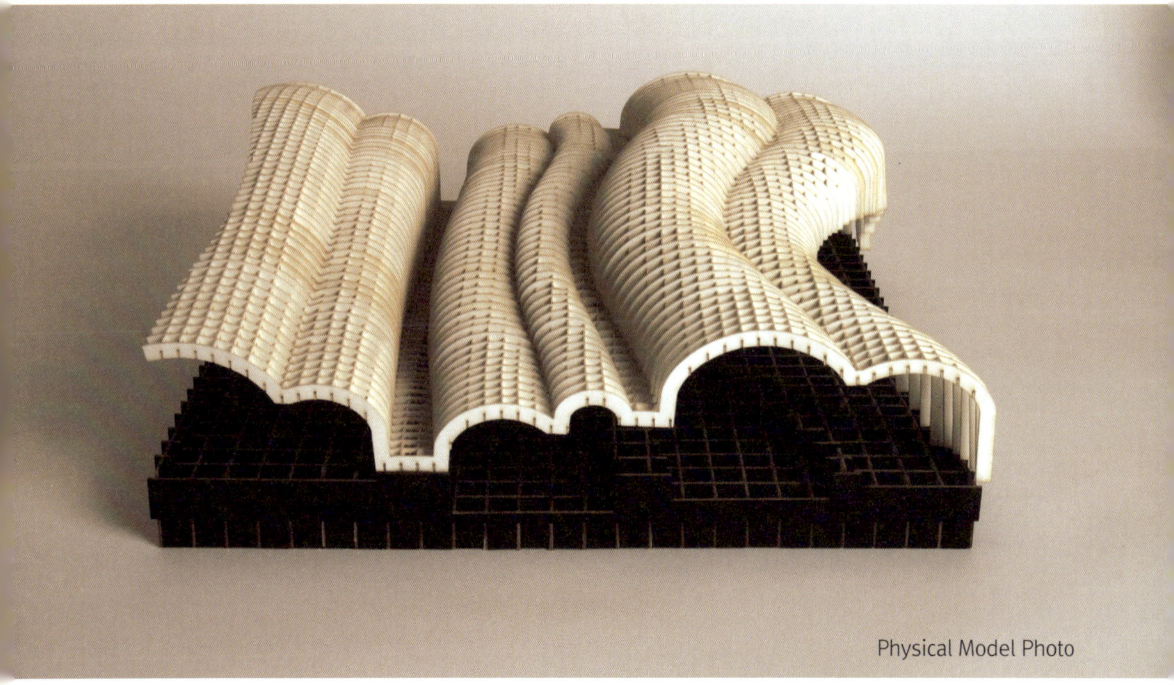

Physical Model Photo

Project	Yokohama International Passenger Terminal
Architect	Foreign Office Architects
Program	Ferry Terminal
Location	Yokohama, Japan
Built Year	2002

Yokohama Terminal은 건축 그룹 FOA(Foreign Office Architects)가 세계적으로 명성을 얻는 계기가 된 대표적인 프로젝트입니다. FOA는 계통발생(phylogenesis)이라는 독창적인 설계 방법론을 사용합니다. 이는 생물종이 하나의 기원에서 여러 갈래로 나뉘어 발전하듯, 형태가 복잡성이 더해짐에 따라 다양한 형태로 분류될 수 있고, 분류된 형태들을 상황에 맞게 설계에 적용하는 방식입니다.

Yokohama Terminal은 두 개의 긴 곡면이 지붕과 바닥을 형성하며, 용도에 따라 서로 만나거나 겹쳐져 다양한 단면을 구성합니다. 단면을 분석한 결과 공간의 성격에 따라 5개 구간으로 나눌 수 있고, 이 구간이 서로 맞닿는 부분에 지붕 위 데크 공간과 터미널 내부를 연결하도록 설계되었다는 것을 알게 되었습니다.

캠퍼스 내 전시공간 부족으로 인해 전시 수요가 가장 높은 위치에 전시 파빌리온을 계획하였습니다. 실내·외 전시가 가능한 공간을 설계하기 위해 Yokohama Terminal의 5개 구간을 분석하고, 그 중 가장 적합한 구간을 선택했습니다. 곡면의 크기와 곡률, 겹침의 정도 등을 조절하여 지붕이 없는 조각 갤러리와 지붕이 덮인 실내 갤러리를 동시에 포함하는 파빌리온을 설계하였습니다.

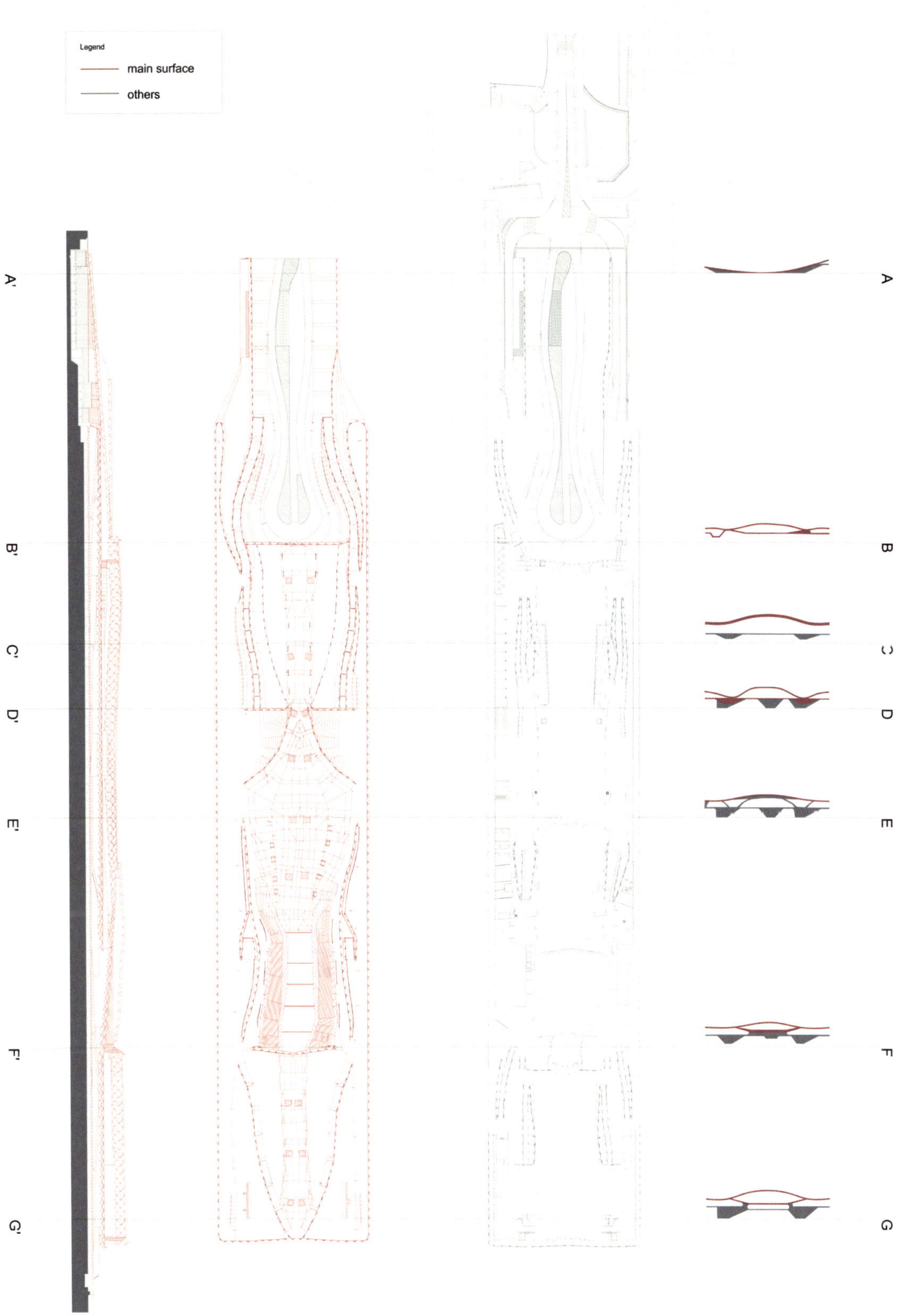

Plan and Section_Yokohama Terminal

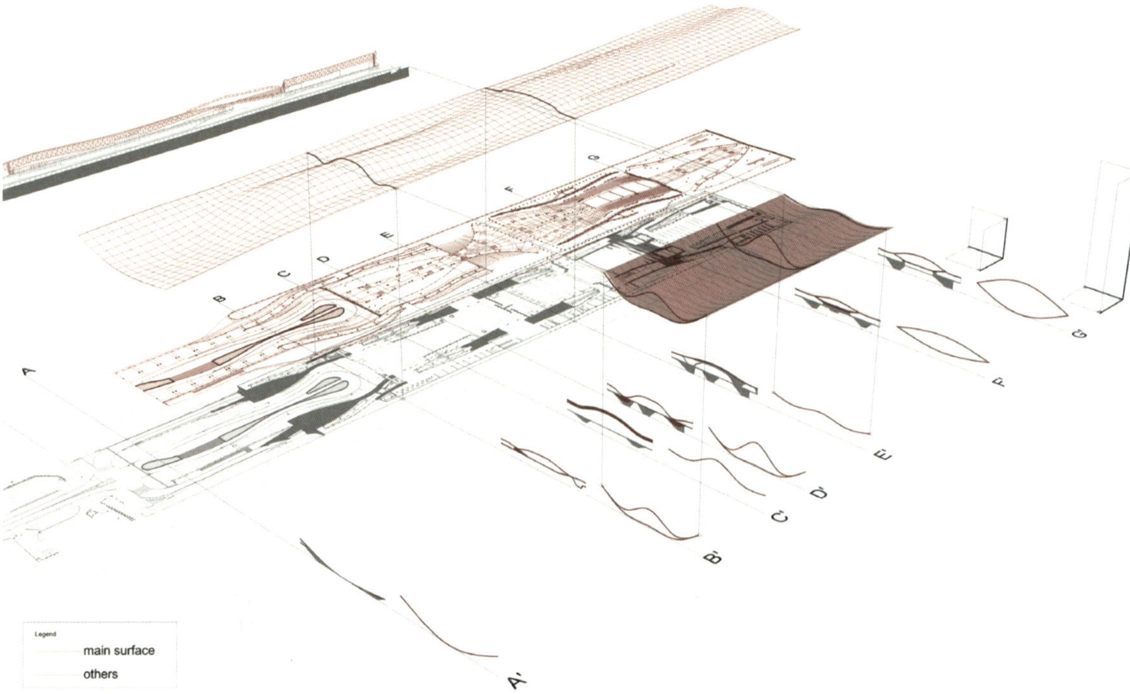

Indexical Surface

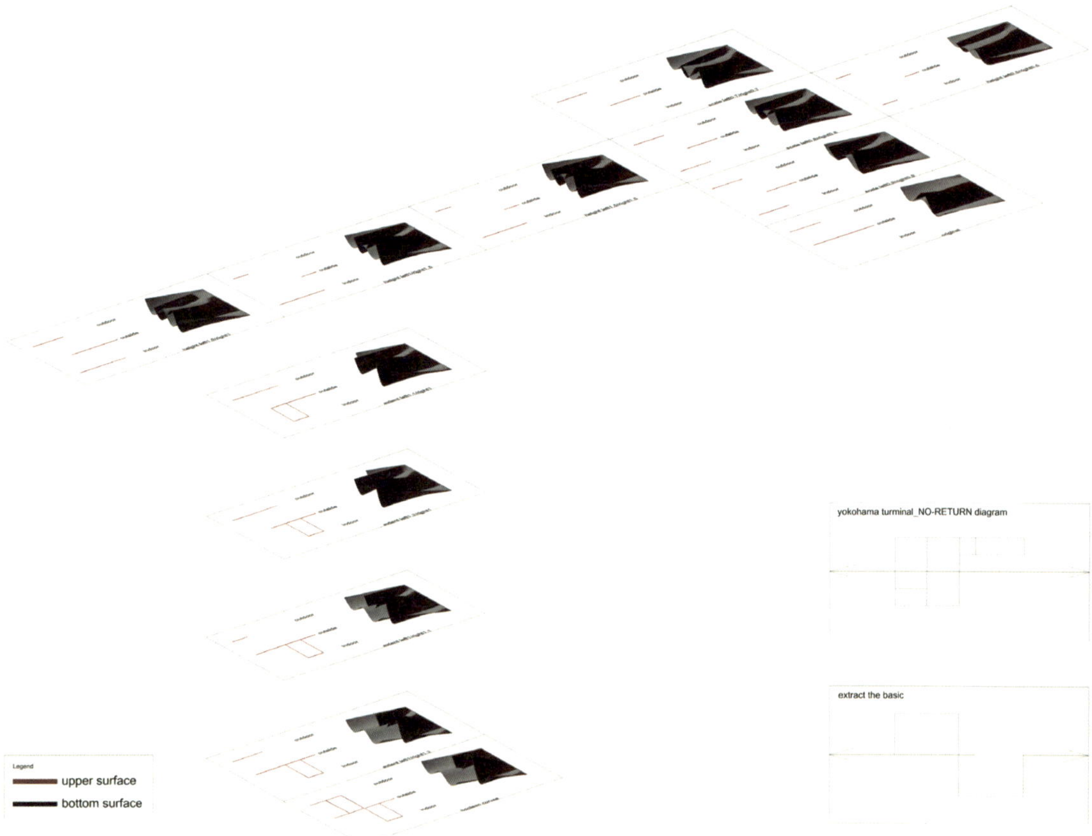

Design Development

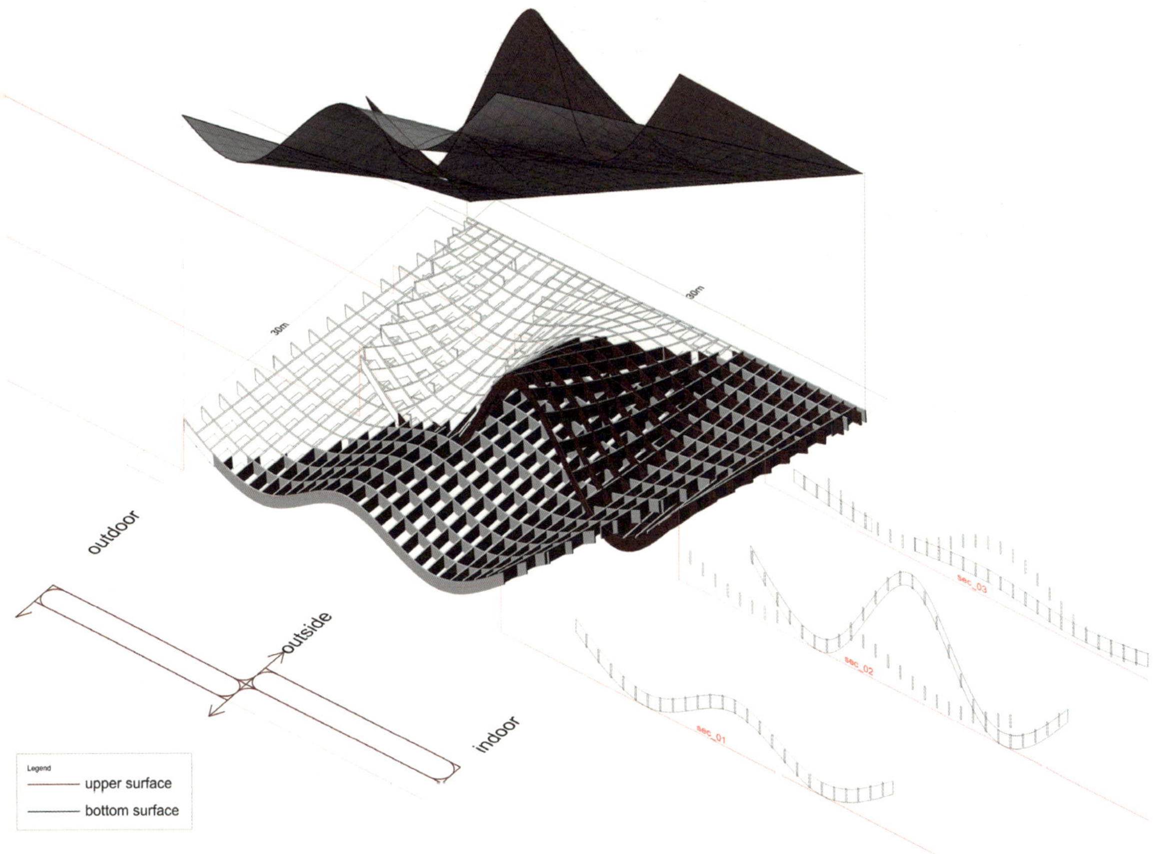

Physical Model Template

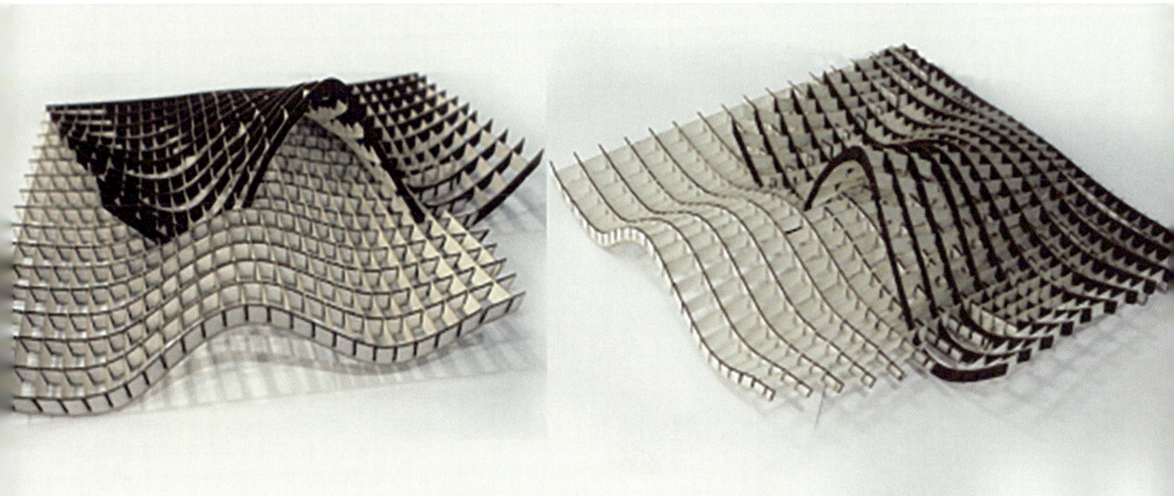

Physical Model Photo

Project	The Eden Project
Architect	Nicholas Grimshow
Program	Ecological Park
Location	Cornwall, UK
Built Year	2001

영국 콘월에 위치한 Eden Project는 영국의 유명 건축가 니콜라스 그림쇼(Nicholas Grimshaw)의 대표작으로, 콘월의 자연을 담은 경관과 잘 어울리는 생태 공원입니다. 이 건축물은 마치 비눗방울처럼 보이는 돔(Dome) 형태로, 육각형 격자를 기반으로 설계되었으며 ETFE 패널로 마감되었습니다. ETFE(Ethylene Tetra Fluoro Ethylene)는 부식과 온도변화에 대해 강한 저항력을 가지고 있는 비닐 소재의 건축 재료입니다. 소재의 특성상 가볍고 내구성이 뛰어나며, 높은 일광 투과율과 높은 녹는점을 갖춰 다양한 건축물의 외장재로 활용됩니다.

Eden Project의 여러 돔이 겹쳐진 형태는 작은 영화관 설계를 위한 외벽으로 활용되었습니다. 영화관의 공간 구성을 위해 돔의 개수, 크기, 겹쳐지는 정도를 실험한 결과, 큰 상영관 돔을 중심으로 양쪽에 부속시설을 담은 작은 돔 2개, 그리고 매표소와 사무실이 있는 별동형태의 돔 2개가 조화를 이루는 형태로 최종 결정되었습니다.

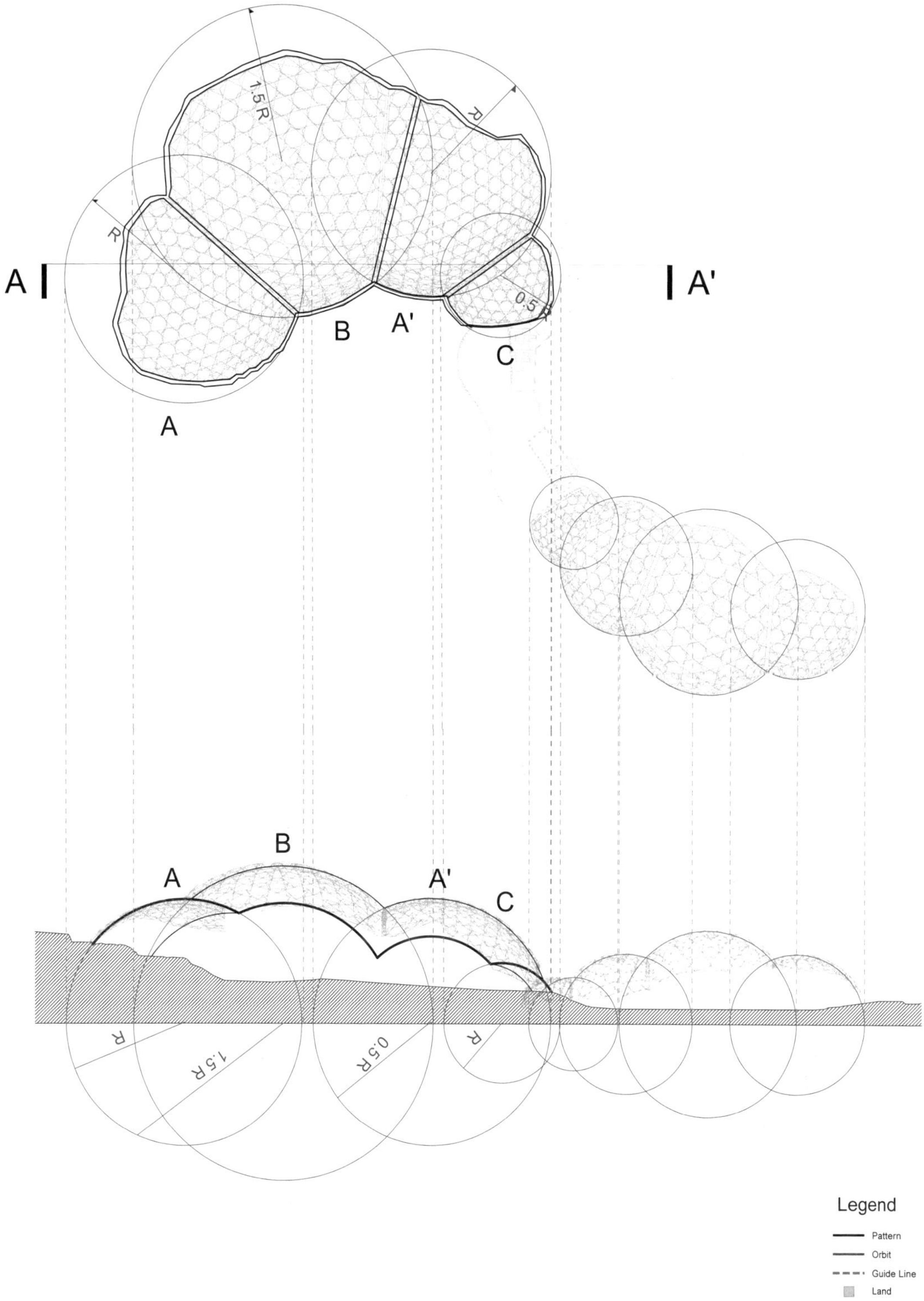

Plan and Section_Eden Project

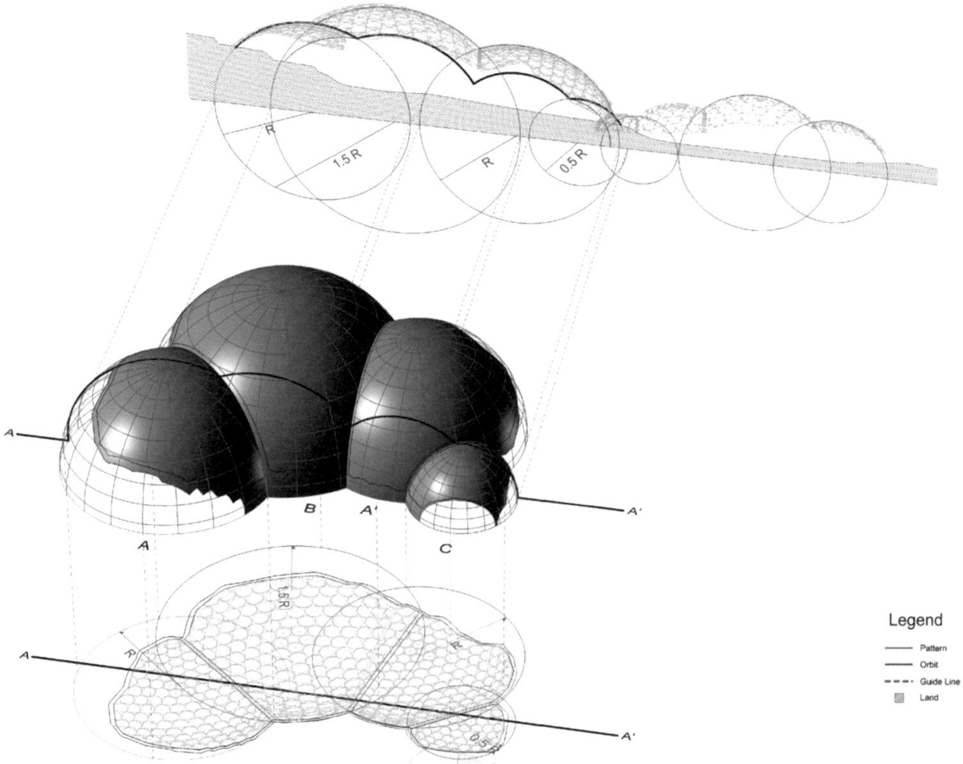

Indexical Surface

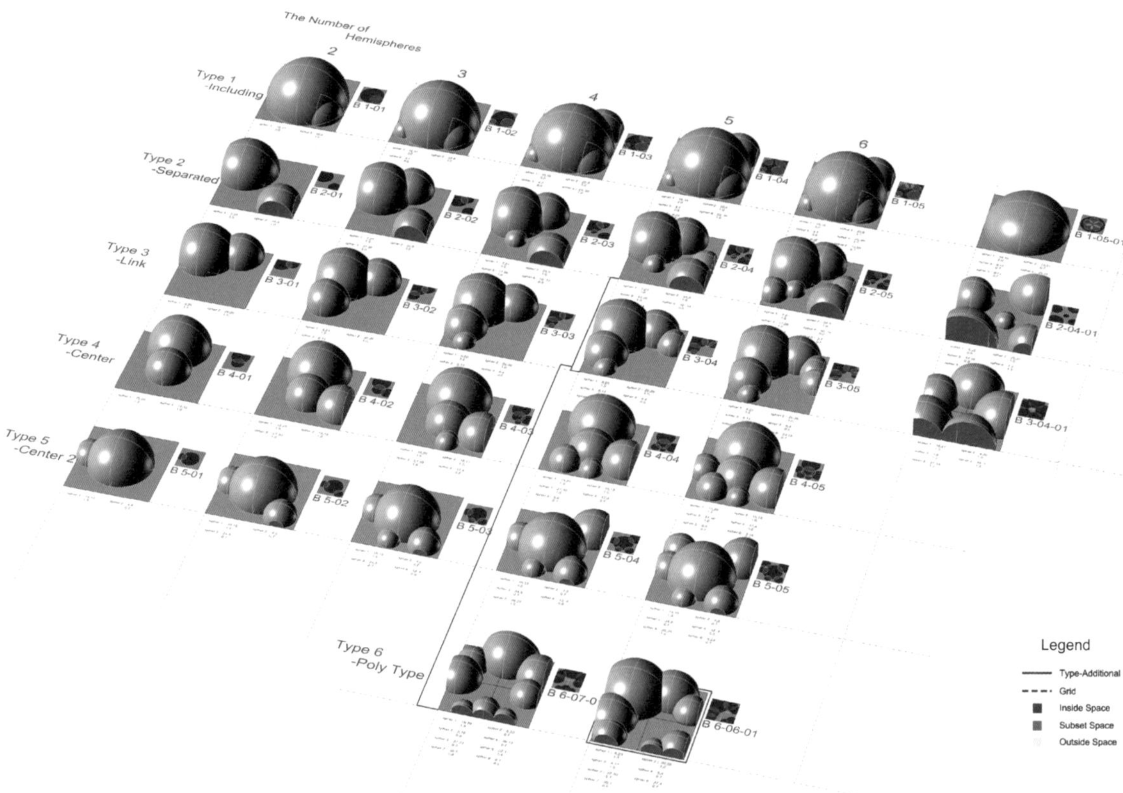

Parametric Matrix

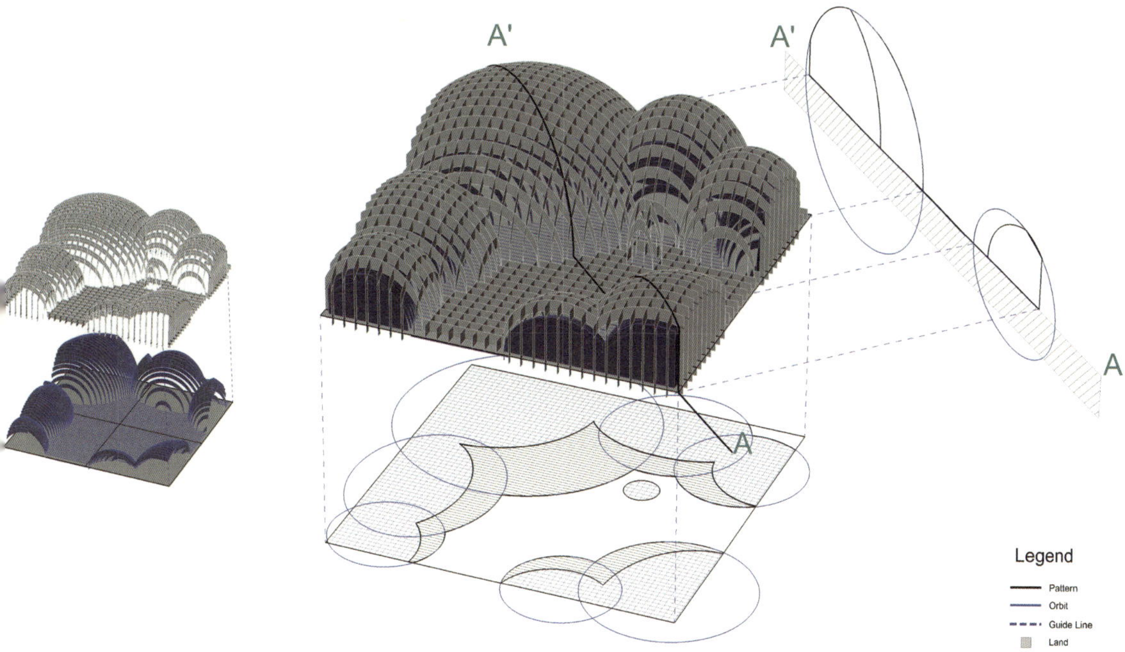

Exploded Axonometric

Physical Model Photo

Studio Brief 2
Learning from Buildings to Design Residential Buildings

주거공간은 우리가 매일 생활하고 가장 많은 시간을 보내는 공간인 만큼 친숙하고 접근하기 쉬운 프로그램입니다. 먼저 학생들은 선례 분석을 통해 단위공간의 크기, 배치방법 등 주거 건축계획의 기본지식을 습득합니다. 또한 대상지 답사 및 분석을 통해 대지의 물리적 조건과 건축의 관계를 이해하며, 분석적 다이어그램으로 추상적 개념을 표현 하는 방법을 습득합니다. 이후 개념을 공간화하여 자신이 표현하고자 하는 형태와 공간을 설계하며 이를 도면, 다이어그램, 모형 등으로 표현합니다.

설계할 주거공간은 법적기준의 공동주택이 아닌 단독주택으로써 다중주택, 다가구주택도 가능합니다. 1가구일 경우 가족구성원이 10인을 초과하지 않도록 하며 주거가 주요 프로그램이어야 하나 경우에 따라서 부수적인 프로그램을 추가하여 함께 설계할 수 있습니다.

Project No.	Buildings	Architect	Student
5	Norwegian Wild Reindeer Centre Pavilion	Snøhetta	강소진
6	Lyon Saint Exupéry T GV	Santiago Calatrava	조정곤
7	TianJin Ji Geological Museum	TianJin University Research Institute	고규민
8	Rolex Learning Center	SANNA	이용환
9	Axis Viana Hotel	VHM	박세진

Project	Norwegian Wild Reindeer Centre Pavilion
Architect	Snøhetta
Program	Pavilion
Location	Dovre, Norway
Built Year	2011

Norwegian Wild Reindeer Centre Pavilion은 야생 순록을 비롯한 희귀한 동식물의 자연 서식지에 위치한 공간으로, 야생 순록 재단(Wild Reindeer Foundation)의 야생순록 관찰 및 교육 프로그램을 위해 설계되었습니다. 90m² 규모의 이 파빌리온은 노르웨이 출신 건축회사 스노헤타(Snøhetta)가 설계했으며, 견고한 직육면체 형태의 외부와 유선형 곡면으로 구성된 내부가 대비를 이루는 것이 특징입니다.

야생의 험한 기후에 대비하기 위해 직육면체의 외벽은 육중한 철제로 제작되었으며, 남쪽과 북쪽의 조망을 위해 건물은 동서로 길게 배치되었습니다. 내부는 CNC(Computer Numerical Control) 머신을 이용해 정교하게 깎아낸 밝은 색의 원목을 이용하여 벽과 천장, 의자 등을 구성하였으며, 이 곡면 구조는 건물 안쪽 직사각형 공간을 따라 동서로 배치되어 내부 공간을 남북으로 분리합니다. 전면을 유리 커튼월로 마감한 남쪽 공간은 방문객들이 실내에서 국립공원의 아름다운 산세와 야생 순록을 쾌적하게 관찰할 수 있도록 하였고, 북쪽 공간은 외기에 면하여 자연을 직접 체험하며 사색할 수 있는 공간으로 설계되었습니다.

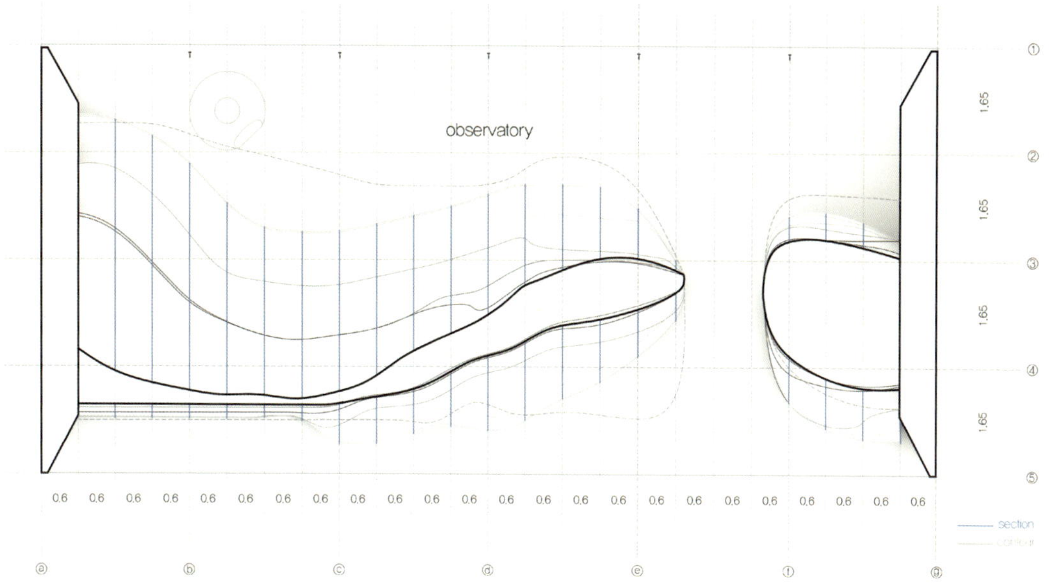

Plan_Reindeer Pavilion

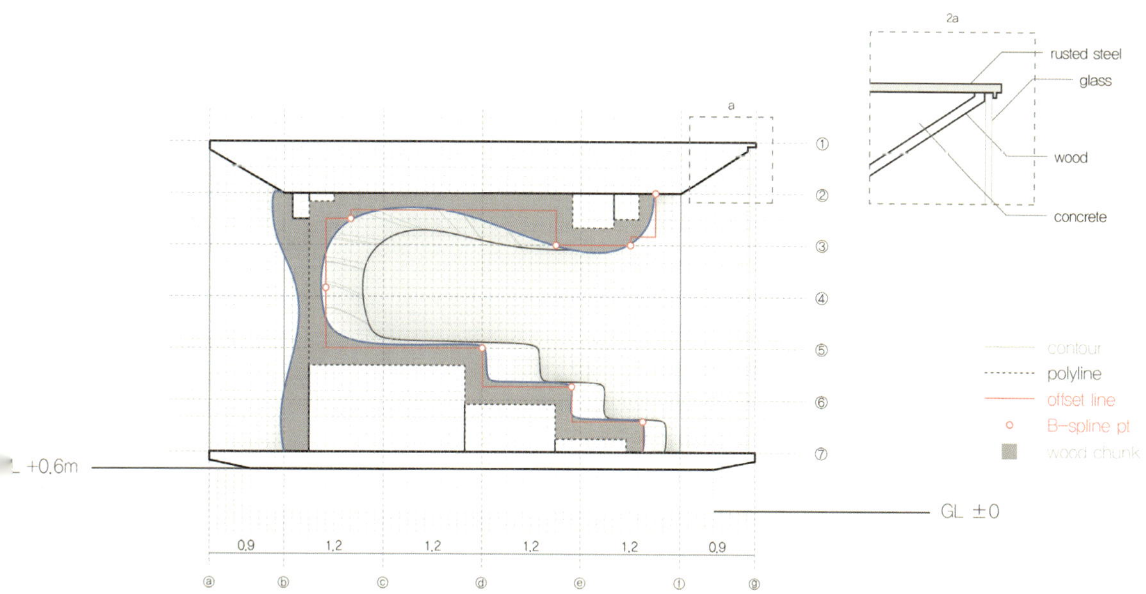

A-A' Section_Reindeer Pavilion

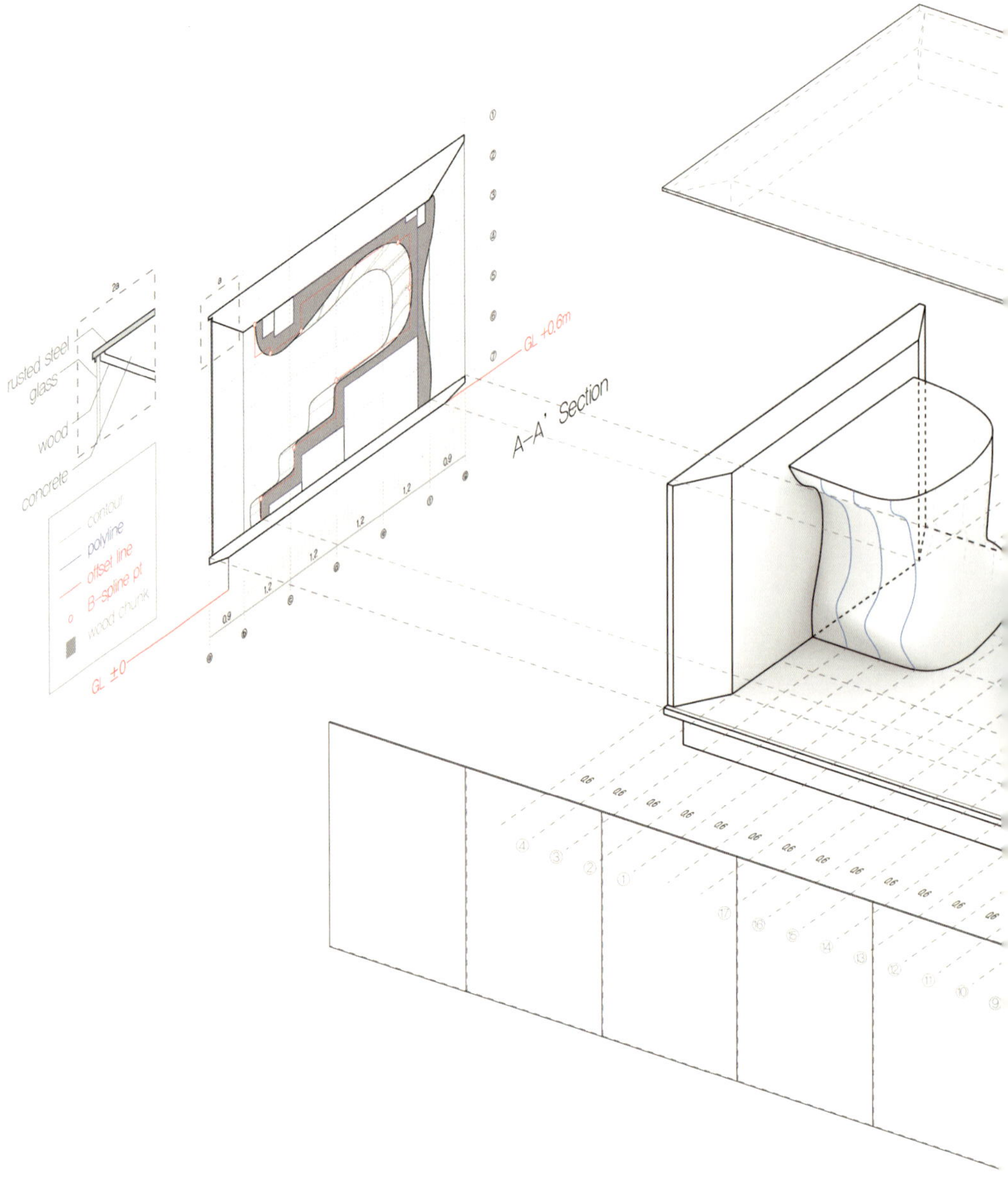

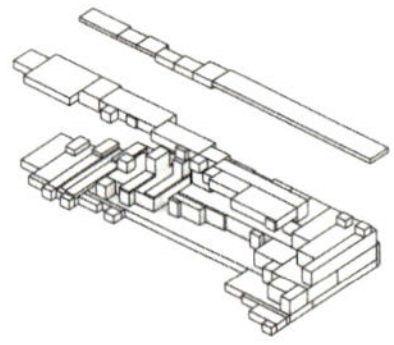

Comm1 : box
view : perspective

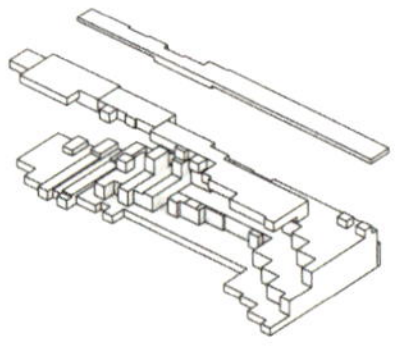

Comm1 : booleanunion
view : perspective

Comm2 : mergeallfaces
view : perspective

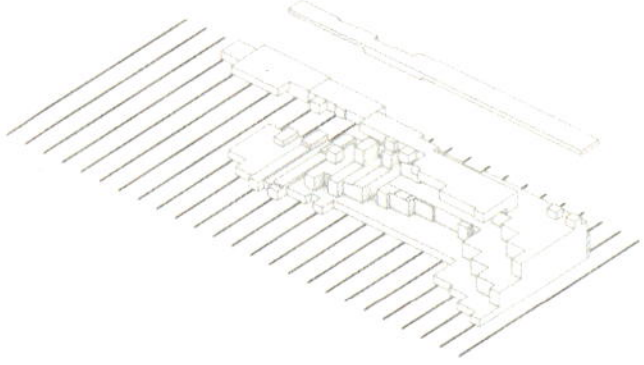

Comm1 : line
view : perspective
coord : (0, 0) (0, 6600)

Comm2 : offset
view : perspective
distance : 600

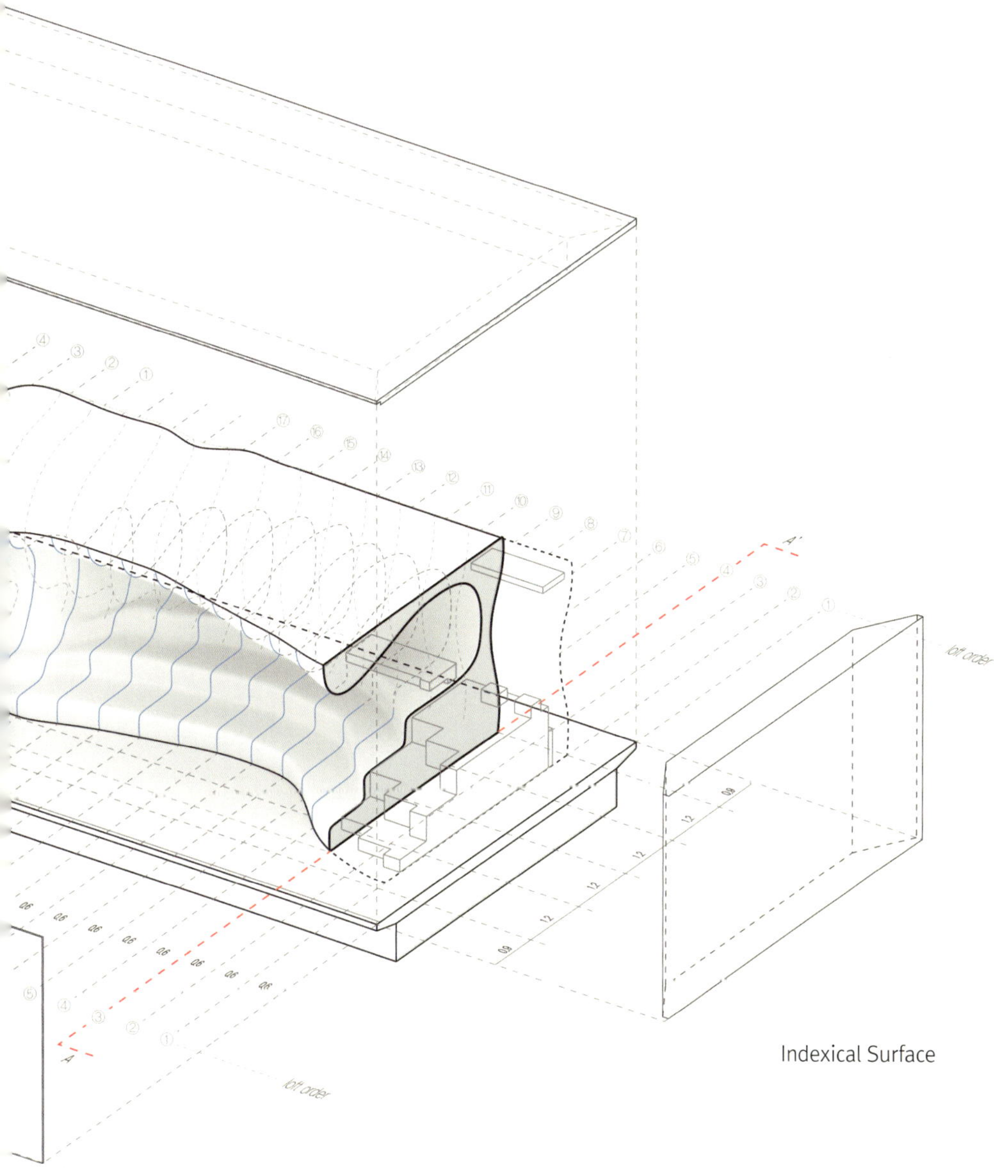

Indexical Surface

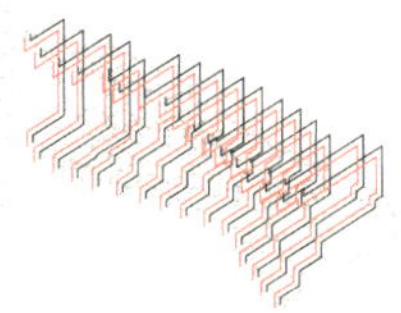

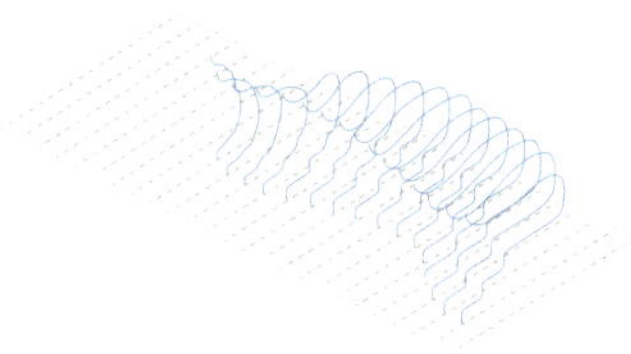

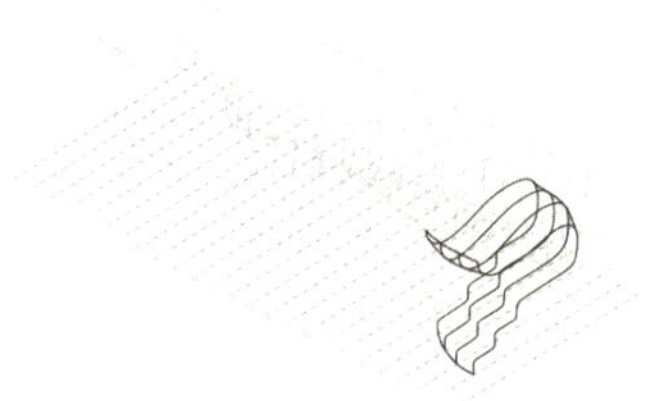

ɔmm1 : section
ɛw : perspective

ɔmm2 : fillet □
ɛw : perspective
ɖius : 0

ɔmm3 : offset □
ɕtance : 200

Comm1 : Curve (interpolate pts)
view : perspective

Comm1 : loft
view : perspective
style : normal
do not simplify

Geometry Analysis_Algorithm and Parameter

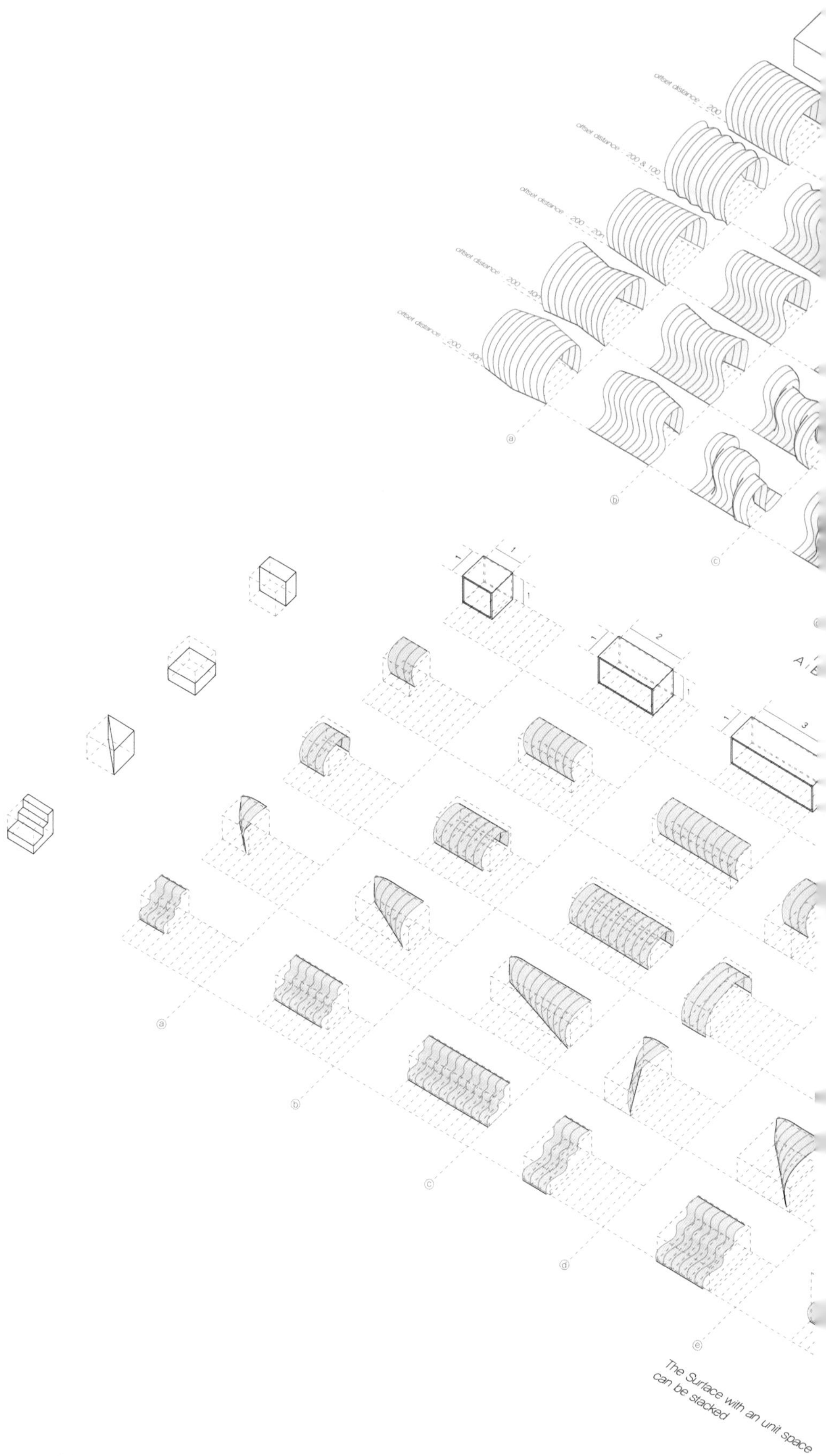
offset distance : 200
offset distance : 200 & 100
offset distance : 200 : 20n
offset distance : 200 : 40n
offset distance : 200 : 40n
ⓐ
ⓑ
ⓒ
1
1
1
2
1
1
3
1
ⓐ
ⓑ
ⓒ
ⓓ
ⓔ
The Surface with an unit space can be stacked

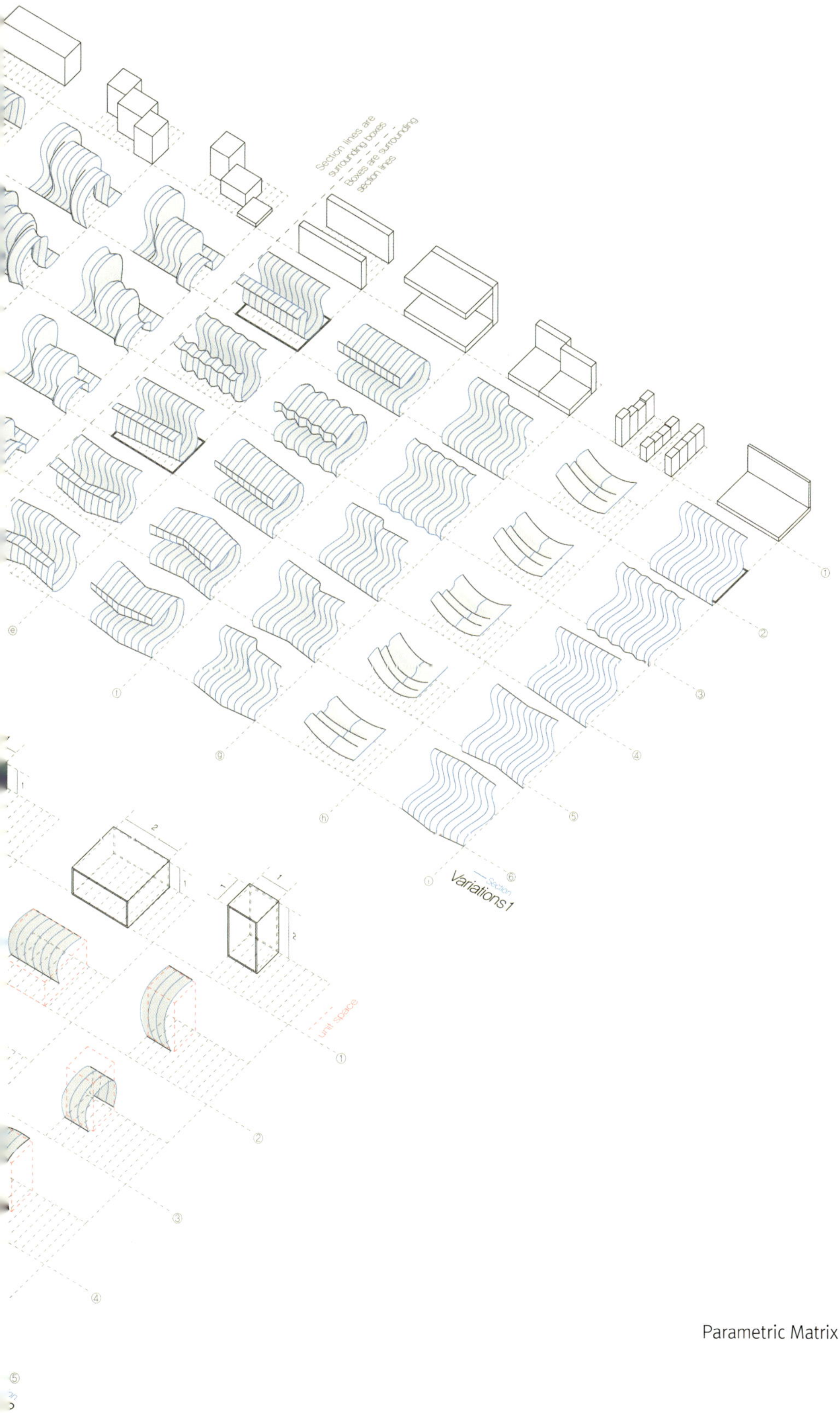

Parametric Matrix

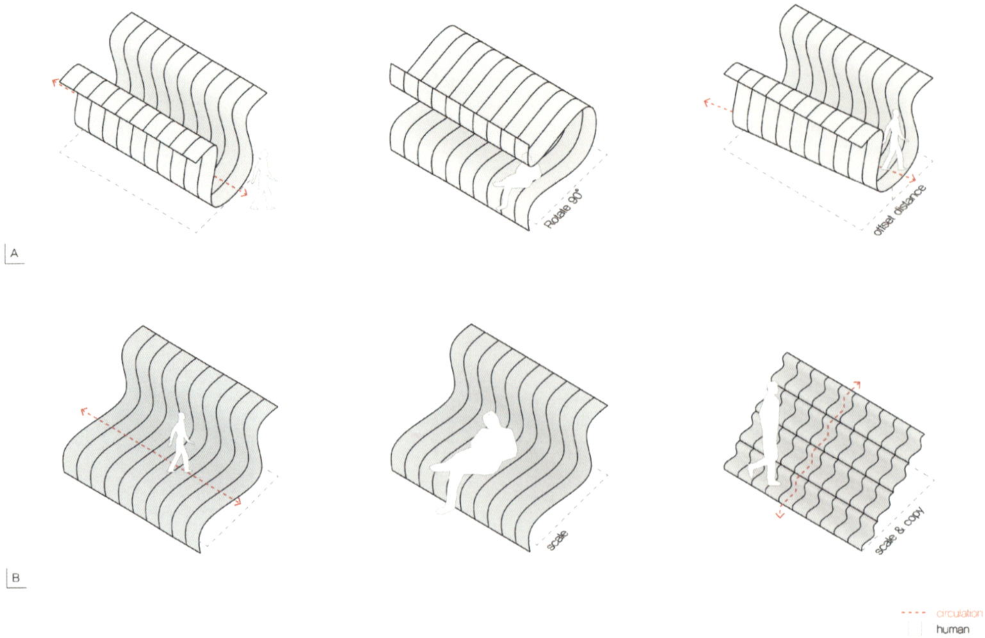

Parametric Experiment_Profile of Surface

Reindeer Pavilion은 직육면체 안에 곡면을 사용하여 바닥, 천장, 내벽 등을 구성하고 있습니다. 그 곡면은 크기가 다른 박스들을 필요한 공간의 크기만큼 쌓아놓고 박스 단면의 꼭짓점들을 곡선으로 연결해 여러 개의 단면을 만들고 그 단면선들을 서로 연결하여 만들어진다고 이해하였습니다. Reindeer Pavilion에서 추출된 곡면은 본 프로젝트에서도 바닥과 천장, 내벽으로 사용되었습니다. 프로젝트의 대지는 아직 일부 빈 대지가 남아 있는 안산시 내의 단독주택 단지 내에 위치합니다. 남쪽으로는 6m 이하의 도로와 접하고 있으며, 동서로는 다른 단독주택과 인접해 있습니다. 이 주택은 부부가 자녀 없이 거주할 예정이며, 부부 중 한 명이 가구 디자이너이기 때문에, 주거용도 외에도 가구 디자인과 제작, 전시를 위한 공간을 함께 계획하였습니다. 설계된 주택은 총 3개 층으로 구성되며, 2층 공간은 비정형 가구가 전시될 수 있는 공간으로 사용되고, 바닥, 벽, 천장은 곡면으로 처리됩니다. 1층과 3층은 주거공간으로 비교적 정적인 성격을 가지고 있습니다. 도로와 접한 전면은 커튼월로 설계하여 역동적인 내부 곡면을 외부로 강조하여 드러냄과 동시에 2층의 전시 공간만이 외부로 노출되고 1층과 3층의 주거공간은 외부의 시선을 차단할 수 있도록 설계되었습니다.

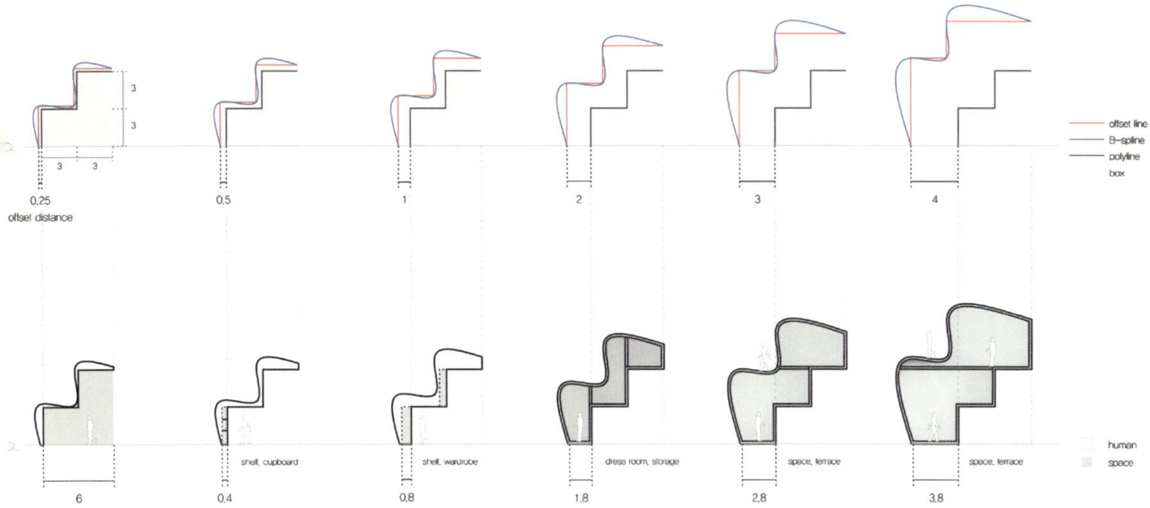

Parametric Experiment _Section

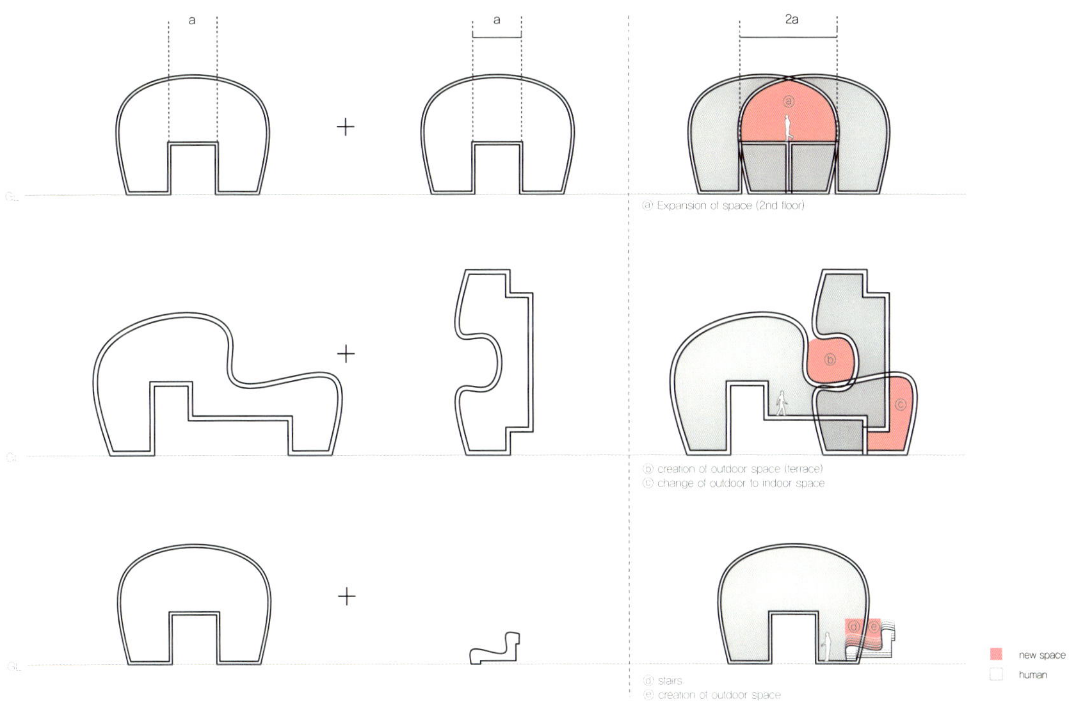

Parametric Experiment _ Section Overlap

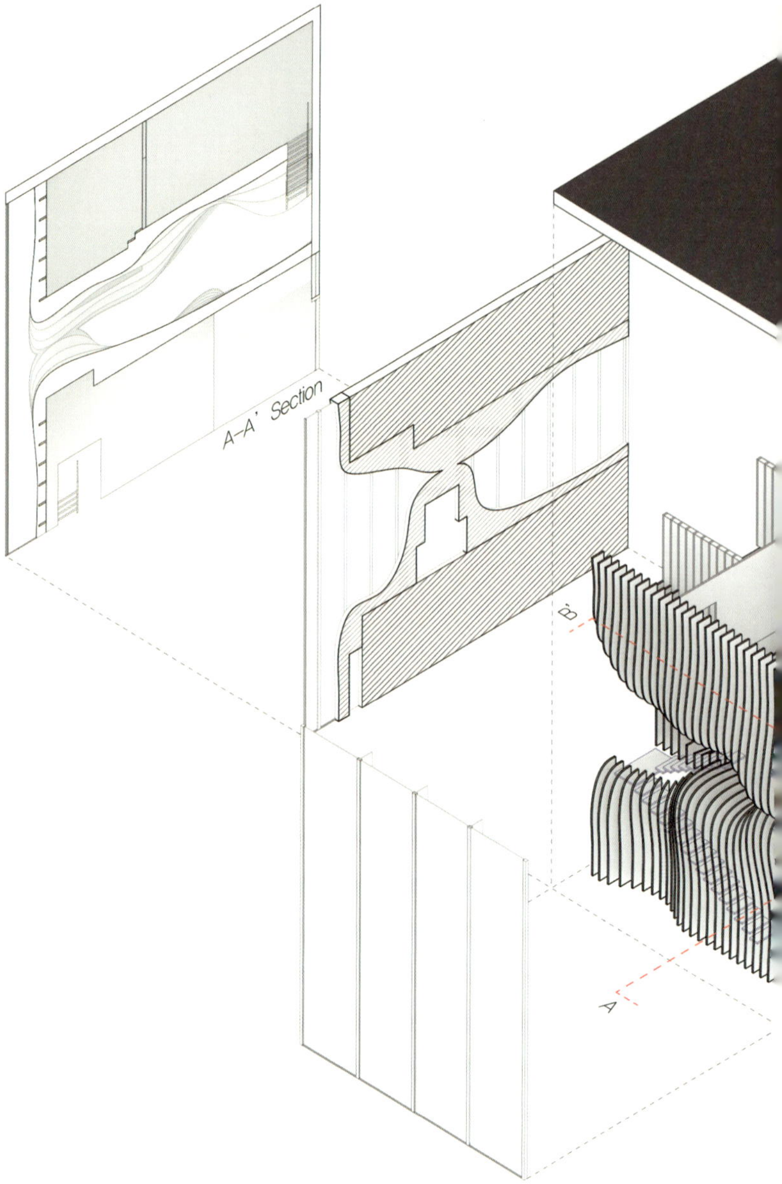

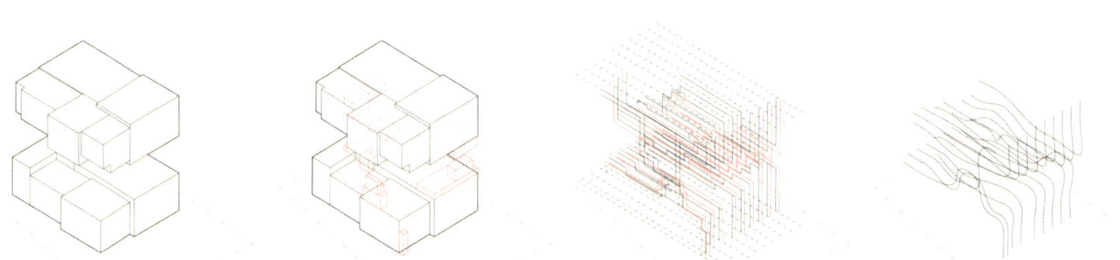

ⓐ stack boxes for space

ⓑ add small boxes : gain more natural light
space for practical use like draining

ⓒ draw section from boxes
& offset lines with different distance

ⓓ draw curved lines on the straight li

Exploded Axonometric

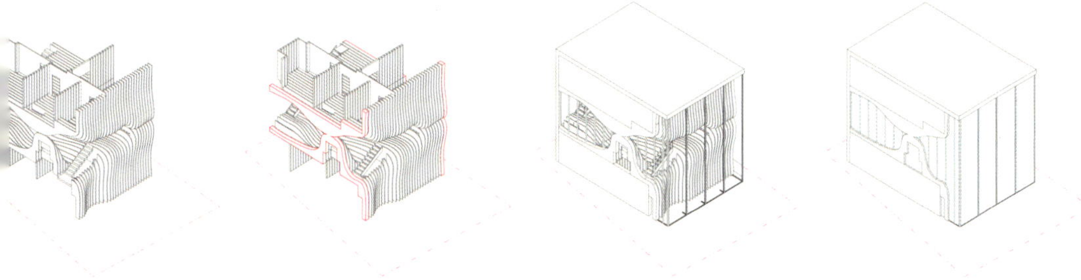

ⓔ make layers which can emphasize
wo different space : space with straight lines
& space with curves

ⓕ Duplicate curved lines for frame Design
from the layer near outside

ⓖ use curtain wall and simplified frame
for emphasizing layers

ⓗ glass surrounds the curved space
to show it

Axonometric_Space Composition

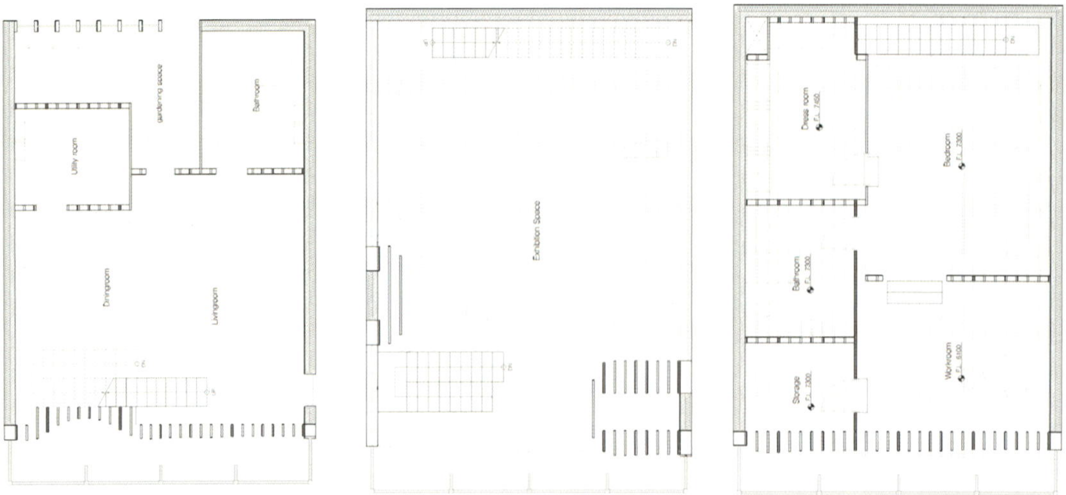

Floor Plan

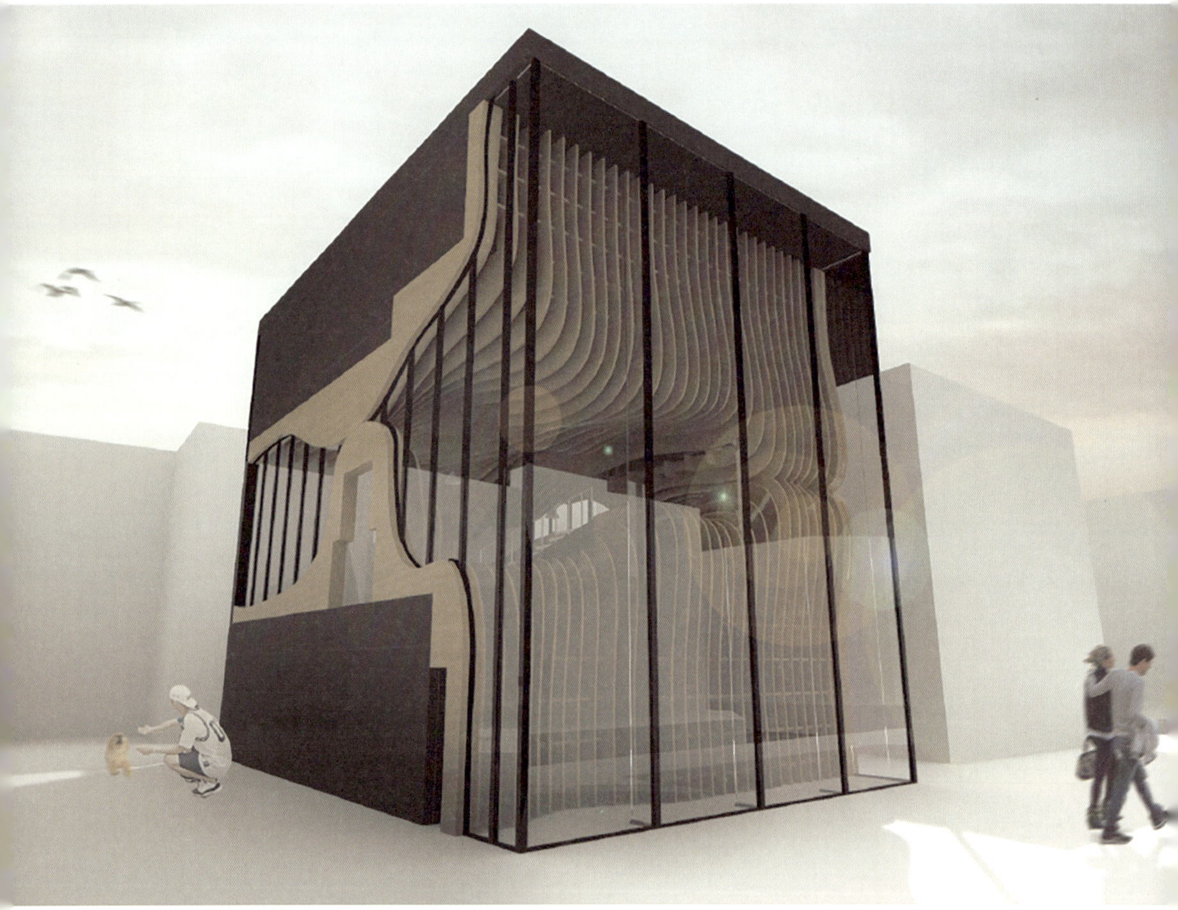

Perspective_Street View

Perspective_Interior View

Project	Lyon Saint Exupeéry TGV
Architect	Santiago Calatrava
Program	Railway Station
Location	Lyon, France
Built Year	1994

스페인 출신 건축가 산티아고 칼라트라바(Santiago Calatrava)는 건축가이자 건축구조 전문가로, 구조를 단순히 기능적으로 사용하는 것을 넘어, 힘의 흐름이 아름답게 드러날 수 있도록 설계하는 것으로 유명합니다. 이 때문에 구조가 필연적으로 노출될 가능성이 많은 프로그램들, 예를 들어 역사나 경기장 등을 많이 설계합니다.

프랑스 리옹에 위치한 리옹 생텍쥐페리 TGV 역은 공항과 연결된 공항철도 역사로, 콘크리트와 철골의 조합이 돋보이는 건축물입니다. 특히, 약 40미터 높이의 철골과 콘크리트로 이루 어진 중앙 로비 공간은 매우 인상적입니다. 단면이 'W' 형태인 지붕구조는 마치 두 날개를 쭉 뻗어 철로를 보호하려는 듯한 거대한 새의 모습을 연상시킵니다. 펼쳐진 지붕구조 안쪽으로 유리벽을 설치하여 로비 공간을 형성하였으며, 유리벽 너머로 돌출된 지붕이 직사광선을 막아 주는 차양 역할을 하여 내부에 양질의 자연채광을 제공합니다.

Legend

: roof surface
— : rail crv
— : section crv

Section_Saint Exupery TGV Station

Kind of cut material : royal board (1T), acrylic (1.5T)
Method : assemble

▲ Rhino modeling

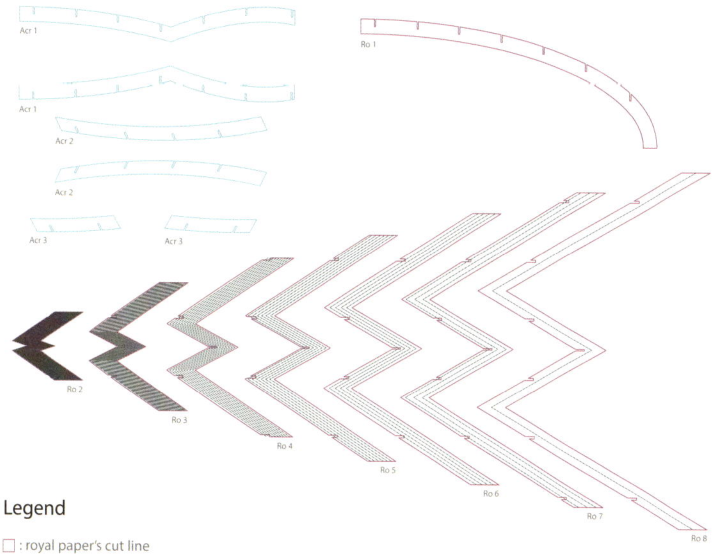

Legend

□ : royal paper's cut line
□ : acrylic's cut line
≡ : hatch

Indexical Model Template

1

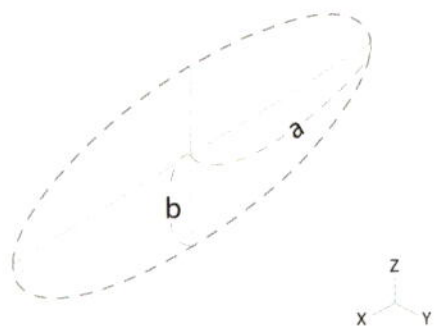

Ellipse

Draw a ellipse which has semi major axis of ellipse (=a) and semi minor axis of ellipse (=b).

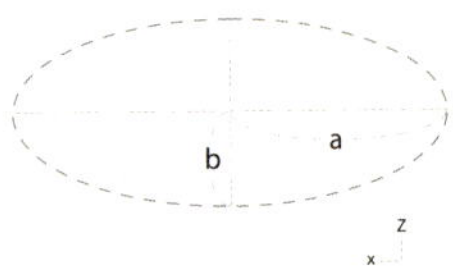

2

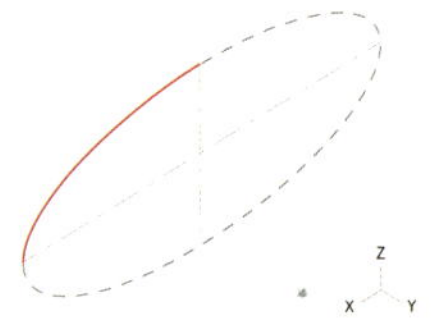

Rail

Leave a quarter line of ellipse and trim the other line of ellipse.

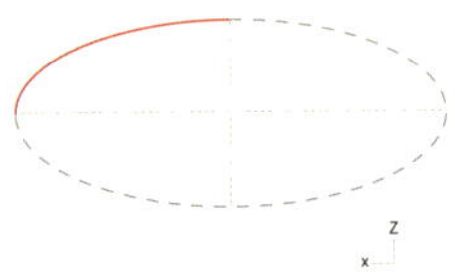

3

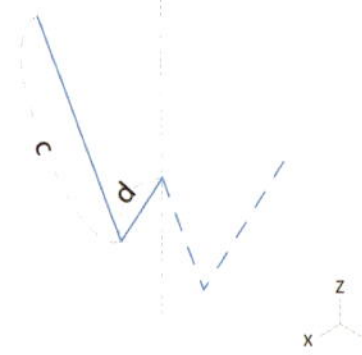

Mirror

Draw c line and mirror it vertically. Shorten the mirrored line in half (=d), then mirror them again.

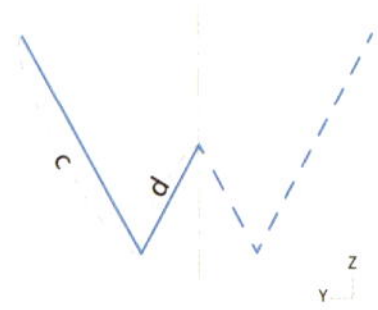

4

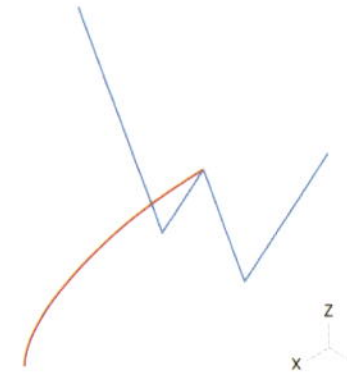

Polyline

Place a zigzag polyline's center at the end of the quarter line.

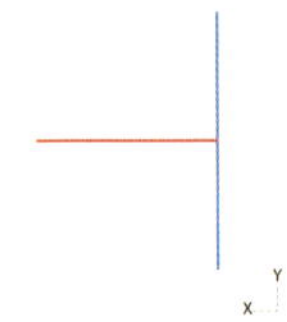

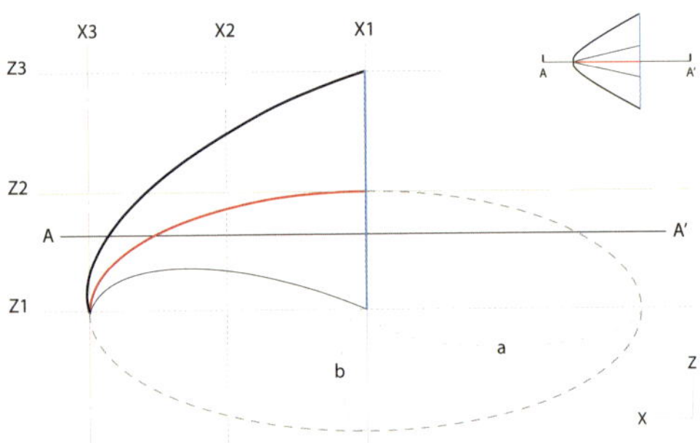

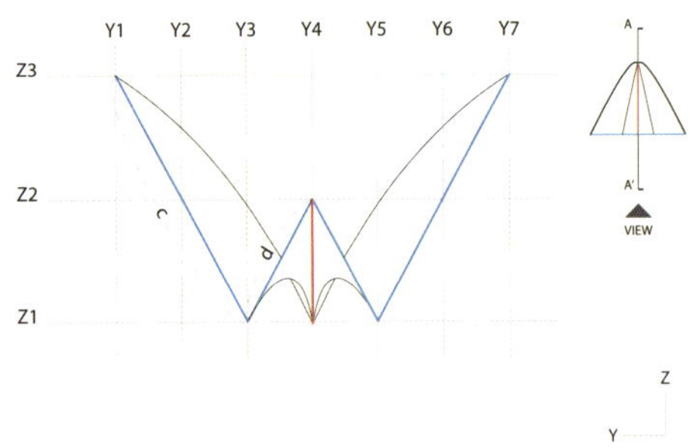

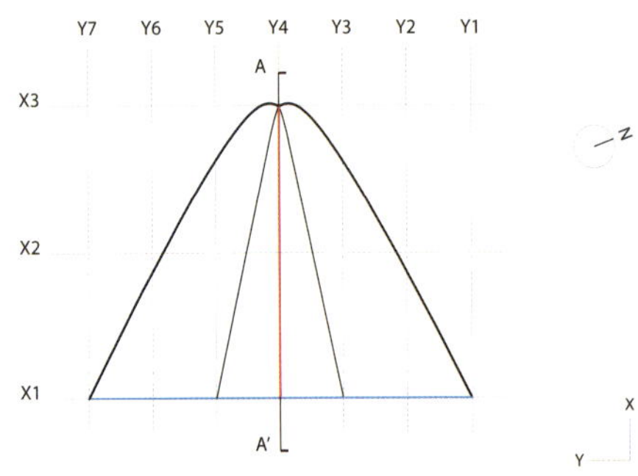

Parameter

a : semi major axis of ellipse
b : semi minor axis of ellipse
c : first line of section crv
d : second line of section crv

5

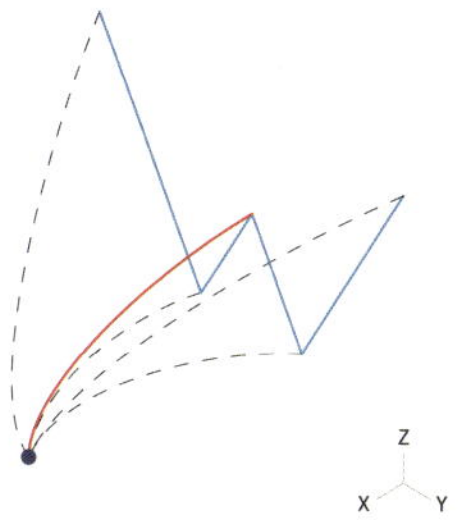

Sweep

Designate the quarter line as a rail, then sweep the polyline with end point of the quarter line.

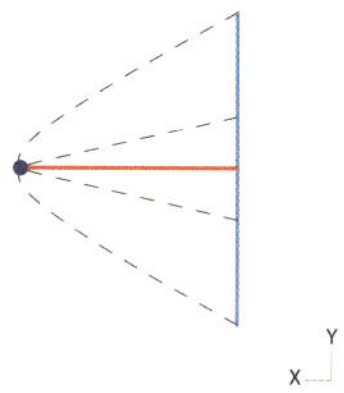

6

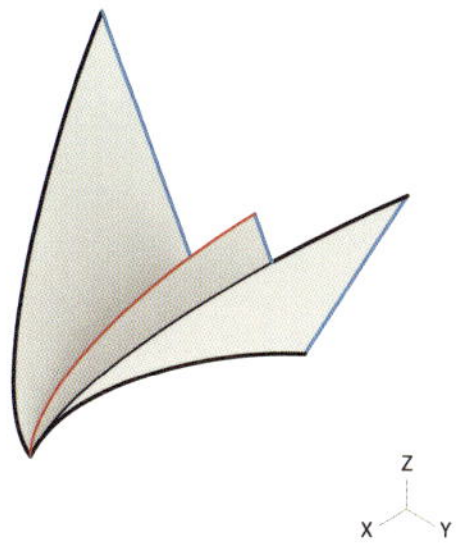

Surface

The created shape looks like a bird when you see the shape at the front.
Likewise, It looks like an eye from the side.

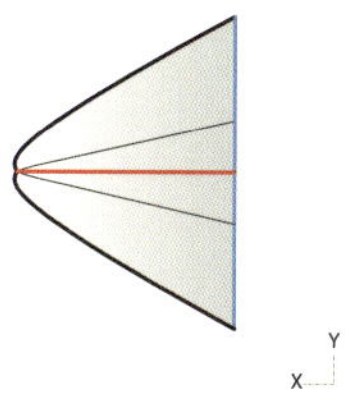

Algorithm

ellipse
trim - make a rail
polyline
mirror
sweep1

Parameter

a : semi major axis of ellipse
b : semi minor axis of ellipse
c : first line of section curve
d : second line of section curve

Geometry Analysis_Algorithm and Parameter

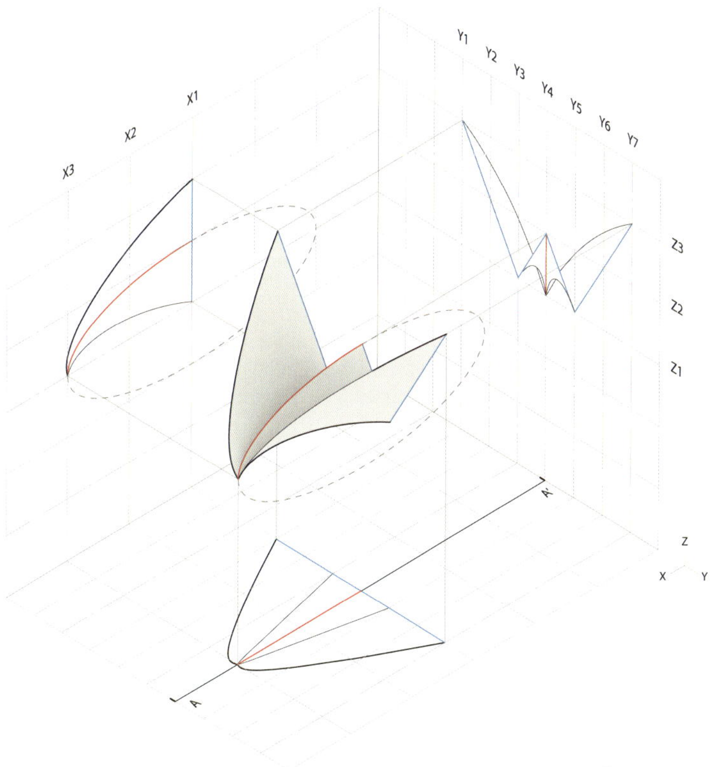

Legend

— : rail crv
— : section crv
⌒ : ellipse crv
⌴ : A-A' section line

Indexical Surface

Base Object

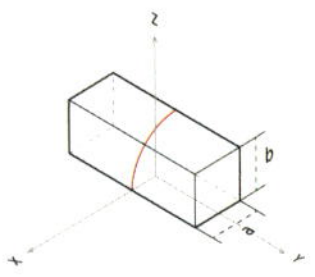

1) a=b

stand

view : isometric-sw | view : right

Rotate | operations [rotate3D : 90˚ - rotate : 90˚]

view : parallel | view : top

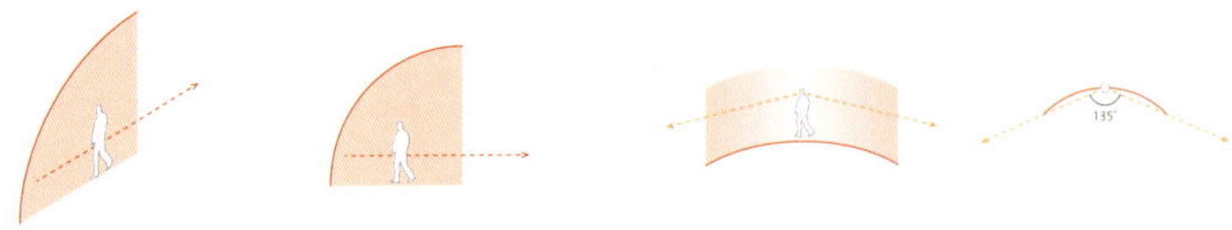

2) a>b

stand

view : isometric-sw | view : right

Rotate | operations [scale1D : a>b - rotate3D : 90˚ - rotate : 90˚]

view : parallel | view : top

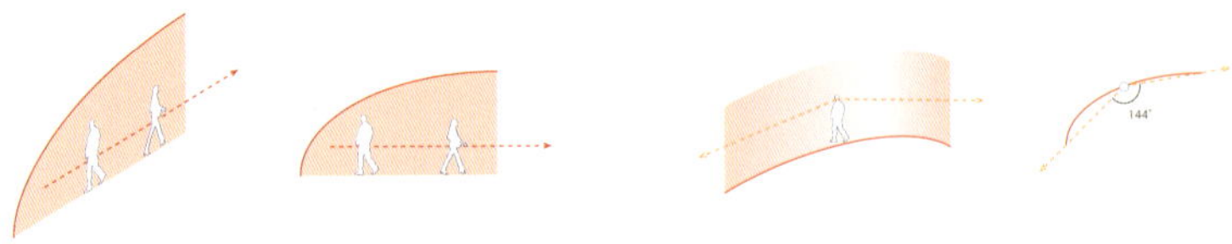

3) a<b

stand

view : isometric-sw | view : right

Rotate | operations [scale1D : a>b - rotate3D : 90˚ - rotate : 90˚]

view : parallel | view : top

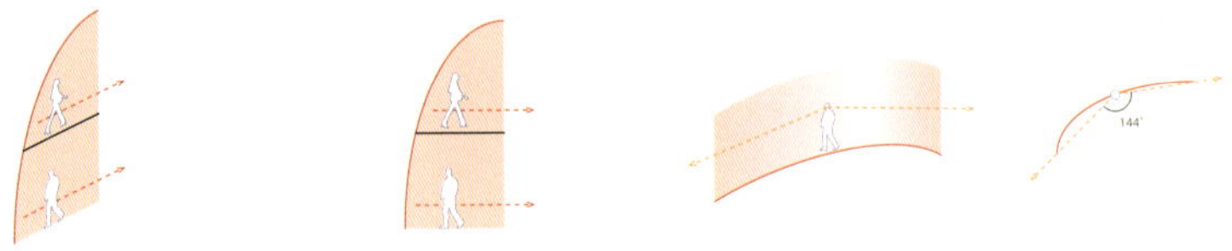

4) half rail crv of ellipse

stand

view : isometric-sw | view : right

Rotate | operation [mirror & join - rotate3D : 90˚]

view : parallel | view : top

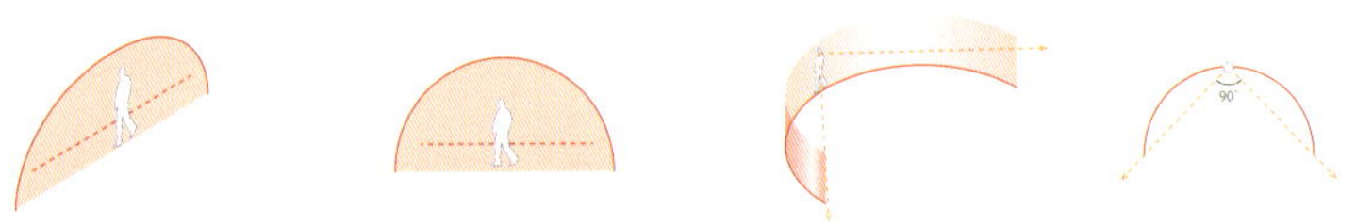

5) three quarters rail crv of ellipse

stand

view : isometric-sw | view : right

Rotate | operation [mirror & join - rotate3D : 90˚]

view : parallel | view : top

6) ellipse

stand

view : isometric-sw | view : right

Rotate | operation [mirror & join - rotate3D : 90˚]

view : parallel | view : top

Legend

: human scale
: space
— : rail crv
- - - : circulation
- - - : angle

Parameter

a : semi major axis of ellipse
b : semi minor axis of ellipse

Parametric Experiment_Rail Curve

Base Object

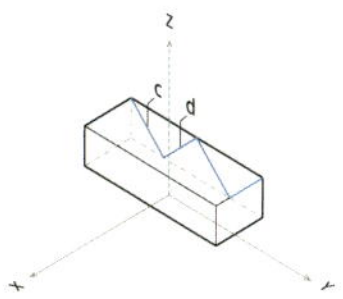

1) c=d

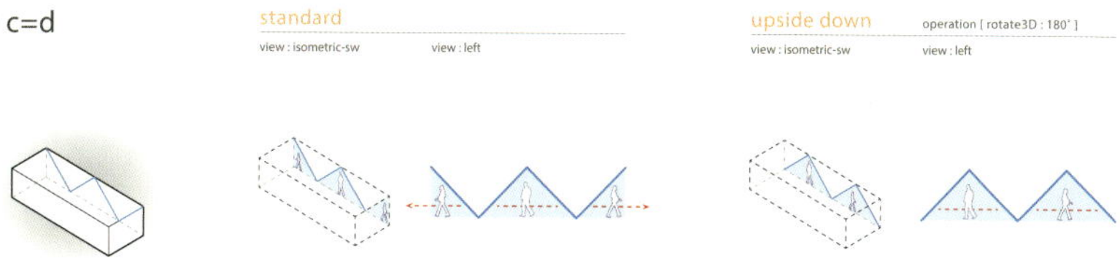

2) c>d

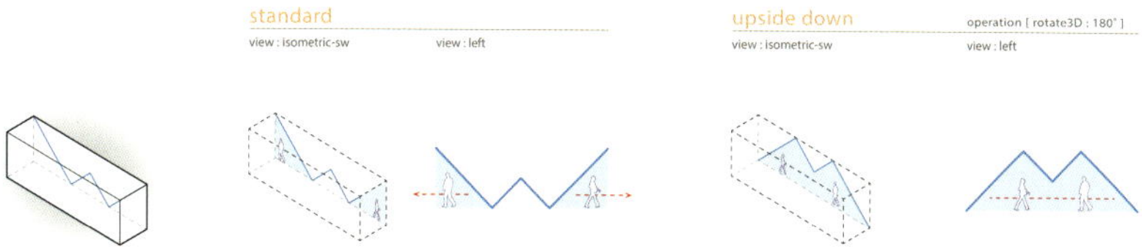

Legend

: human scale
: space
— : section crv
--- : circulation

Parameter

c : first line of section crv
d : second line of section crv

3) c<d

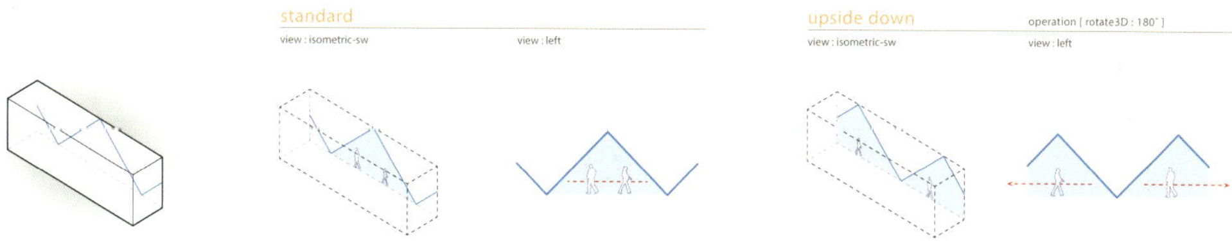

4) 3 zigzag polyline

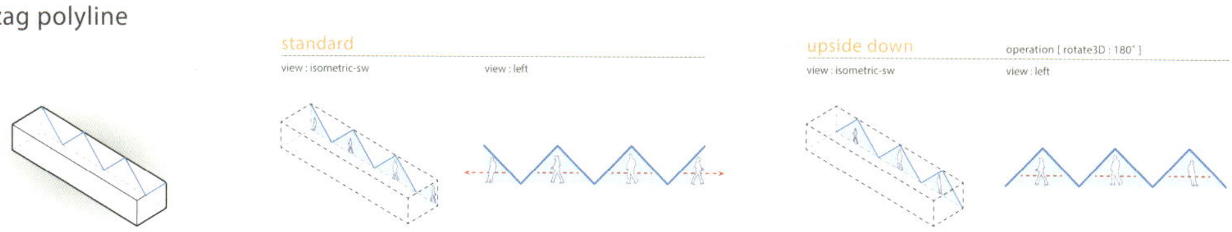

Legend

: human scale
: space
— : section crv
--- : circulation

Parameter

c : first line of section crv
d : second line of section crv

Parametric Experiment_Section Curve

Rail curve and section curve are designated as parameter.
then determine the criteria for classification.
Combinate rail crv with section crv, and
many types of surface can be made.

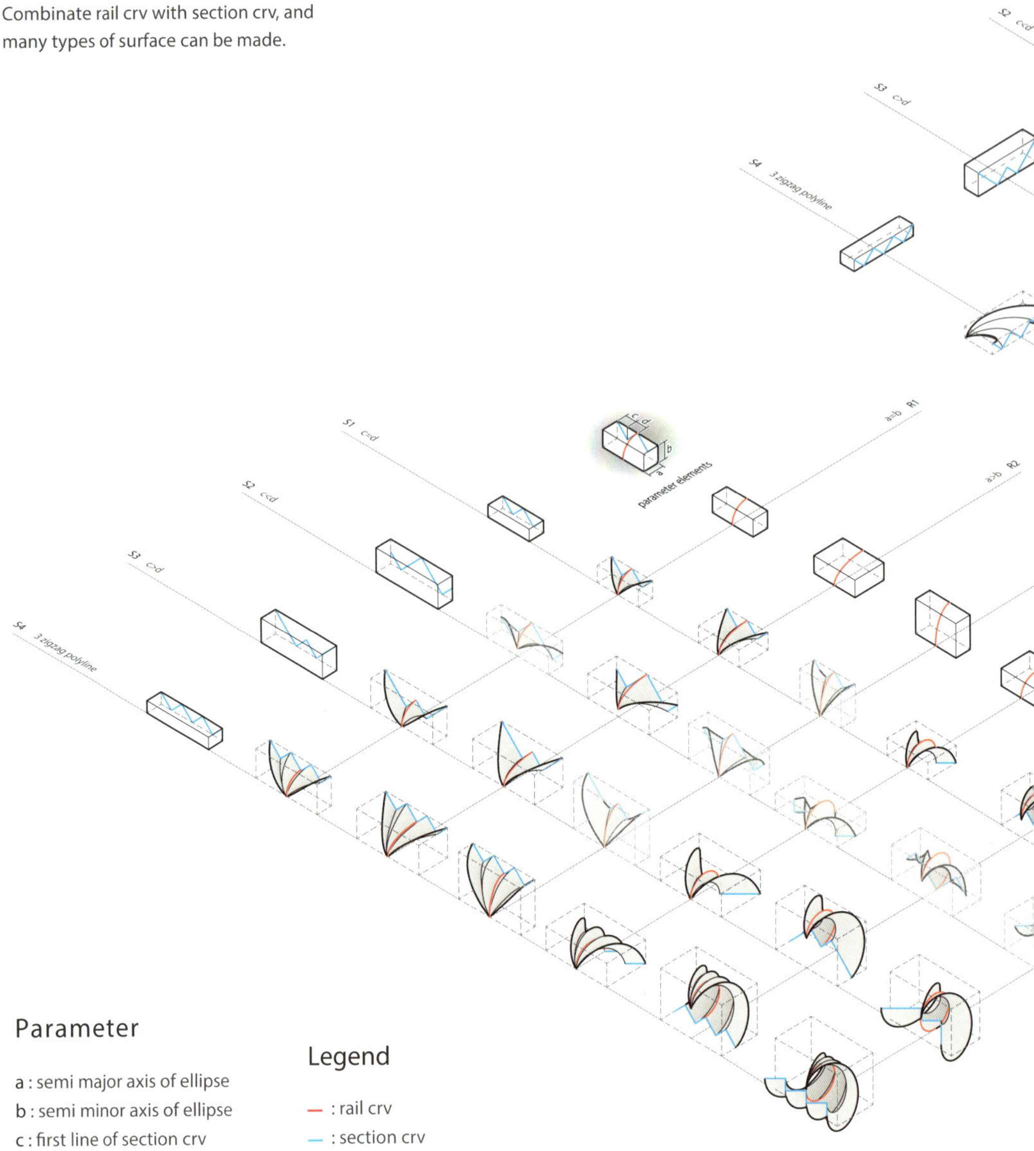

Parameter

a : semi major axis of ellipse
b : semi minor axis of ellipse
c : first line of section crv
d : second line of section crv

Legend

— : rail crv
— : section crv
⬚ : distorted surface

리옹 생텍쥐페리 TGV 역의 지붕 구조는 타원의 1/4을 레일커브(Rail Curve)로, 'W' 형태의 직선을 섹션커브(Section Curve)로 사용하여 만든 서피스입니다. 레일커브와 섹션커브의 형태와 크기를 변형하며 여러 건축적 가능성을 탐구한 끝에, 마치 세 개의 손가락이 한 점에서 뻗어 나오는 모습과 같은 형태를 채택했습니다. 이 형태는 주택의 아름다운 지붕선과 실내 천장으로 통일 디자인 요소로 사용되었습니다.

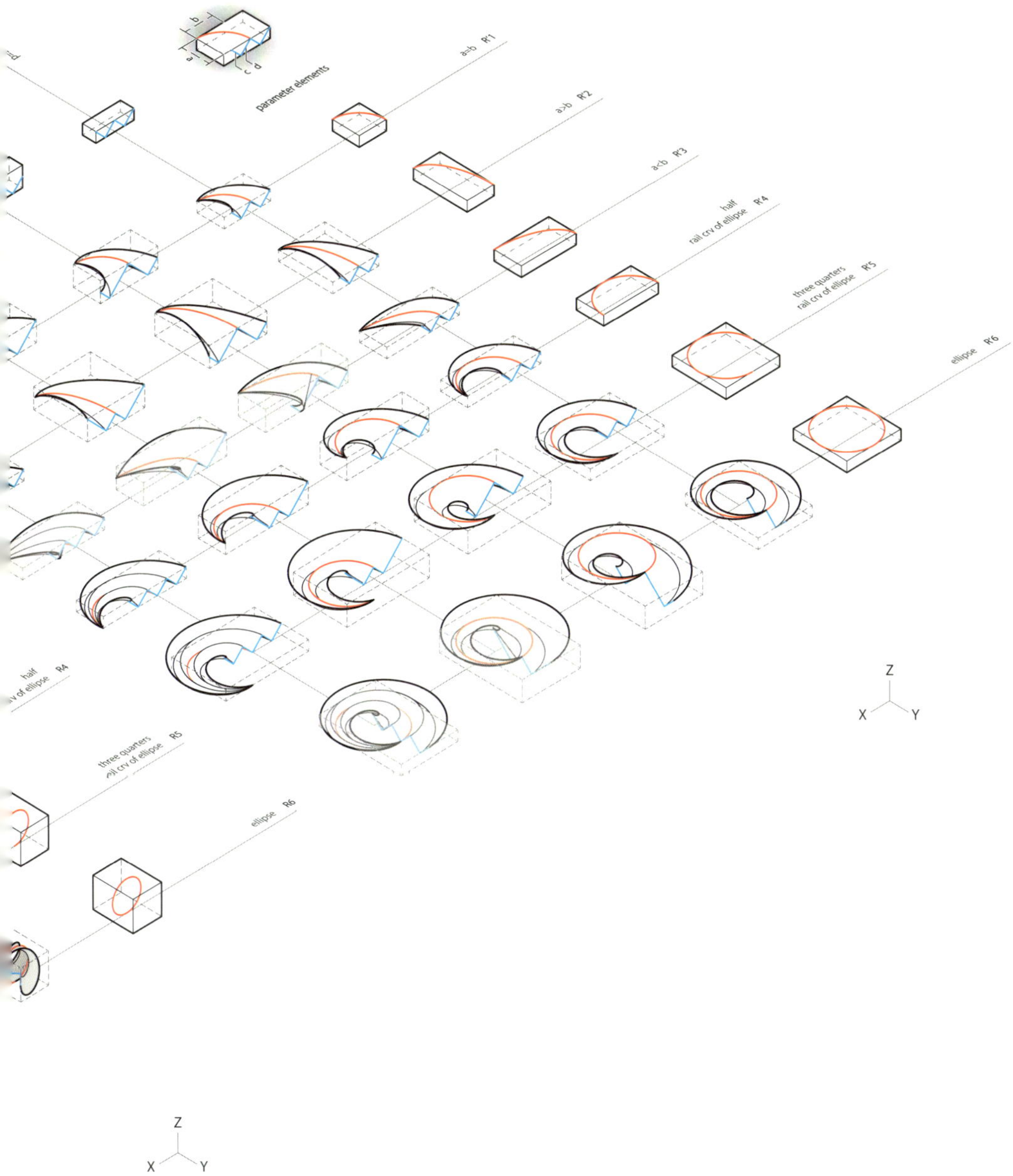

Parametric Matrix

건축주는 가족구성원의 특성상 프라이버시를 가장 중요시하였습니다. 그런데 경사가 심한 주변 지형 때문에 대지의 레벨이 인접도로보다 최대 12m 낮아 주변 도로에서 주택 내부를 바라 볼 수 있는 가능성이 높은 대지여서 고민이 많았습니다. 지붕을 이루는 'W' 형태의 서피스의 형태를 조절하고 다양한 조합방식을 연구하면서 요구되는 프라이버시 이슈에 대응하고 주택에 필요한 자연채광과 조망 등을 고려하여 설계를 진행했습니다.

The gap between each surface can be window.
So, surface's arrangement can be changed 'right and left' or 'up and down'.

1) Combination : Convex - Convex

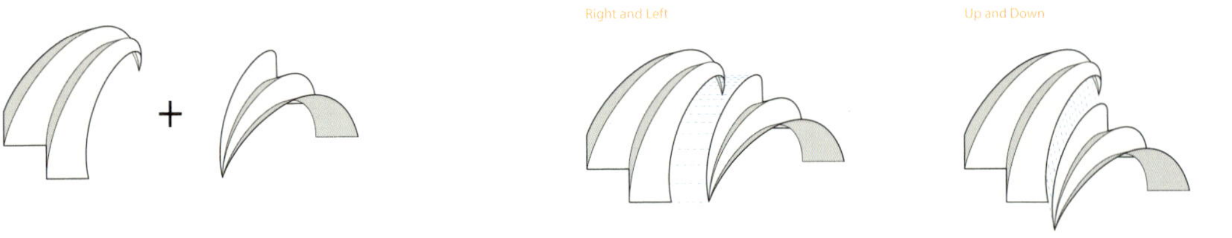

2) Combination : Convex - Concave

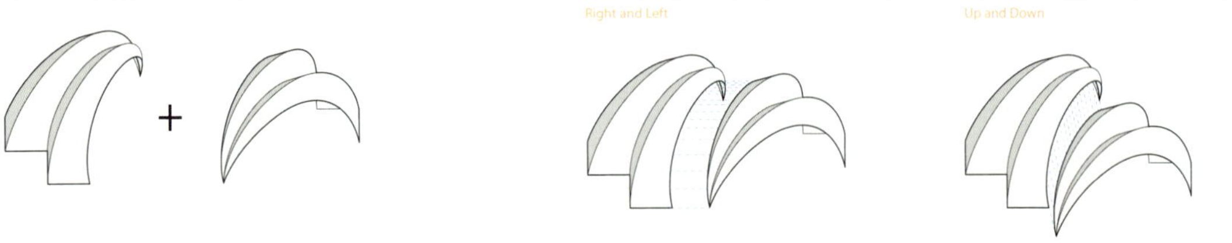

Design Development_Combination of Surface

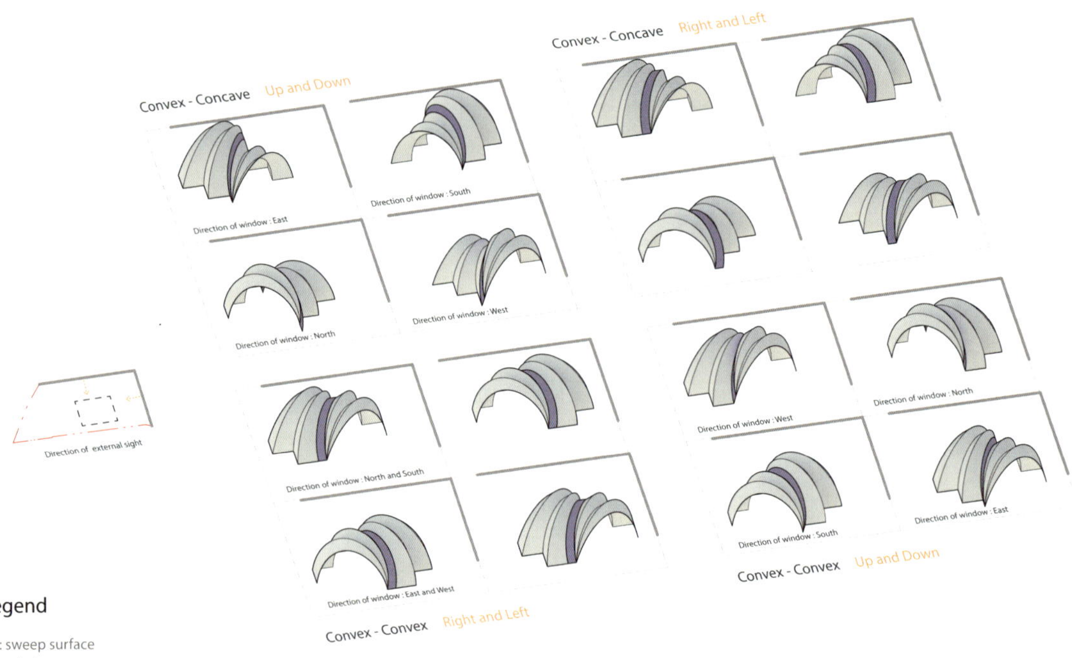

Legend

□ : sweep surface
■ : window
— : boundary of high level

Design Development_Design of Skylight

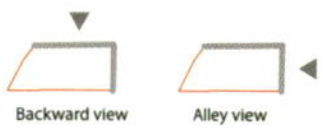

East)

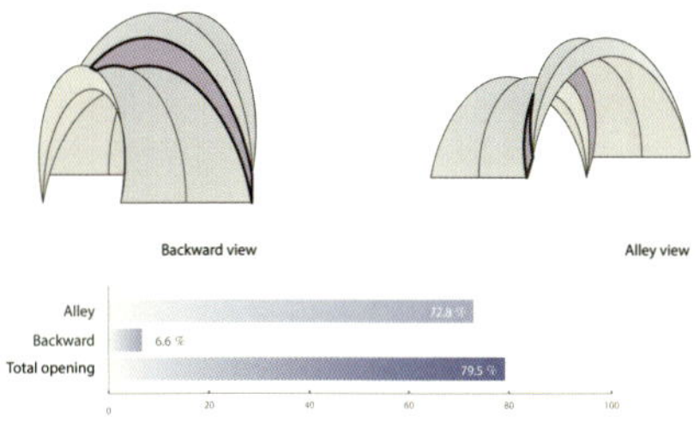

South)

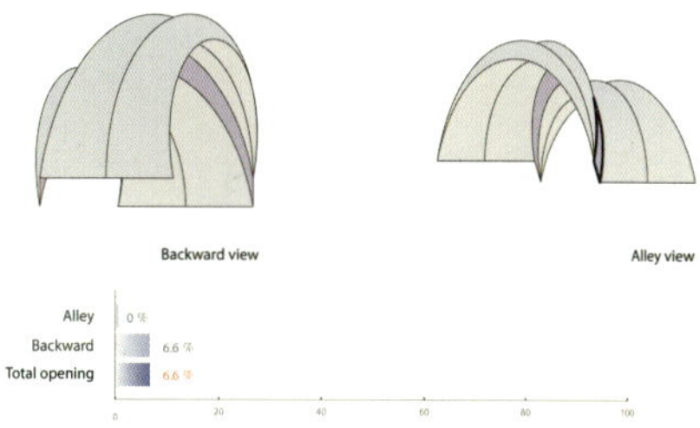

North)

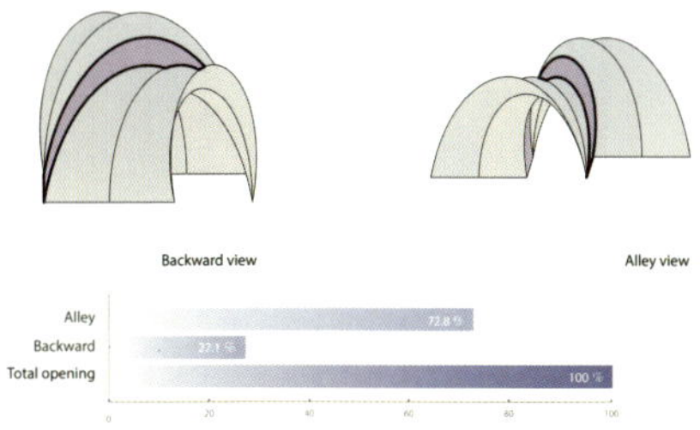

West)

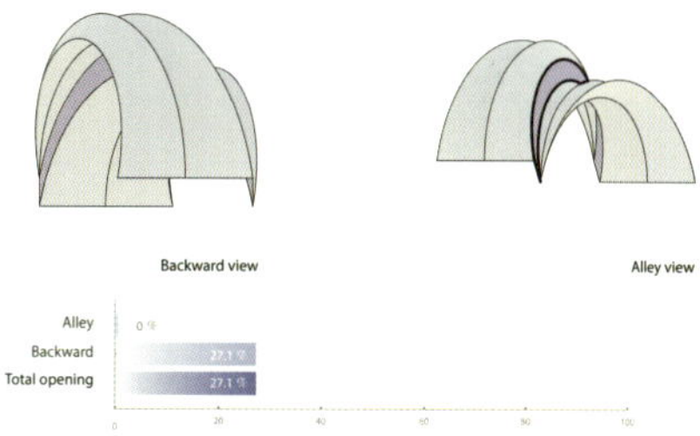

Legend

☐ : sweep surface ■ : exposed window ■ : non exposed window

Design Development_Percentage of Opening

Convex - Concave Up and Down, South)

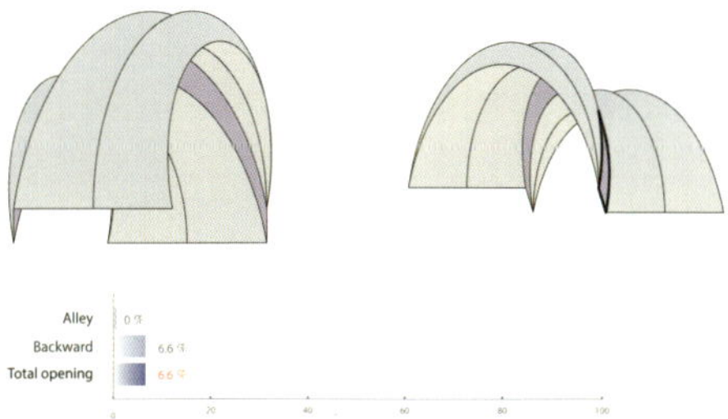

Convex - Convex Up and Down, South)

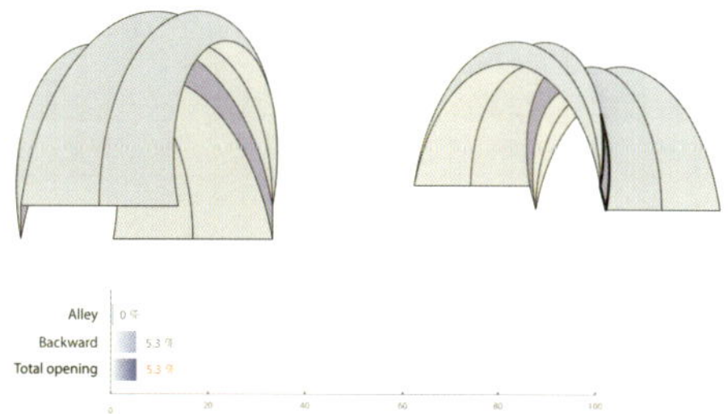

Above 2types of combination method have small opening. '**Convex - Concave** Up and Down, **South**' method's opening rate is 6.6 % and '**Convex - Convex** Up and Down, **South**' method's opening rate is 5.3 % for '3' relatively. Also, The direction of window is below area.

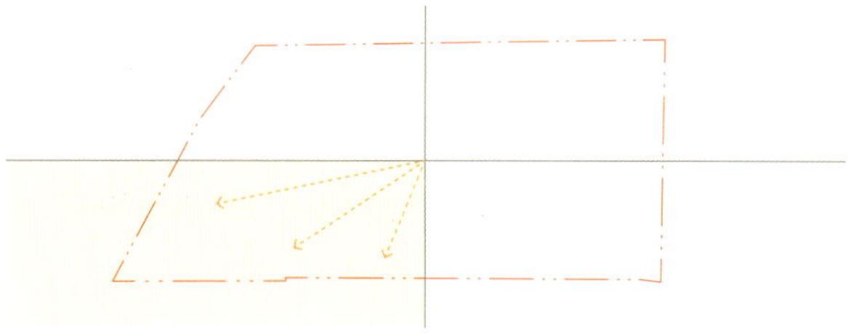

Legend

☐ : sweep surface ■ : exposed window ■ : non exposed window

Design Development_Analysis of Privacy

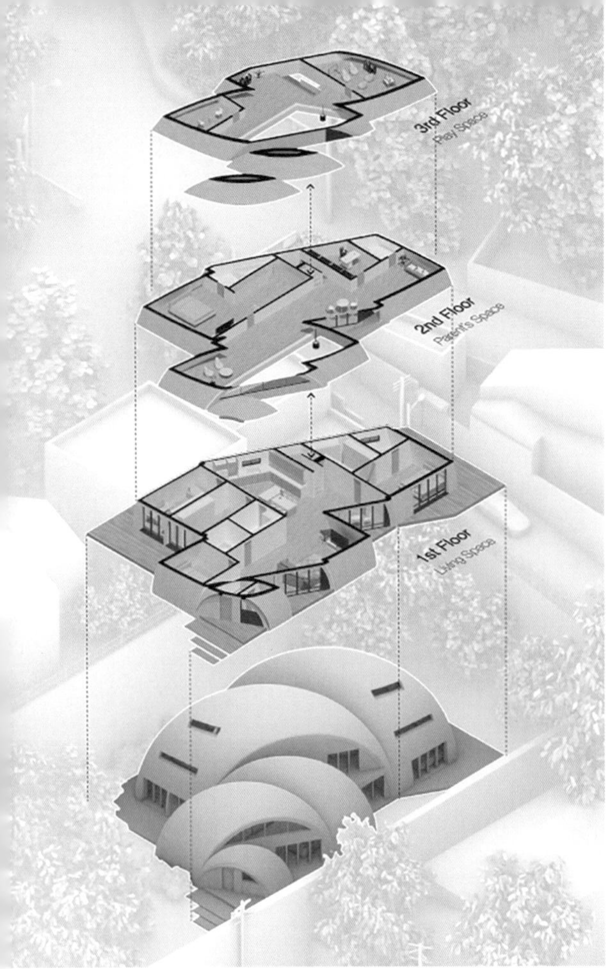

Exploded Axonometric

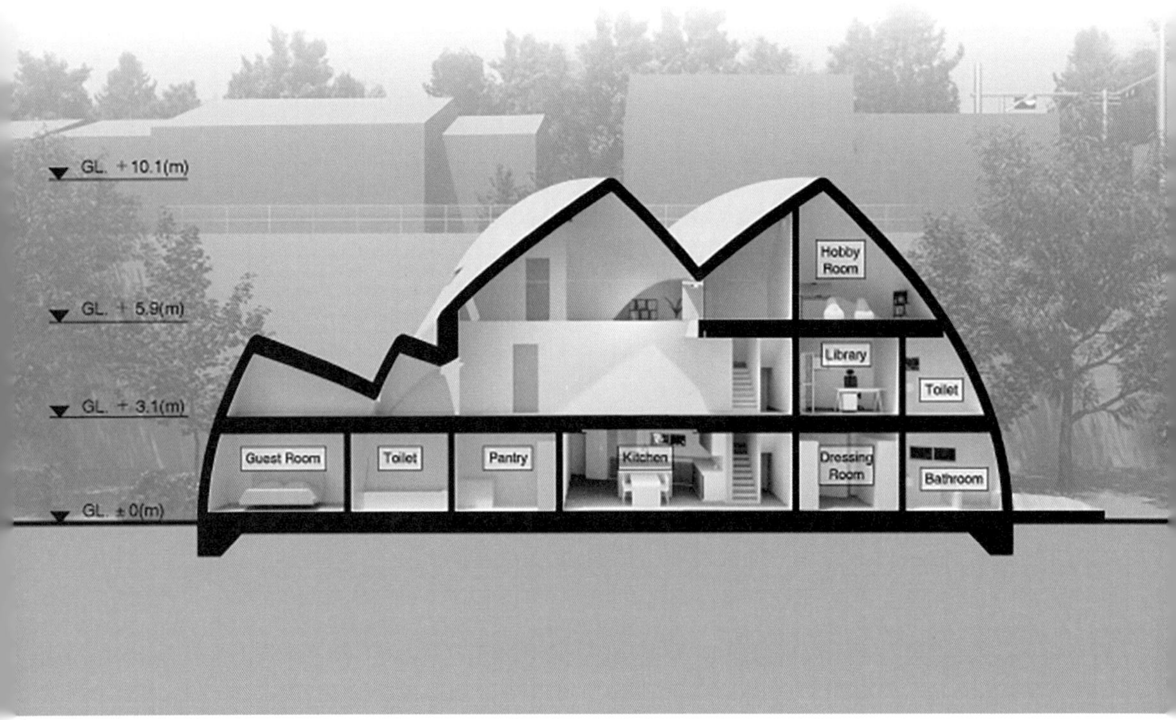

Section

Perspective_Birds Eye View

Perspective_Interior

Project	TianJin Ji Geological Museum
Architect	TianJin University Research Institute
Program	Museum
Location	TianJin, China
Built Year	2008

Tian Jin 지질박물관은 이름에 걸맞은 외관을 자랑합니다. 수십억 년에 걸친 퇴적작용으로 형성된 지층이 물이나 풍화작용에 의해 깎인 협곡을 연상시키는 전경을 제공합니다. 또한, 나선형 평면 구조와 함께 돌, 지층, 습곡 등 지질 역사를 중심으로 한 전시가 주를 이룹니다.

Tian Jin 지질박물관의 형태는 얼핏 보기에 복잡하고 이해하기 어려워 보이지만, 공간의 크기에 따라 원을 배치하고 이를 연결하는 방식을 평면 구성의 기본 원리로 사용하고 있습니다. 공간 구성은 주로 원형 벽을 통해 이루어지며, 외벽은 돌과 콘크리트를 번갈아 사용하면서 여러 개의 켜가 가로로 쌓여 있는 적층의 개념을 더욱 강조합니다. 특히, 층과 층 사이에서 평면이 일치하지 않는 부분은 처마나 외부 테라스 공간으로 활용되며, 이로 인해 생기는 그림자가 외관의 역동성을 한층 더 강조합니다.

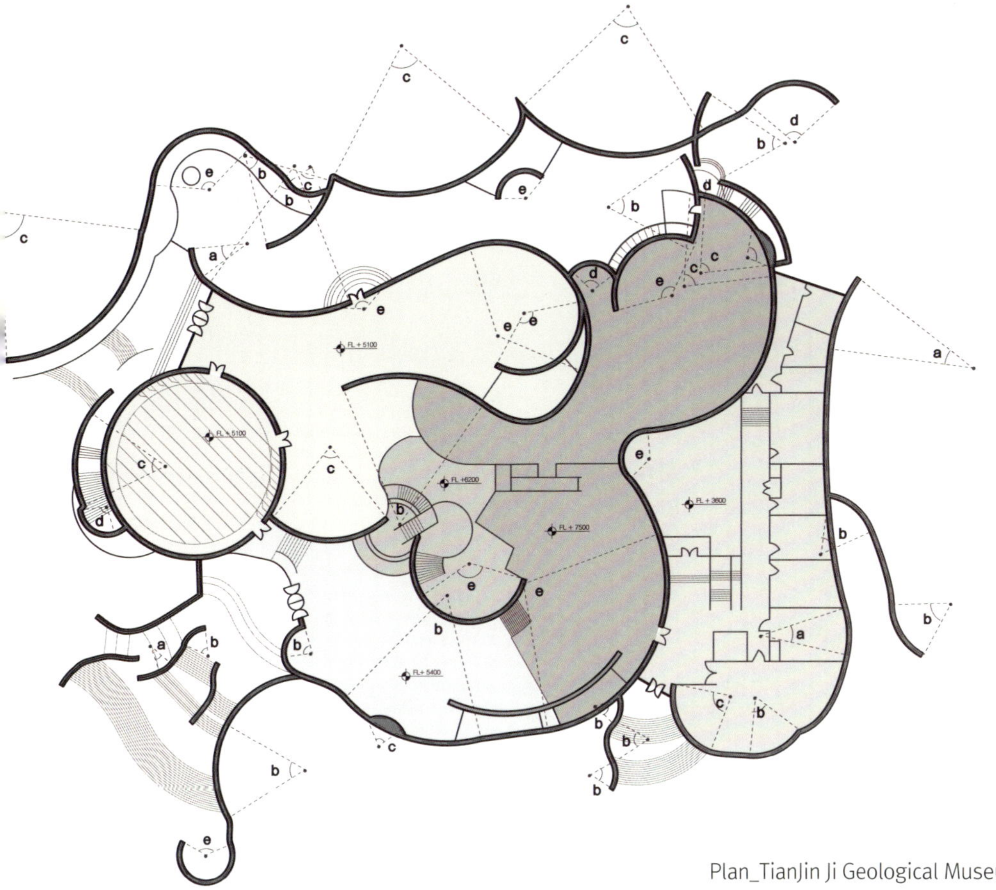

Arc degree

a 30˚
b 60˚
c 80˚
d 100˚
c 130˚

Plan_TianJin Ji Geological Museum

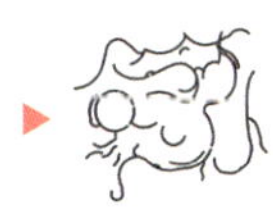

Key Map

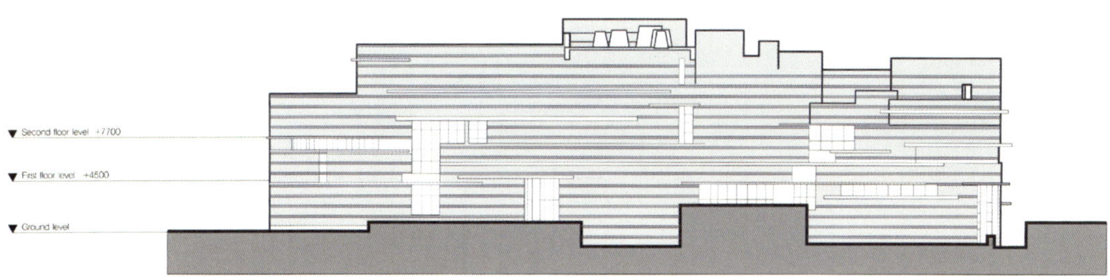

Legend

- Soil Line
- Elevation Pattern_Concrete texture
- Elevation Pattern_Rock texture

Elevation_TianJin Ji Geological Museum

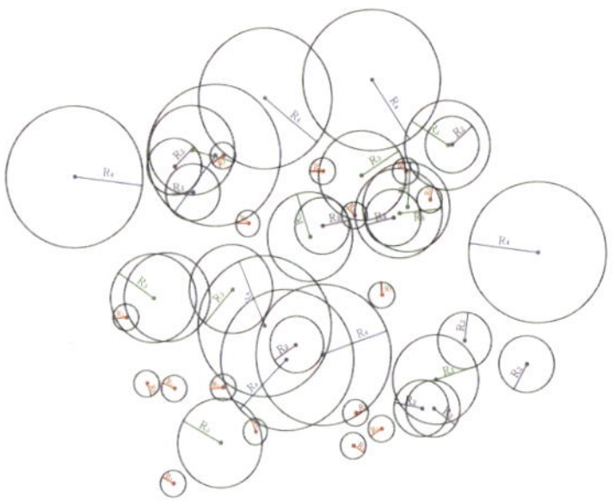

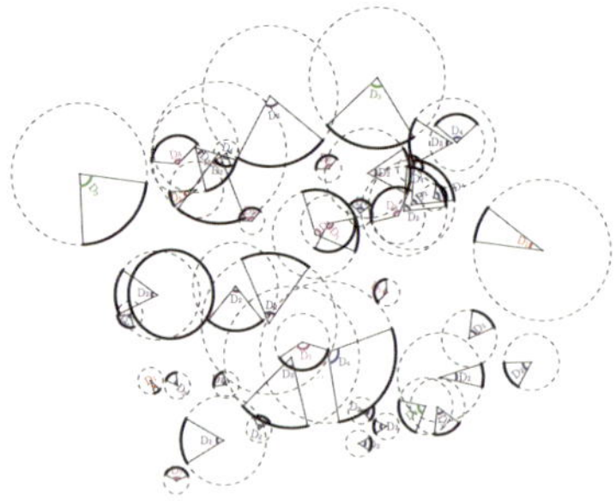

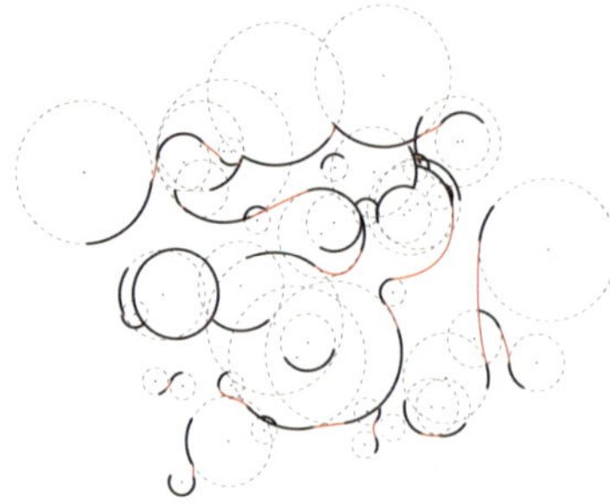

Step 1 〈Radius Parameter〉

- R_1 2500
- R_2 5500
- R_3 8500
- R_4 13500

Step 2 〈Degree Parameter〉

- D_1 30˚
- D_2 60˚
- D_3 80˚
- D_4 100˚
- D_5 130˚

Step 3 〈Blendcrv & join〉

Option – Curvature, Tangency, Position

– Attach two neighboring curves using command (blendcrv) _ Creates a new curve using the curvature, tangency, position of both curves.

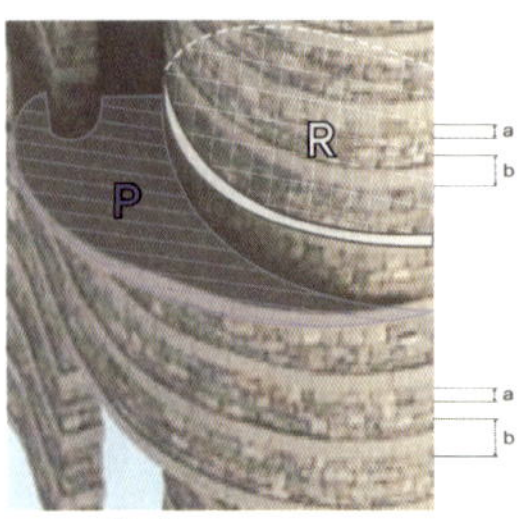

Profile R&P

R : Retrude
P : Protrude

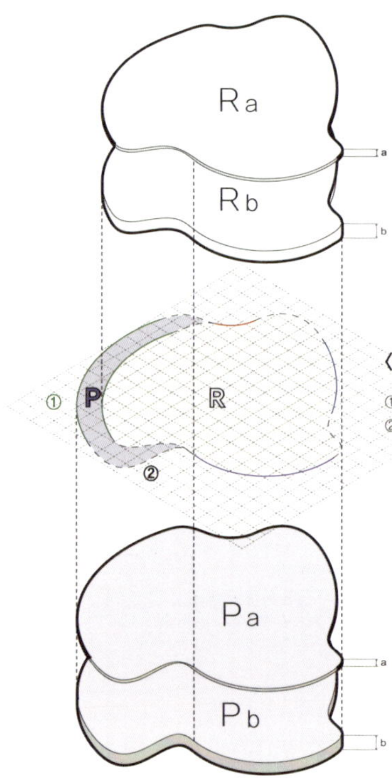

a. Concrete texture

b. Rock texture

〈Curve R P〉

① Offset arc
② Blendcrv with near arc

a. Concrete texture

b. Rock texture

The two extrusions divided by height are composed of a concrete with a height of 2(and a rock texture with a height of 800. These two different materials make the building's elevation more precise.

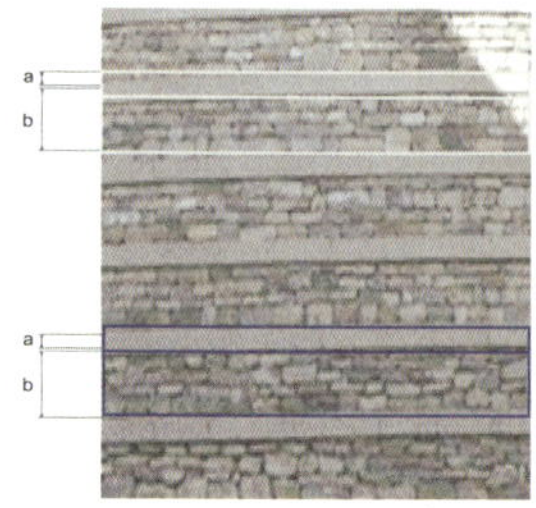

Height of extrusion a&b

a : Extrude 200
b : Extrude 800

Geometry Analysis_Section

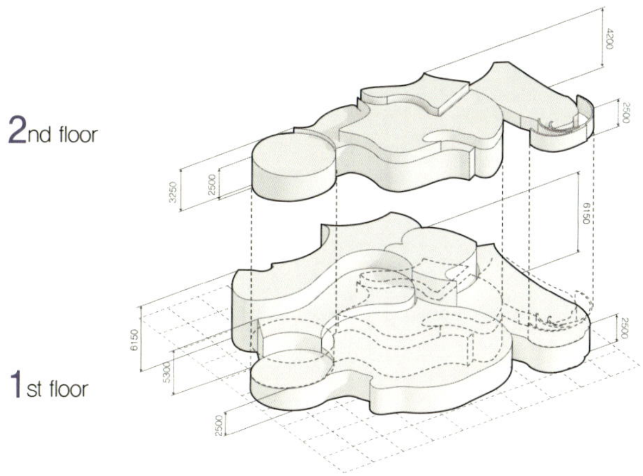

Step 4 〈Massing Diagram〉

- Each layer is extruded with different values.
  The first and second floors are combined into one mass.

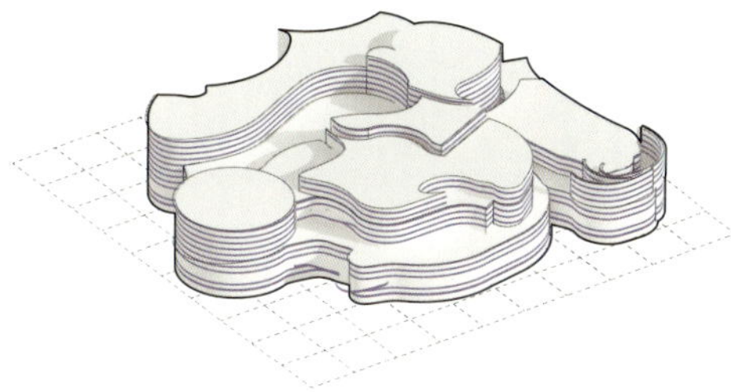

Step 5 〈Stacking Diagram〉

- Complete the detail elements with a constant stacking algorithm.
  The commands used are 'offset' and 'blendcrv'.

Geometry Analysis_Algorithm and Parameter

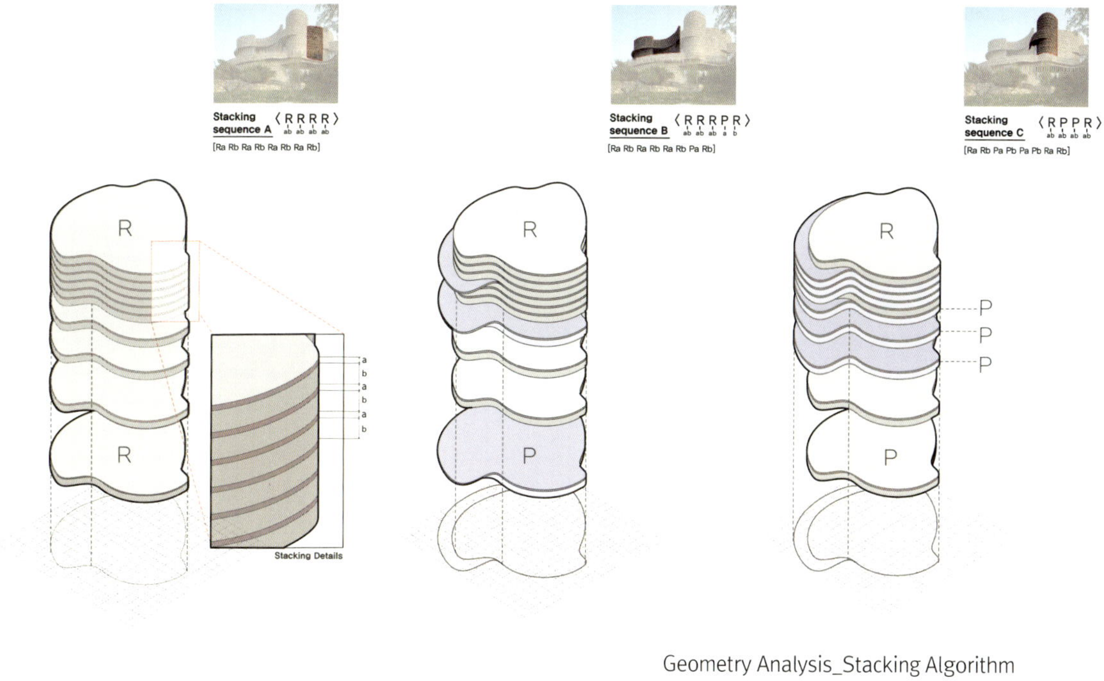

Geometry Analysis_Stacking Algorithm

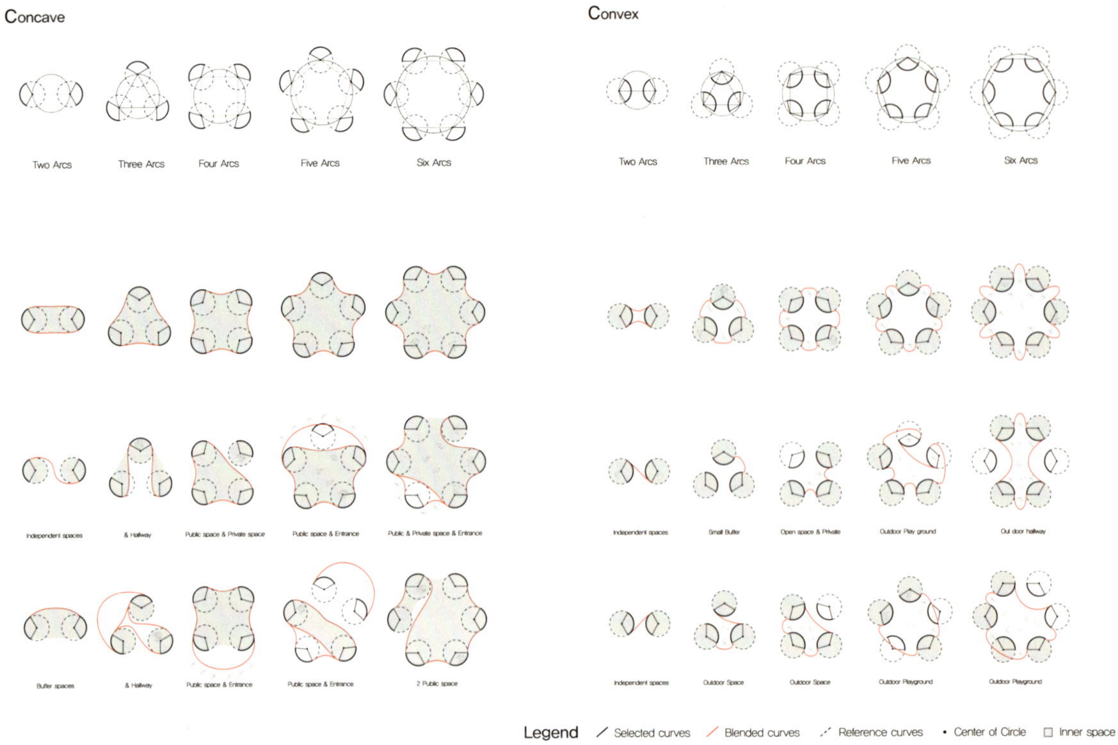

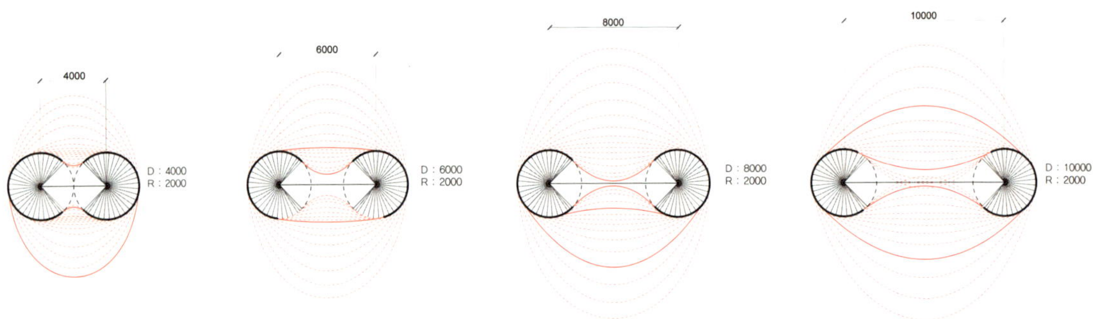

Alternatives

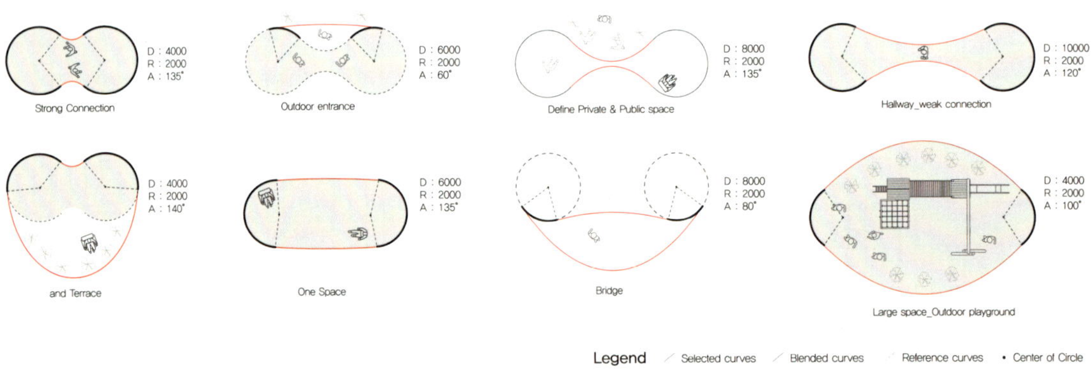

Parametric Experiment_Plan

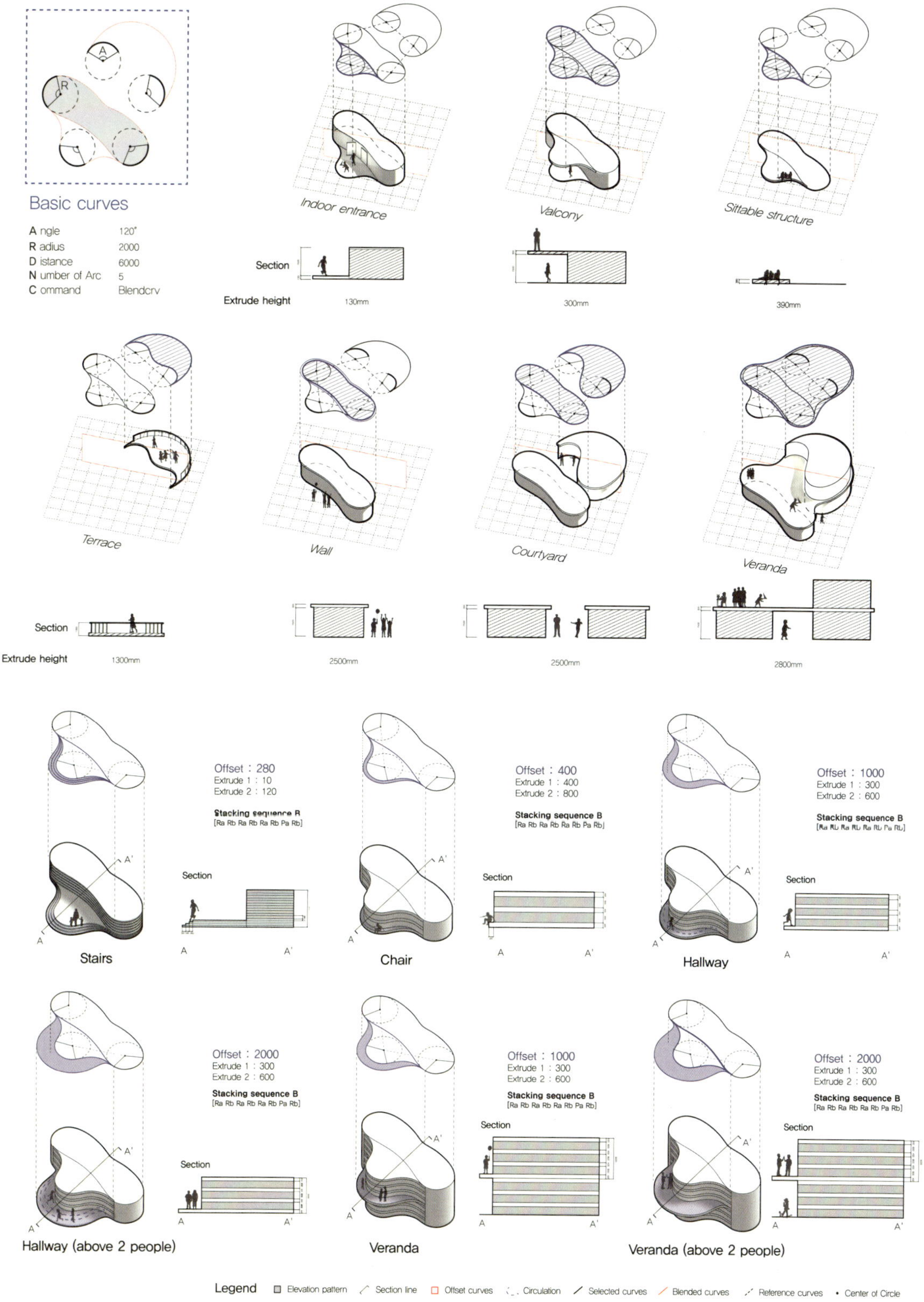

Parametric Experiment_Section

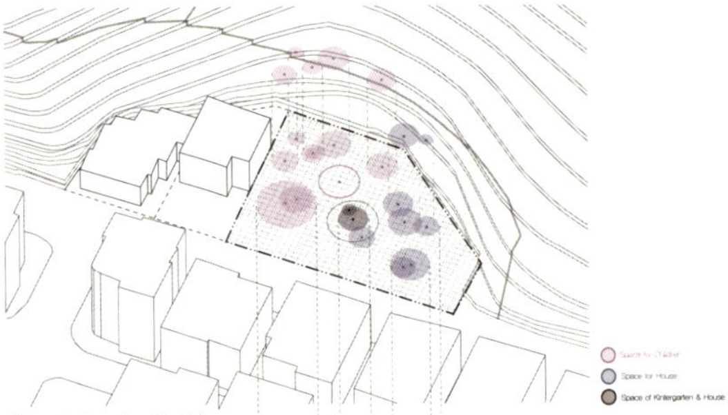

〈Step 1. Drawing Circle〉

The arrangement of circles with different radii forms a shape that surrounds the Kindergarten and Outdoor Playground. In the House, to ensure privacy, rooms are separated from the Living Room. The distance between each circle is determined by the relationships between the rooms and their respective radii.

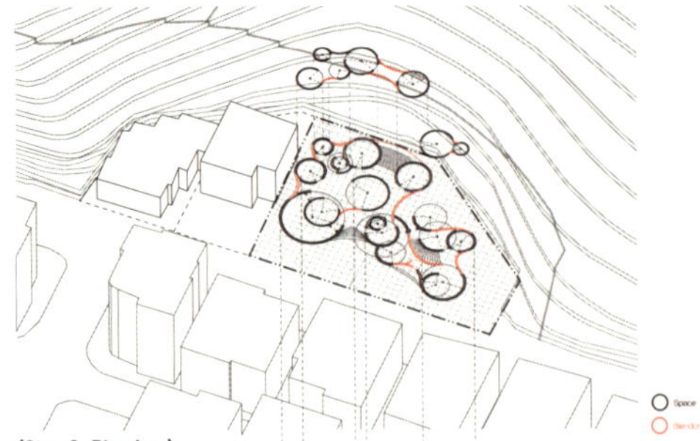

〈Step 2. Blendcrv〉

Each circle, drawn with different radii, creates arcs based on the angles determined by the relationships between the rooms. The 'Blendcrv' command is then used to connect the rooms. In the grid with circular reference, the walls on the first floor are offset by150 mm on both sides, while the walls on the second floor are offset by 100mm on both sides.

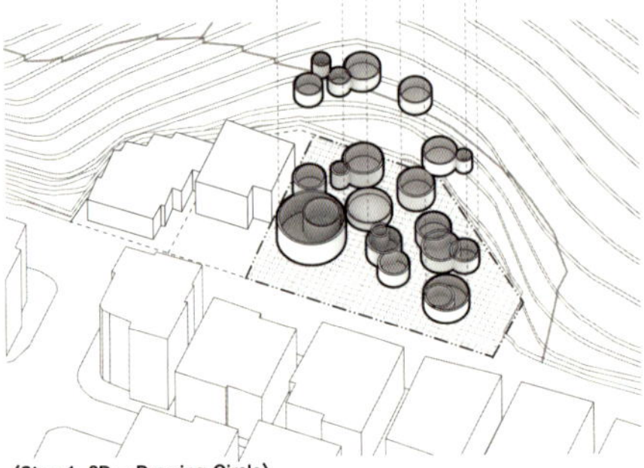

〈Step 1. 3D – Drawing Circle〉

The circles are extruded according to the required height for each space.

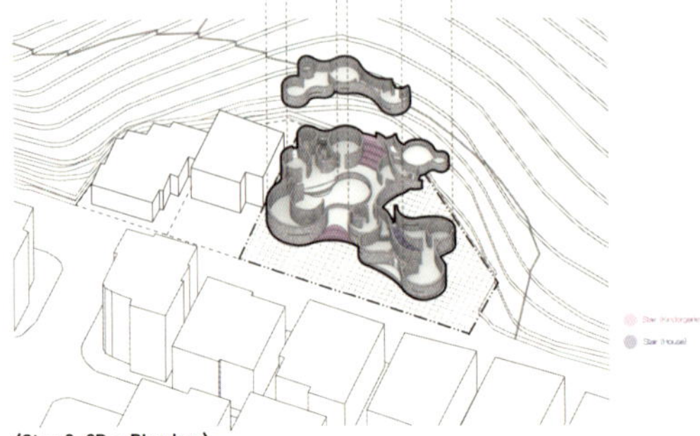

〈Step 2. 3D – Blendcrv〉

The Lamination heights are divided into 150 and 300mm, and the stairs and rooms are aligned accordingly. Then, stairs leading directly to the park behind the site are arranged. A set of stairs in the middle separates the Outdoor Playground from the corridor.

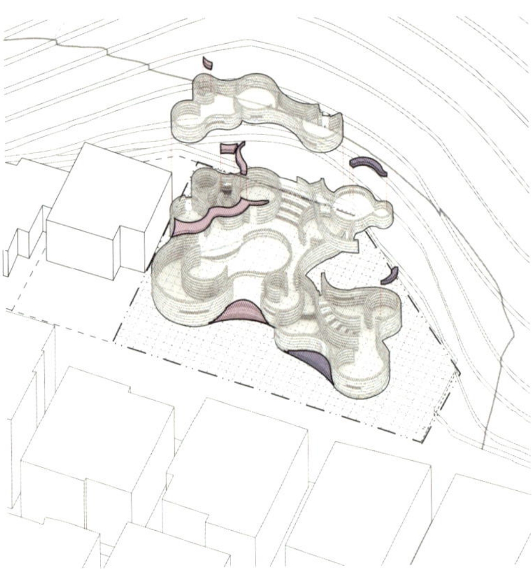

〈Step 3. Stacking Sequence〉

Stairs, canopies and some furniture are stacking sequences B and C, which are customized for each use.
Extrude Height is also set to 150 and 300 degrees.

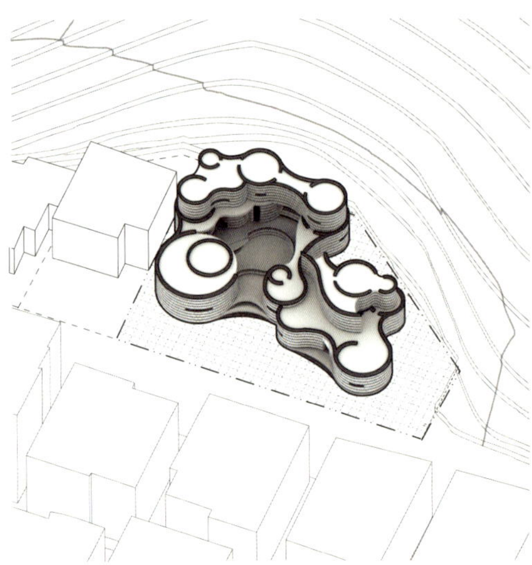

〈Step 4. Roof Extrusion〉

The roof is made up of a parapet 150 feet high so you can guess its interior shape.
The roof also uses the curves that form the wall and the curves that form the Blendcrv.

Design Development Process

이 프로젝트는 주변이 산으로 둘러싸여 있는 단독주택지에 4인 가족이 거주하는 주택과 어머니가 운영하는 어린이집을 함께 설계하는 계획안입니다. Tian Jin 지질박물관의 평면 구성논리를 분석하고 연구한 결과에 따라 방이나 거실과 같은 주택의 주요실과 교실, 놀이실과 같은 어린이집의 주요 공간을 크기에 맞게 원으로 계획한 후 동선을 고려해 배치하고 서로 연결하였습니다. 2층 규모로 대지의 좌측에 어린이집을 배치하고 우측에 주택을 배치하였는데, 두 프로그램의 접점이 되는 어머니의 침실과 집무실을 인접 배치하여 두 개의 독립된 프로그램이 연결되도록 설계한 점이 인상적입니다.

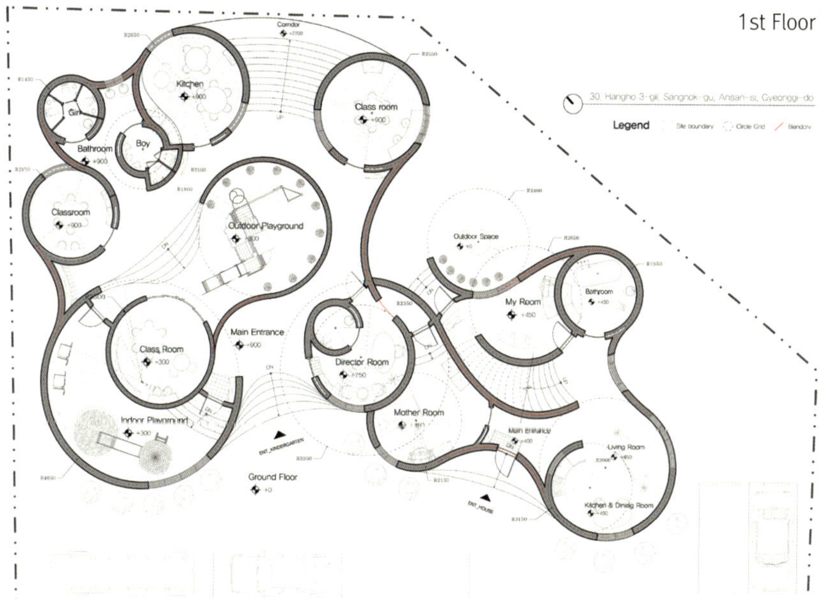

1st Floor Plan

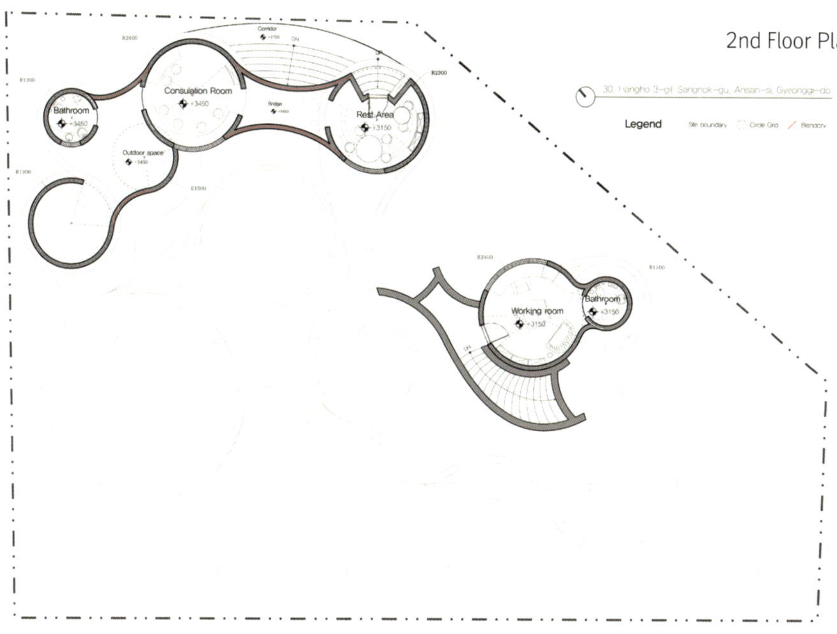

2nd Floor Plan

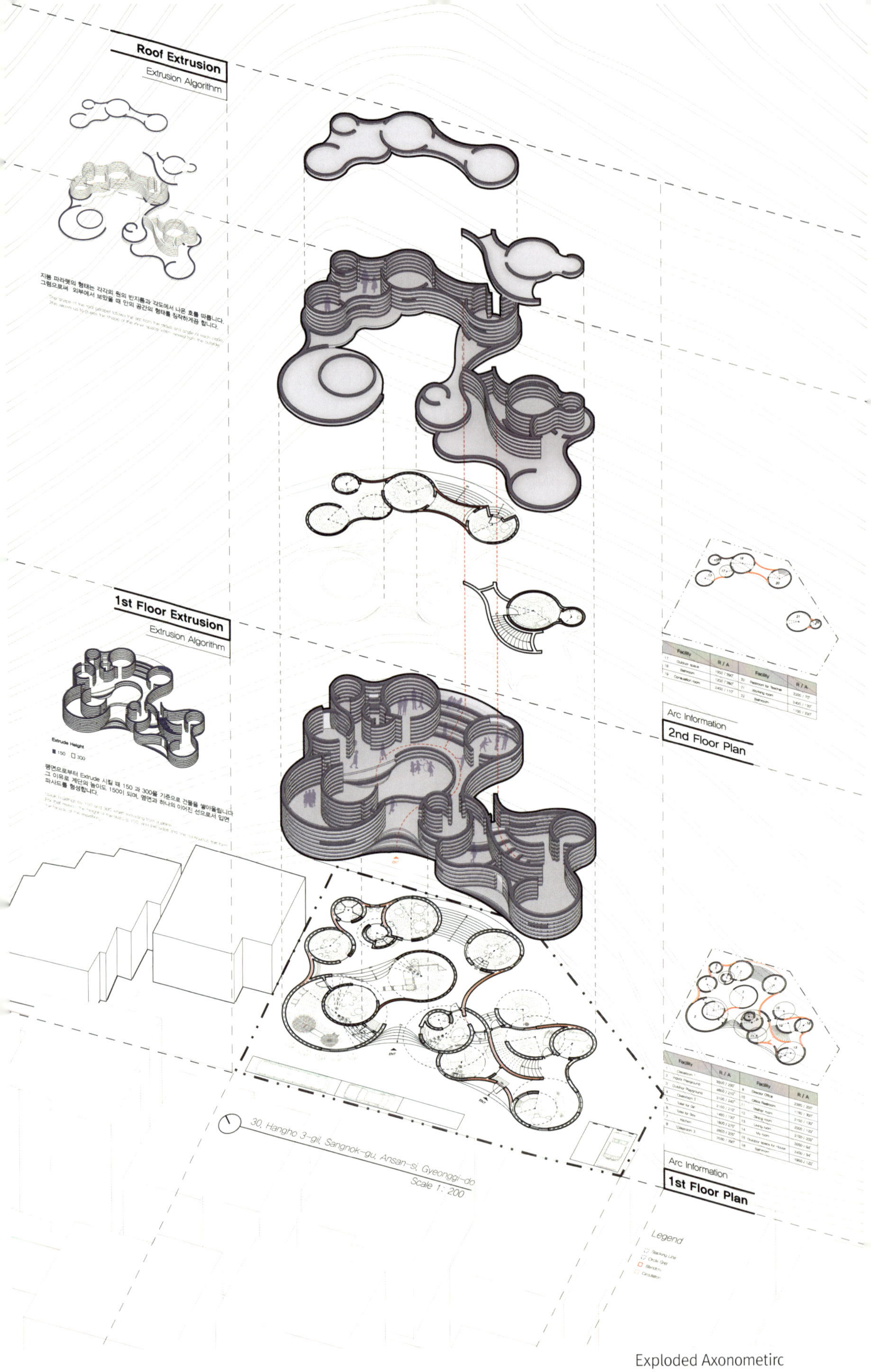

Exploded Axonometirc

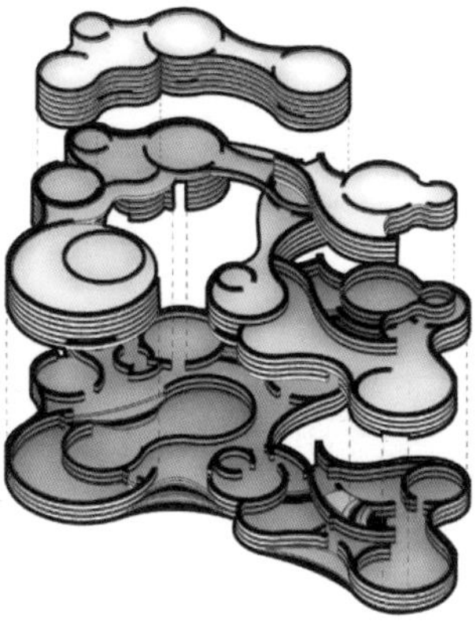

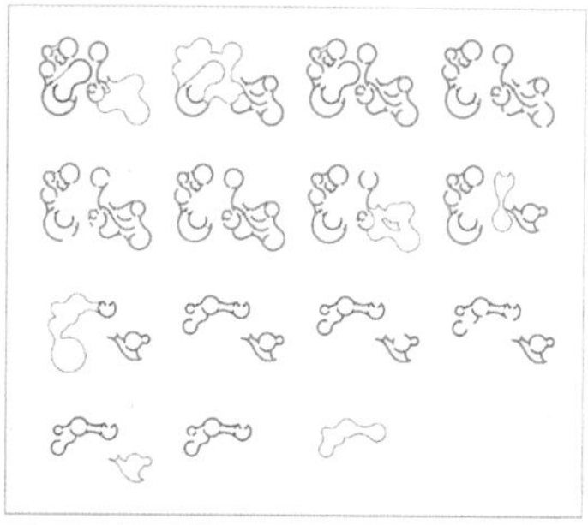

– Transparent acrylic 3T

– Cut B1lack acrylic (1.3T) and Transparency acrylic (3T) into different shapes for each layer, then fix the upper and lower layers using acrylic bond.
The staircase is made of white acrylic (1.3T) rather than trans–parent color
So the bottom black stairs are not visible.

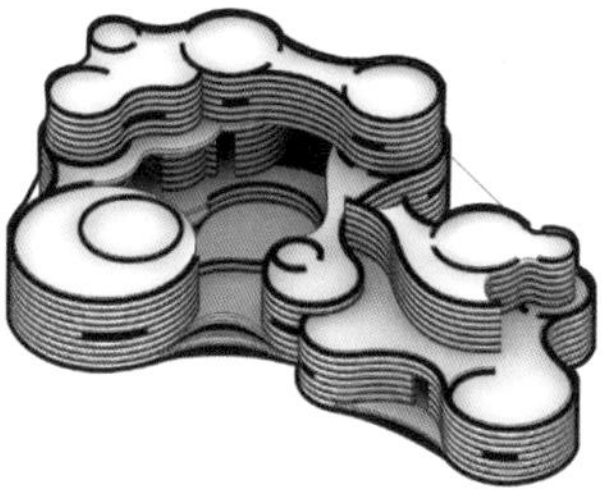

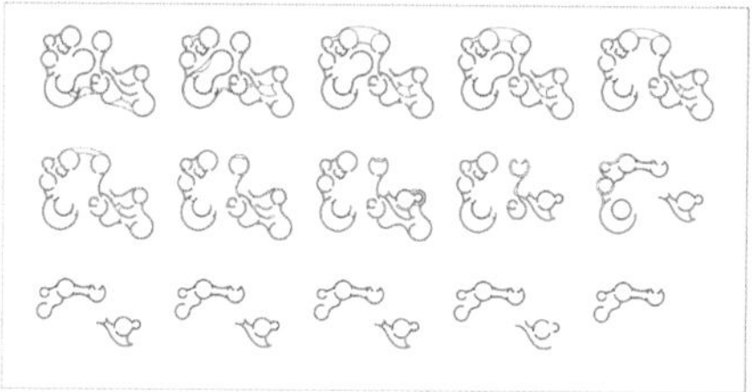

– Black acrylic 1.3T

Physical Model Template

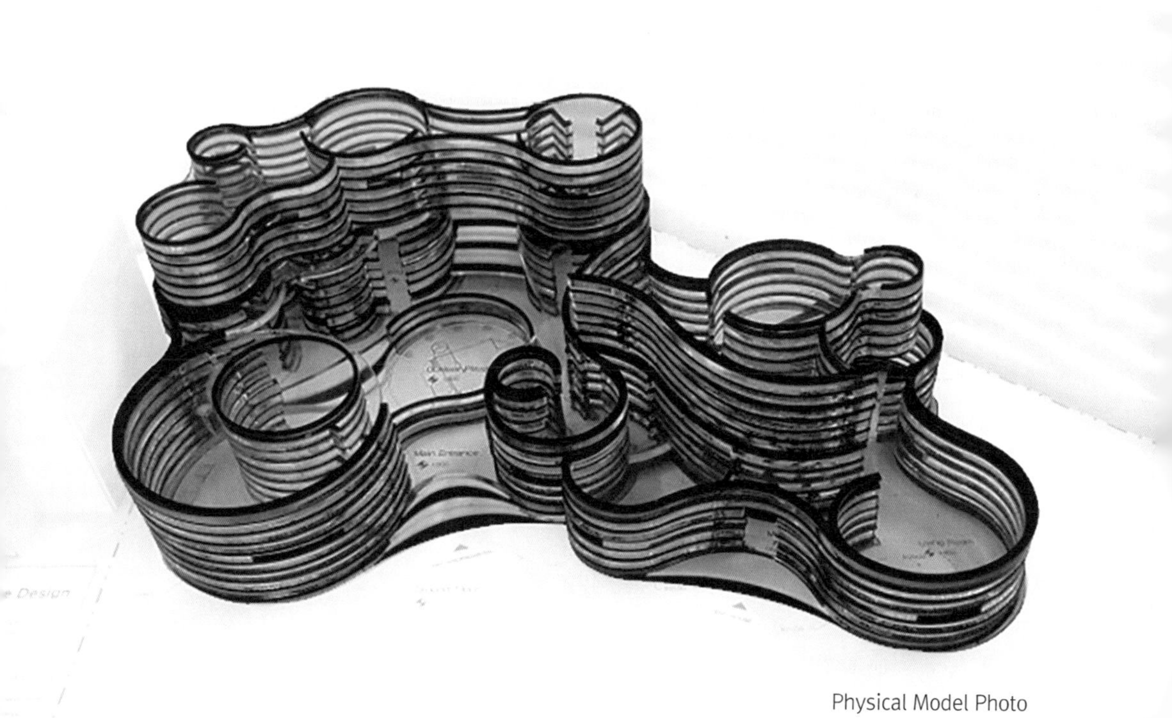

Physical Model Photo

Project	Rolex Learning Center
Architect	SANNA
Program	Educational Facility
Location	Lausanne, Switzerland
Built Year	2010

Rolex Learning Center는 일본의 건축가 그룹 SANAA가 설계했으며, 국제 설계 공모를 통해 자하 하디드, 헤르조그 & 드 뫼롱, OMA 등 세계적인 건축가들과의 경쟁에 의해 선정되었습니다. 이 건물은 스위스 로잔연방공대에 위치하며, 도서관, 전시실, 멀티미디어실, 카페테리아, 휴게실, 회의실 등 다양한 시설을 갖추고 있는 동시에, 면적의 절반 정도는 의도적으로 기능을 담지 않게 설계되어 학생들이 자유롭게 만나고 교류할 수 있는 공간으로 활용됩니다.

가로 166m, 세로 121m 크기의 바닥 면적이 매우 넓은 단층 건물로, 평면에서는 직사각형이지만 바닥과 지붕이 물결처럼 높낮이를 이루는 독특한 형태를 띕니다. 이 높낮이 덕분에 건물내부에 경사가 만들어지고 외부에서 건물 아래로 자연스럽게 진입할 수 있습니다. 또한, 건물 중앙부에 자연 채광을 확보하기 위해 14개의 크고 작은 구멍을 계획해 건물 내부와 중정 공간으로 햇빛이 들어오도록 설계했습니다. 내부는 얇은 기둥들만이 지붕을 떠받치고 있어 기둥 간섭을 최소화하며 공간의 연속성을 강조합니다.

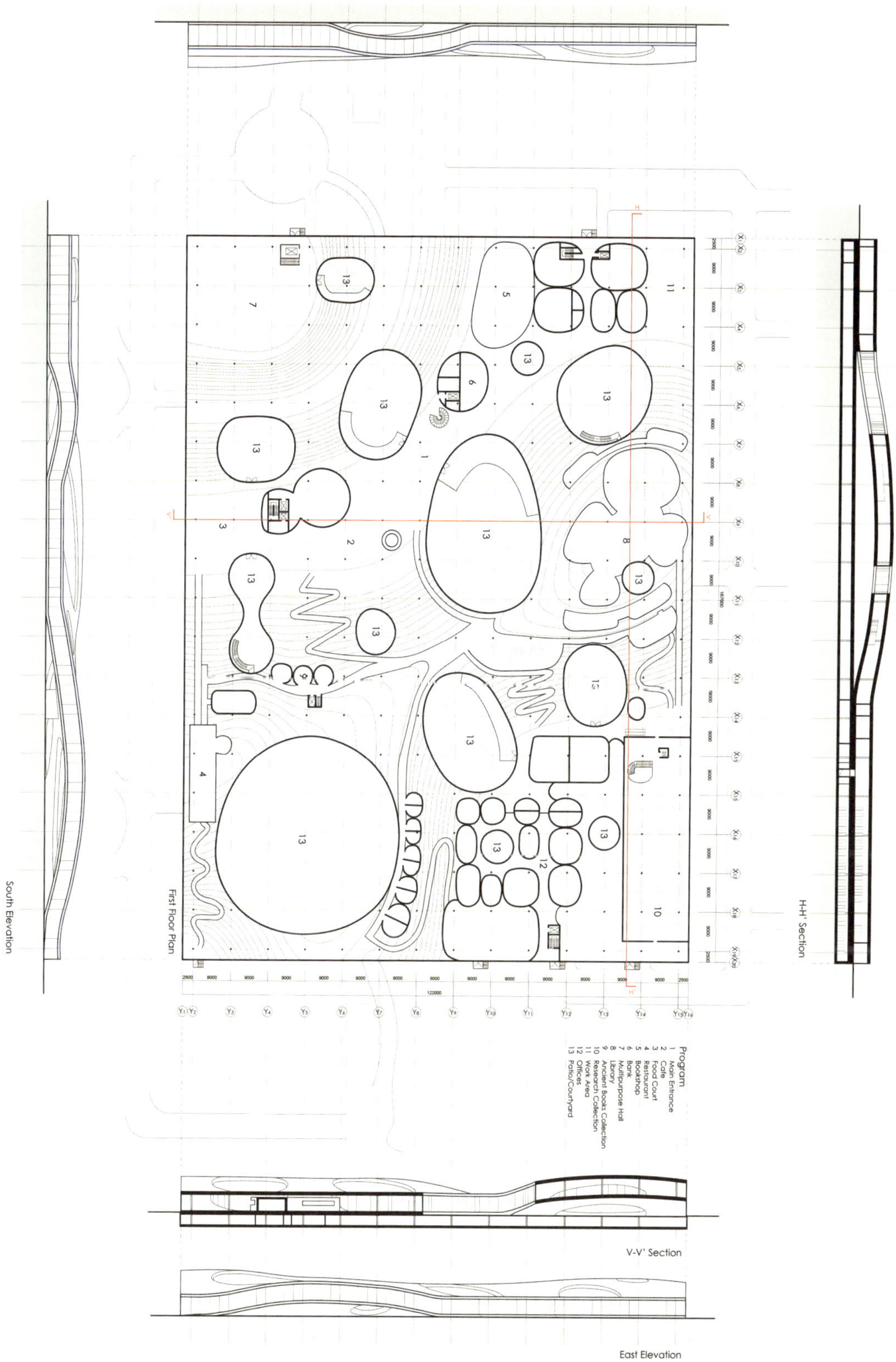

Plan and Section_Rolex Learning Center

Stage 1 - How to Create A Curved Surface

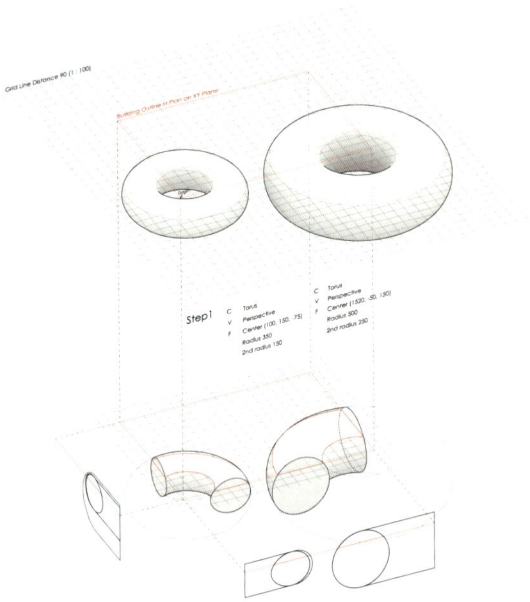

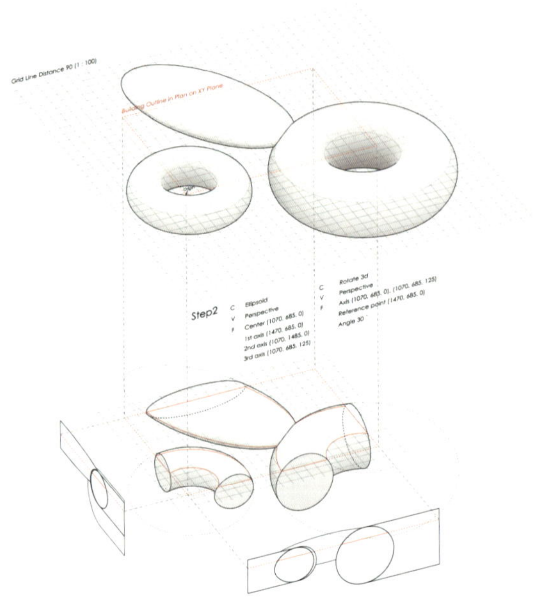

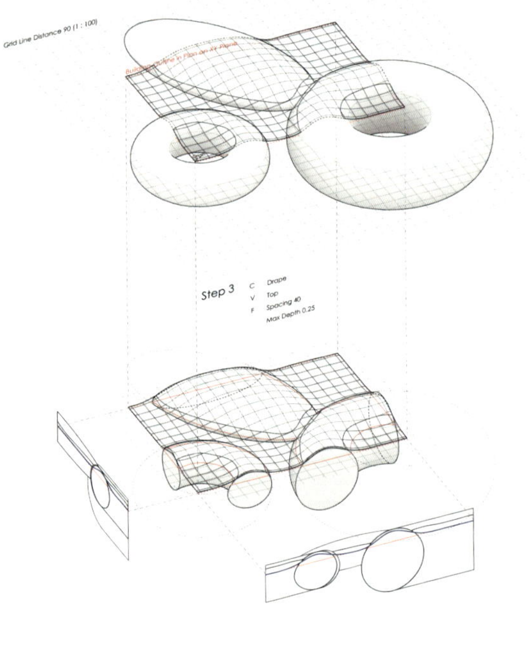

Stage 2 - How to Create Holes on the Surface

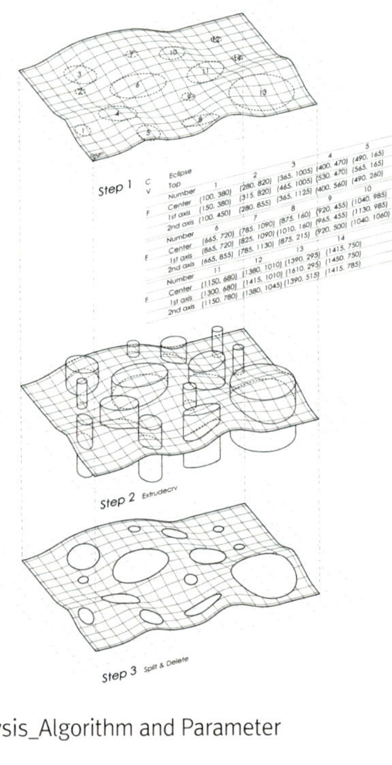

Geometry Analysis_Algorithm and Parameter

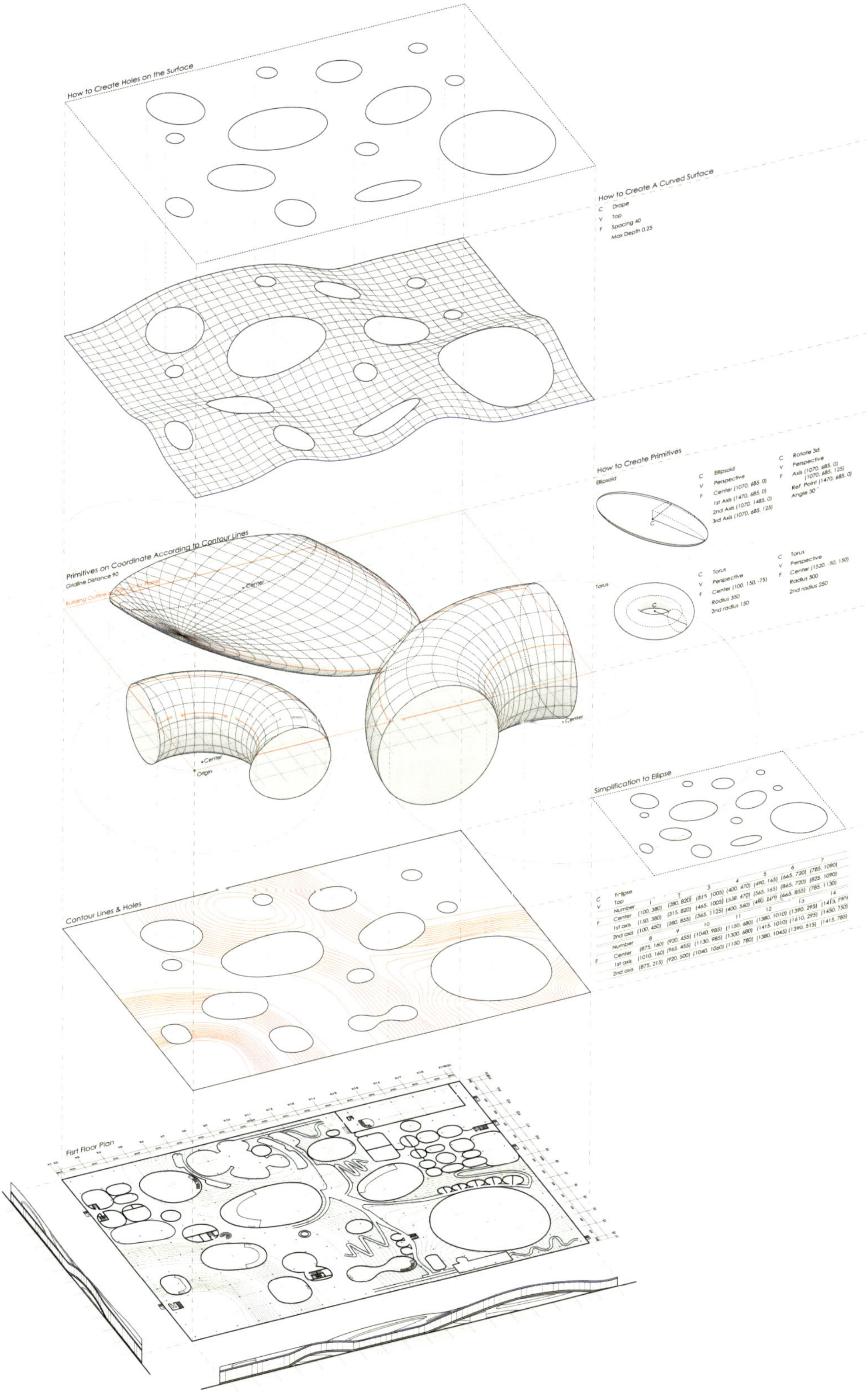

Indexical Surface

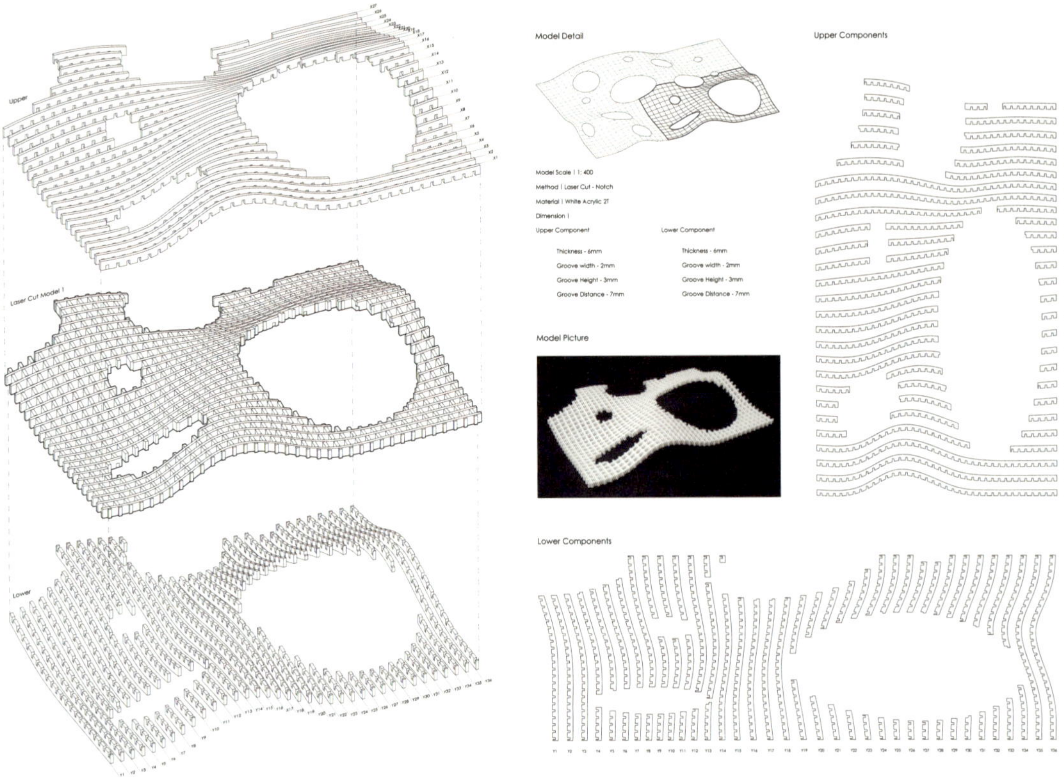

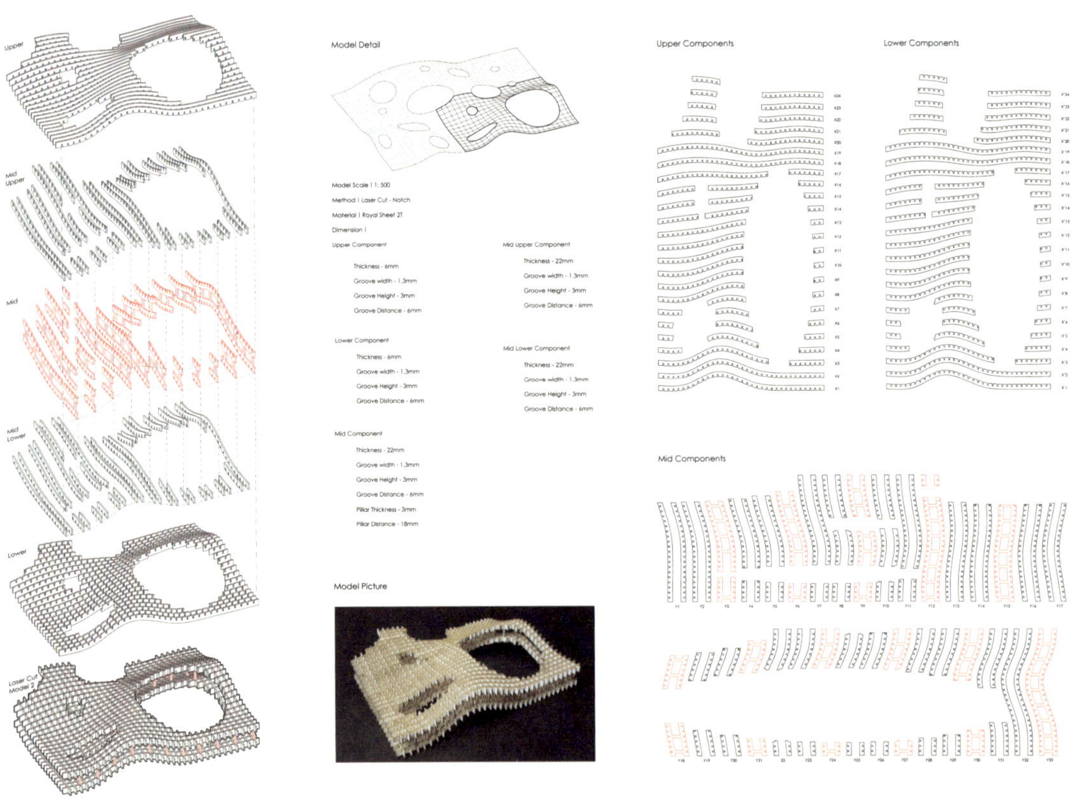

Indexical Model Template and Photo

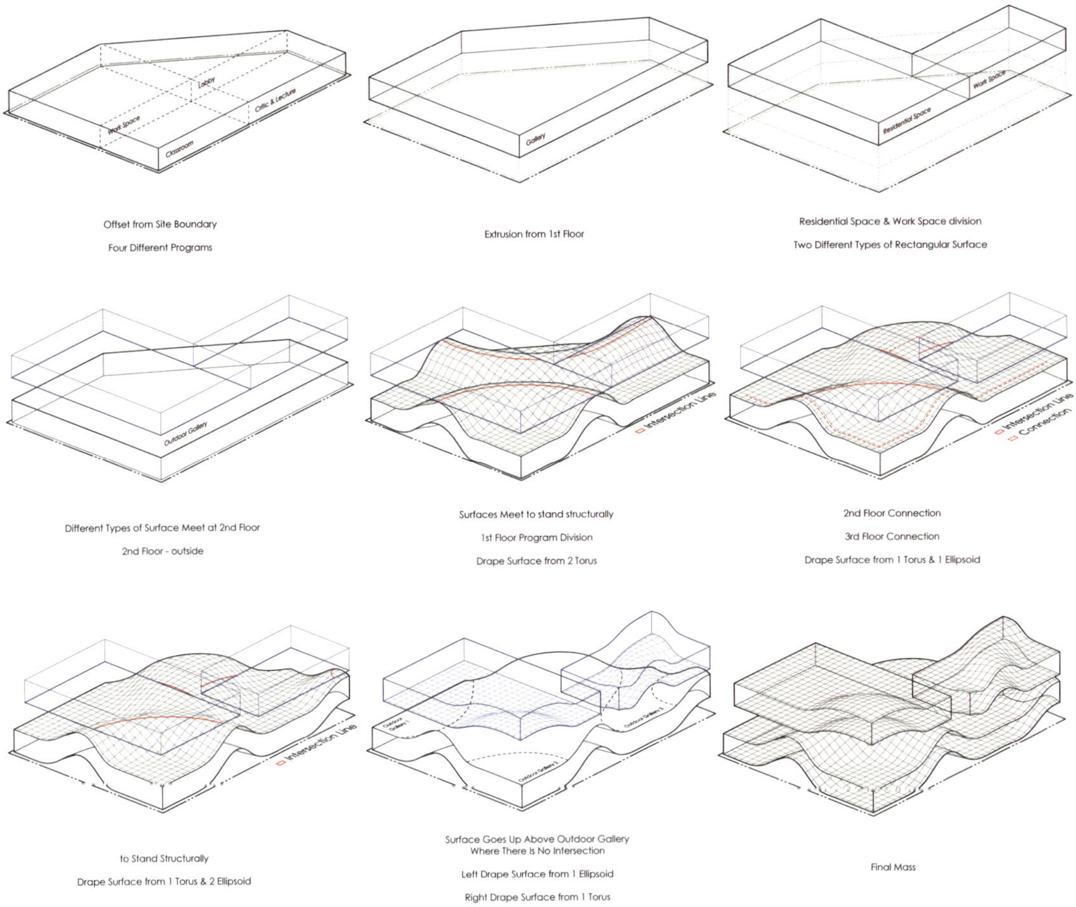

Indexical Model Template and Photo

본 프로젝트의 대지는 북측과 동서측이 산으로 둘러싸인 주택지에 위치합니다. 조각가인 부모와 한 명의 자녀가 거주할 계획인데 부모의 직업상 학생들에게 미술교육을 할 수 있는 공간과 작품을 전시할 내·외부 전시공간 그리고 가족의 주거공간을 설계해야 했습니다.

Rolex Learning Center가 물결치는 서피스(Surface) 2개를 지붕과 바닥으로 사용한데 반해 이 프로젝트는 1층의 교육실과 3층의 주거공간과 작업실을 만들기 위해 총 4개를 사용합니다. 서피스의 물결 부분, 즉 들어 올리고 내리는 디자인 방법은 건물의 구조를 해결하고 서로 다른 공간의 복잡한 동선을 설계하는데 사용되었습니다. 예를 들어, 주로 외부 전시공간으로 사용되는 2층은 1층의 지붕과 3층의 바닥이 만나 기둥 역할을 하면서 만들어집니다. 또한 들어올려진 1층 바닥 아래로 3층 주거 공간으로 진입할 수 있는 계단실을 설계하여 1층의 다른 실들과 간섭을 피할 수 있게 해줍니다.

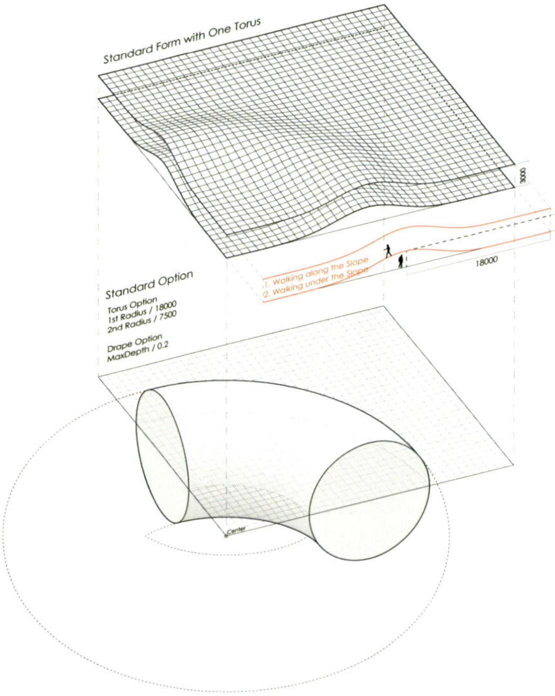

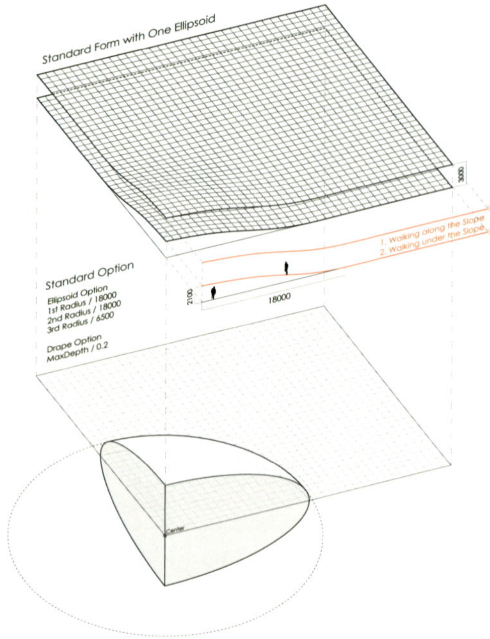

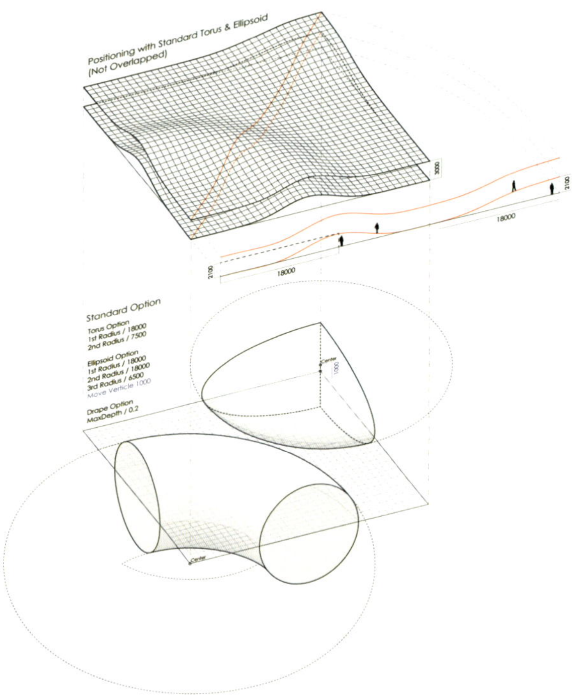

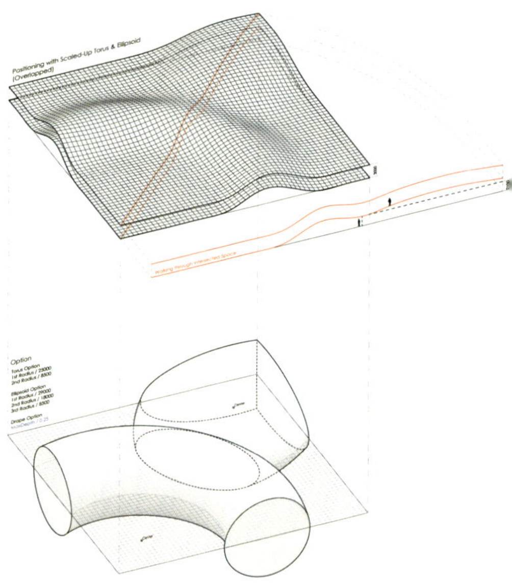

Design Development_ Potential Use of Space

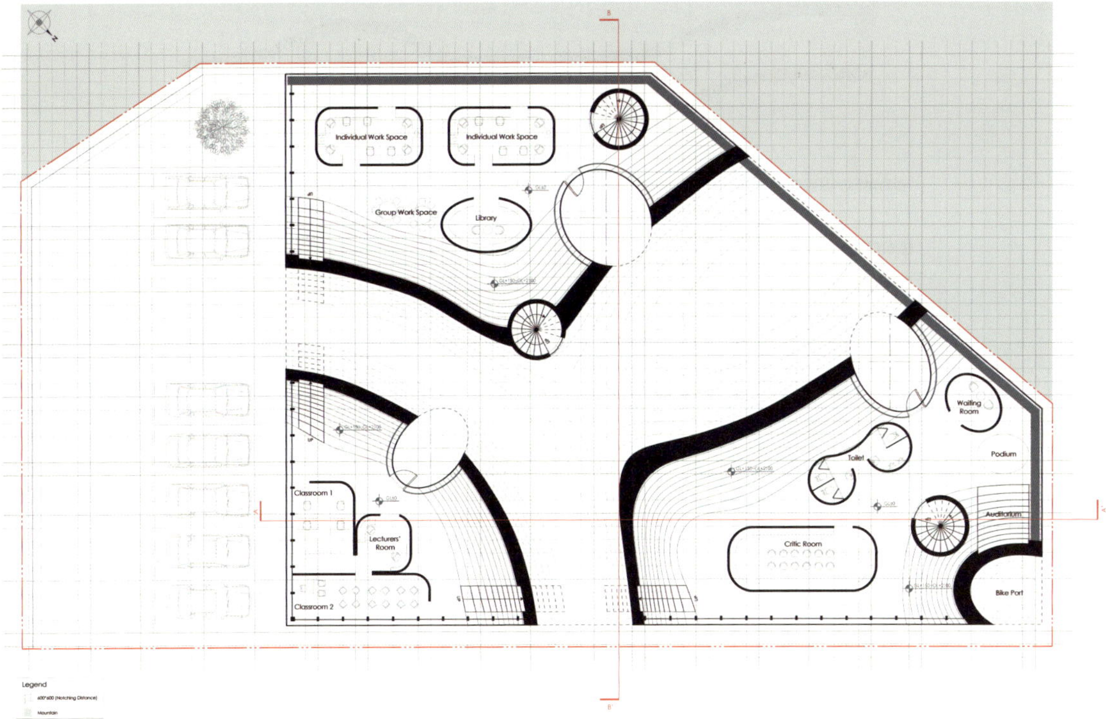

1st Floor Plan

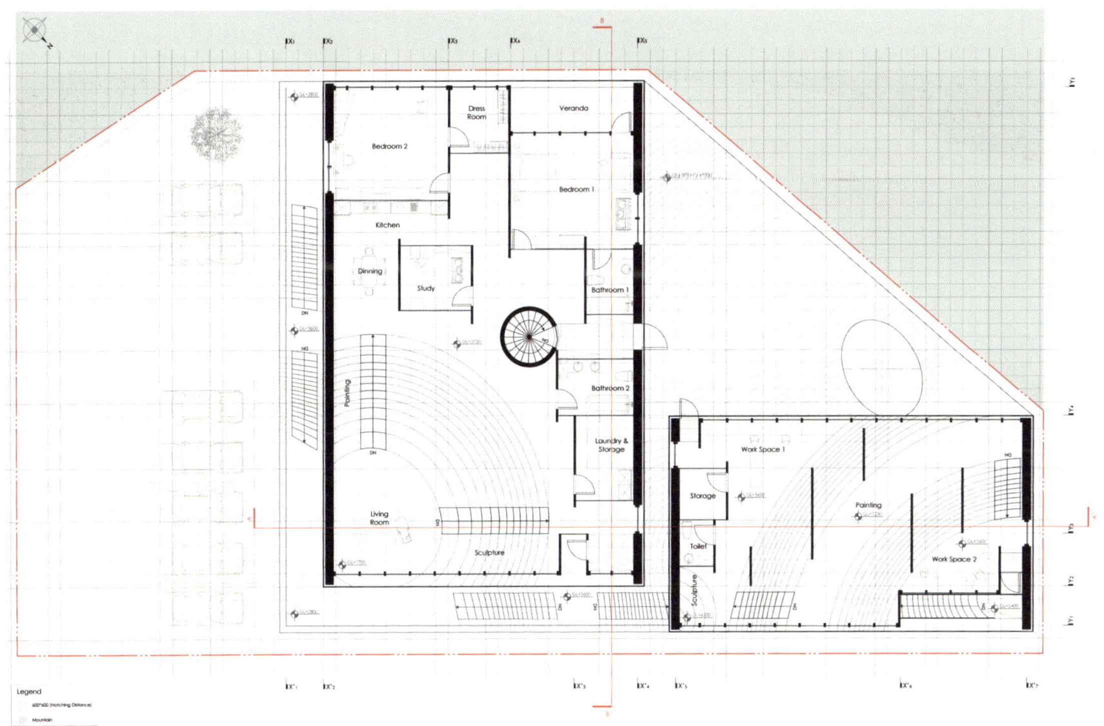

3rd Floor Plan

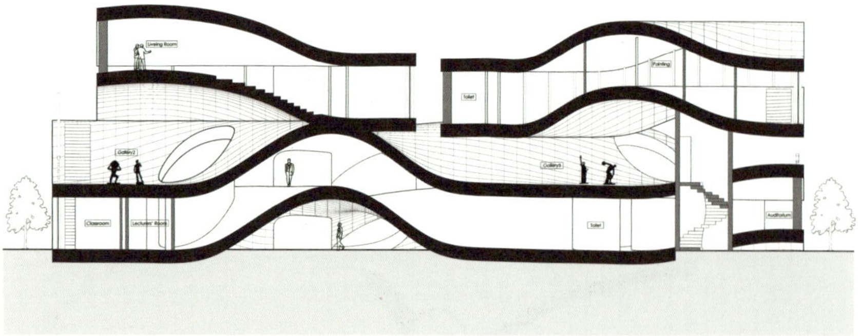

A-A' Section

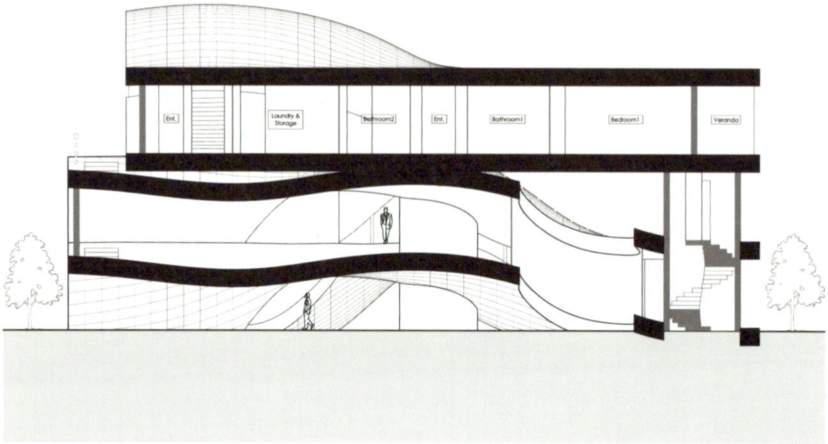

B-B' Section

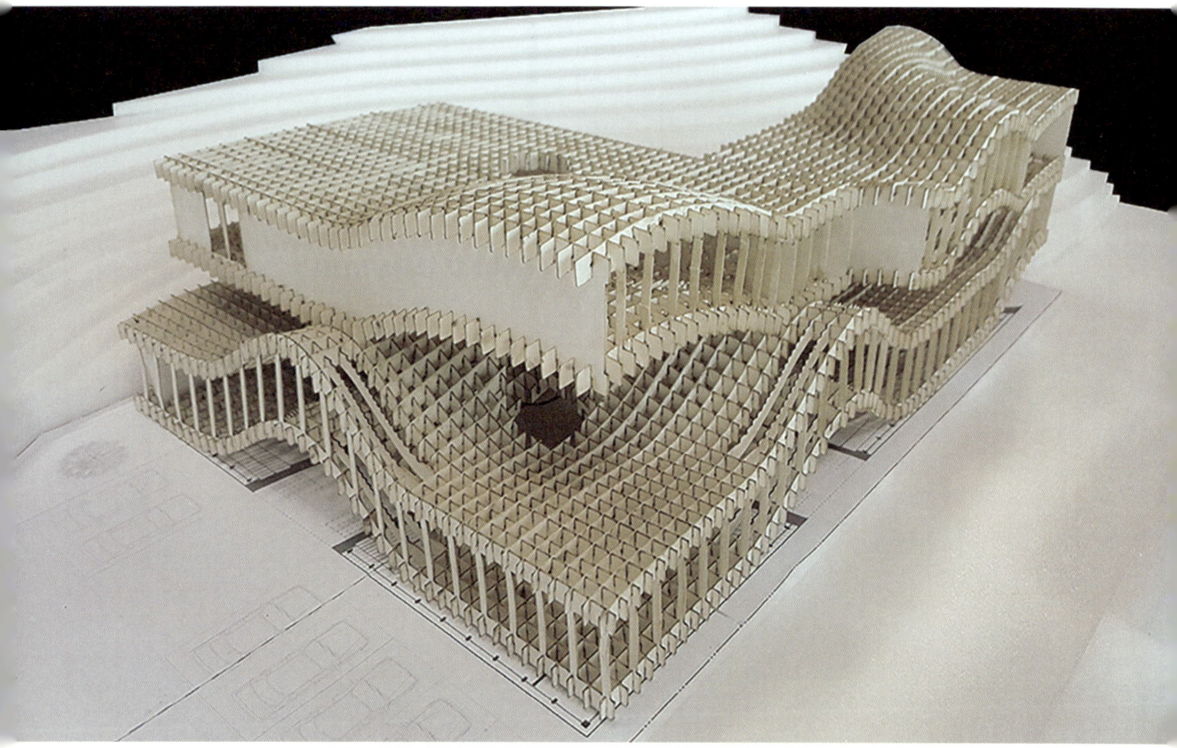

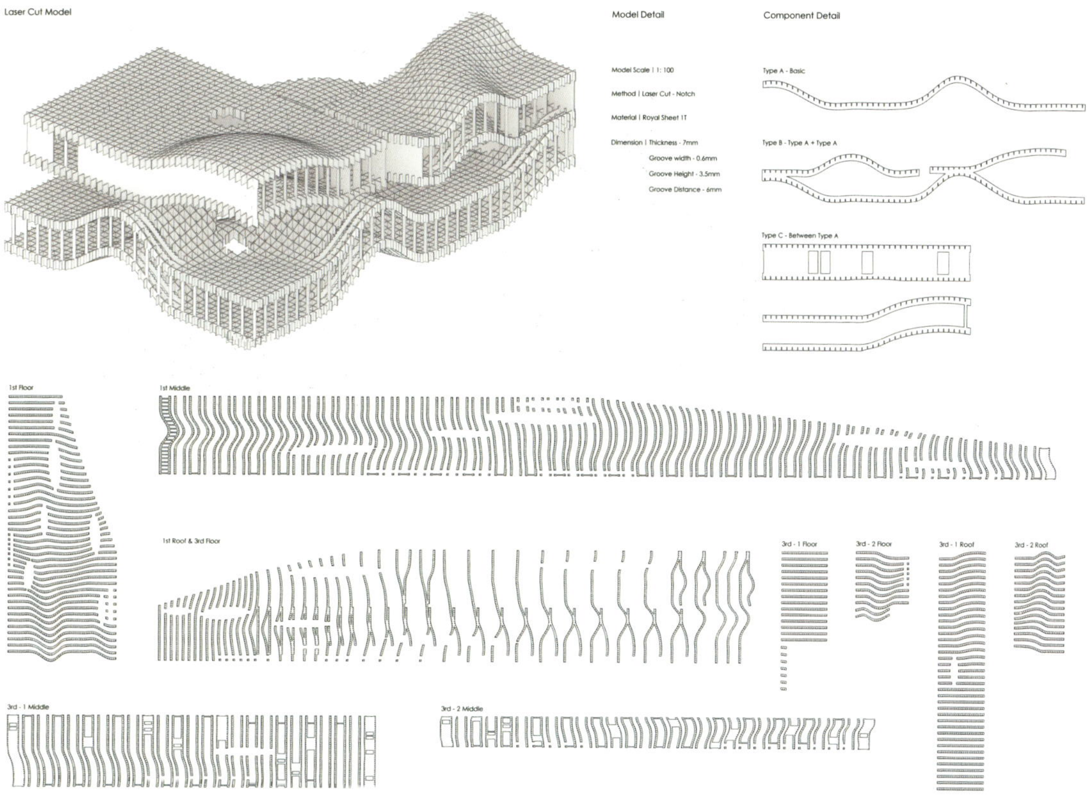

Physical Model Template

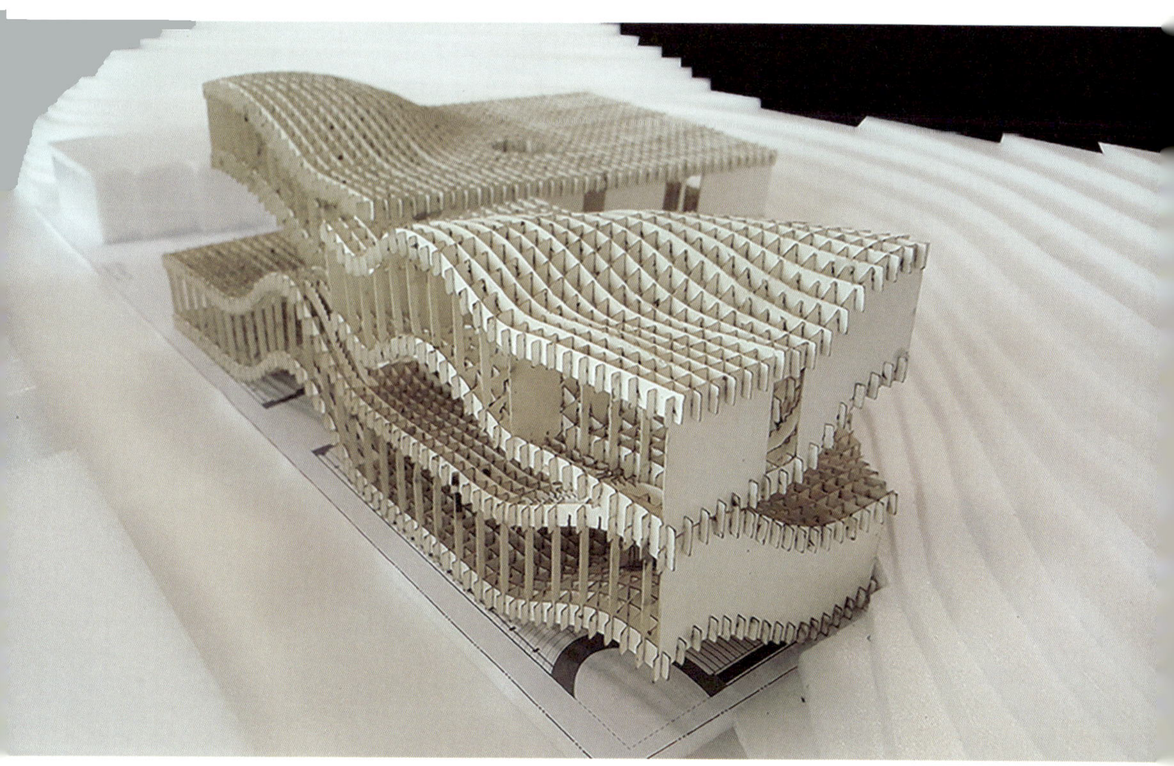

Project	Axis Viana Hotel
Architect	VHM
Program	Hotel
Location	Viana do Castelo, Portugal
Built Year	2008

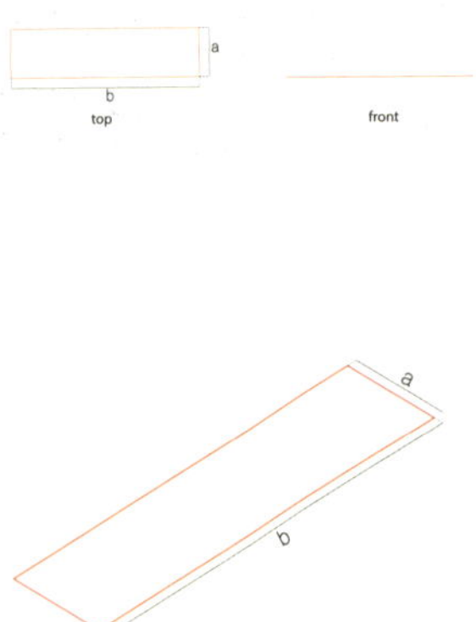

1. Rectangle

x,y,z value

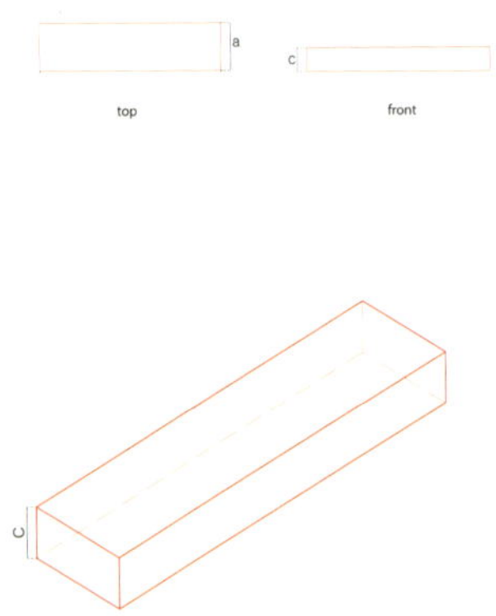

2. ExtrudeCrv

z value

solid-yes

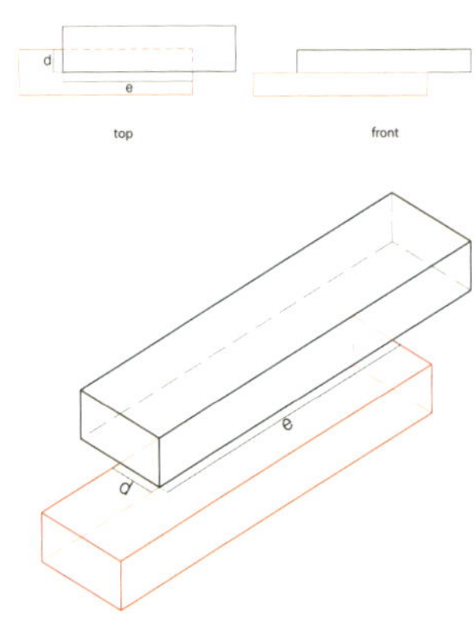

3. Copy

x,y,z value

Bold : Command Regular : Parameter Italic : Option

Legend
—— : generated/modified parts
—— : existing parts
: original parts
: intersection parts

Hotel Axis Viana는 길이가 약 100m 정도 되는 직육면체가 엇갈려 쌓여 있는 형태로 이루어져 있습니다. 1층과 2층에는 로비와 레스토랑 등 투숙객들의 편의를 위한 공간이 위치하고 상층부는 모두 객실이며 한 층에 약 20개의 객실이 있습니다. 이 호텔은 서로 다른 두 개의 전망을 제공하는데, 한쪽에서는 스페인에서 포르투갈 대서양으로 이어지는 Lima River를 감상할 수 있으며, 다른 한쪽에서는 자연 보호 구역인 Serra de Arga 산맥과 그 아래 자리한 마을의 전경을 즐길 수 있습니다.

평면에서 직육면체들이 겹치는 부분은 건물을 지탱하는 구조(structure)적 역할을 하면서, 엘리베이터와 계단, 공조 설비, 급배수 시설 등 다양한 설비가 통합적으로 계획되어 있습니다. 이처럼 건물의 구조를 담당하면서 사람, 공기, 물의 순환(circulation)을 가능하게 하는 공간을 코어(Core)라고 부릅니다. 또한, 근대 건축의 거장 루이스 칸(Louis Kahn)의 분류에 따르면, 이 공간은 객실이나 로비 같은 주공간(Served space)을 지원하는 보조공간(Servant space)으로 해석될 수 있습니다.

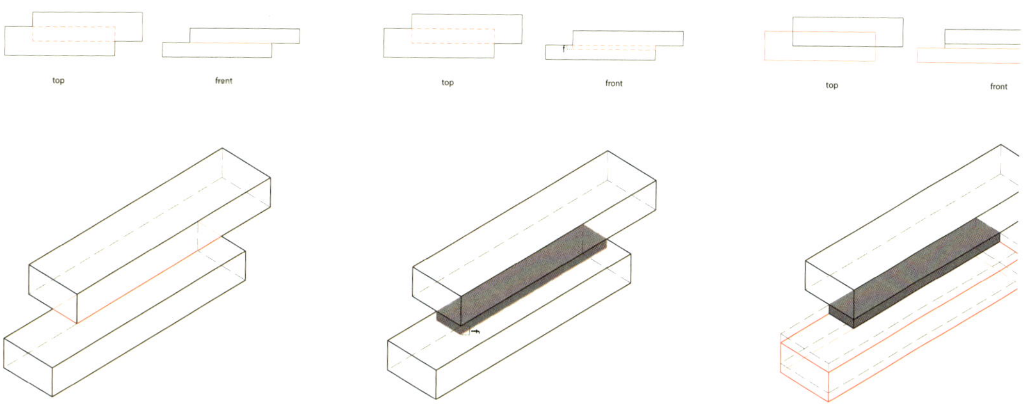

4. Intersect

5. ExtrudeCrv

z value

Solid-yes

6. Move

z value

Bold : Command **Regular : Parameter** *Italic : Option*

Legend

—— : generated/modified parts

—— : existing parts

□ : original parts

■ : intersection parts

Geometry Analysis_Algorithm and Parameter

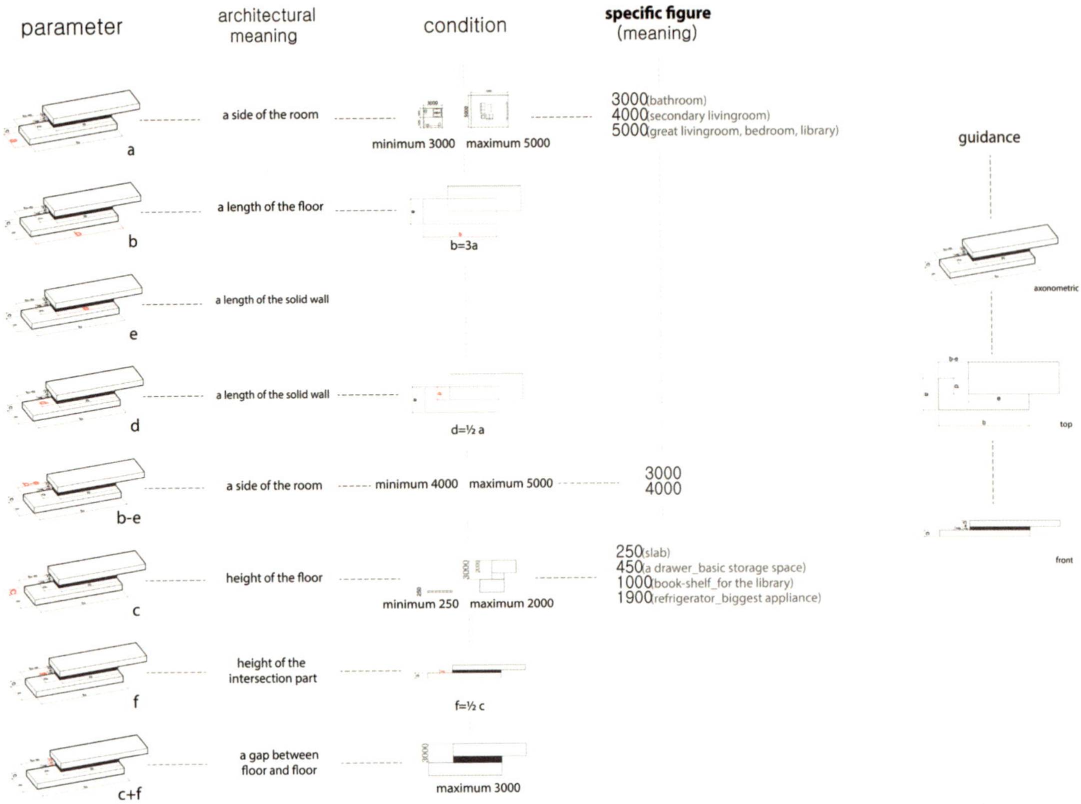

Parametric Experiment_ Potentia l Use of Space

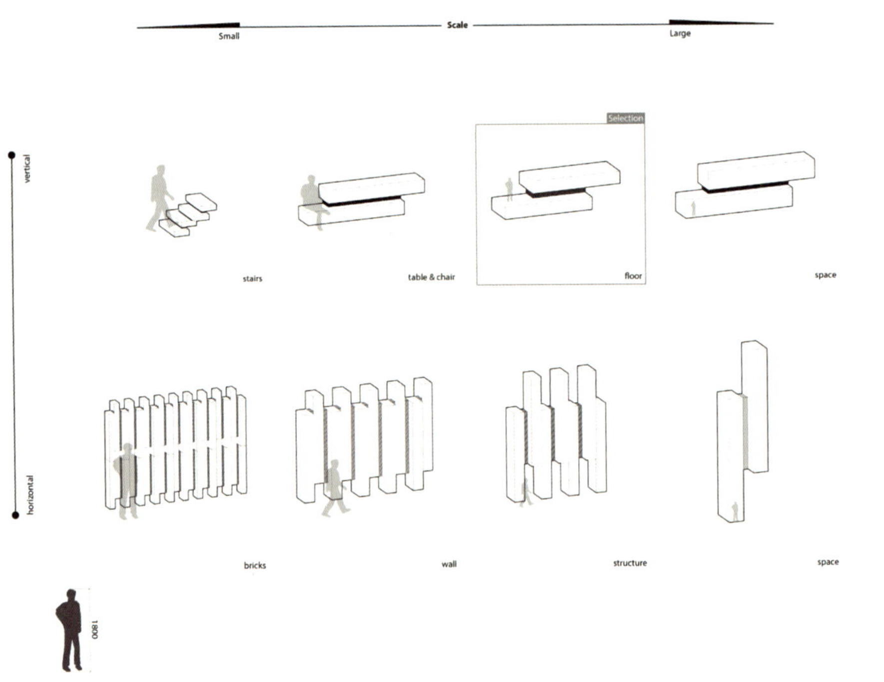

Parametric Experiment_ Potentia l Use of Space

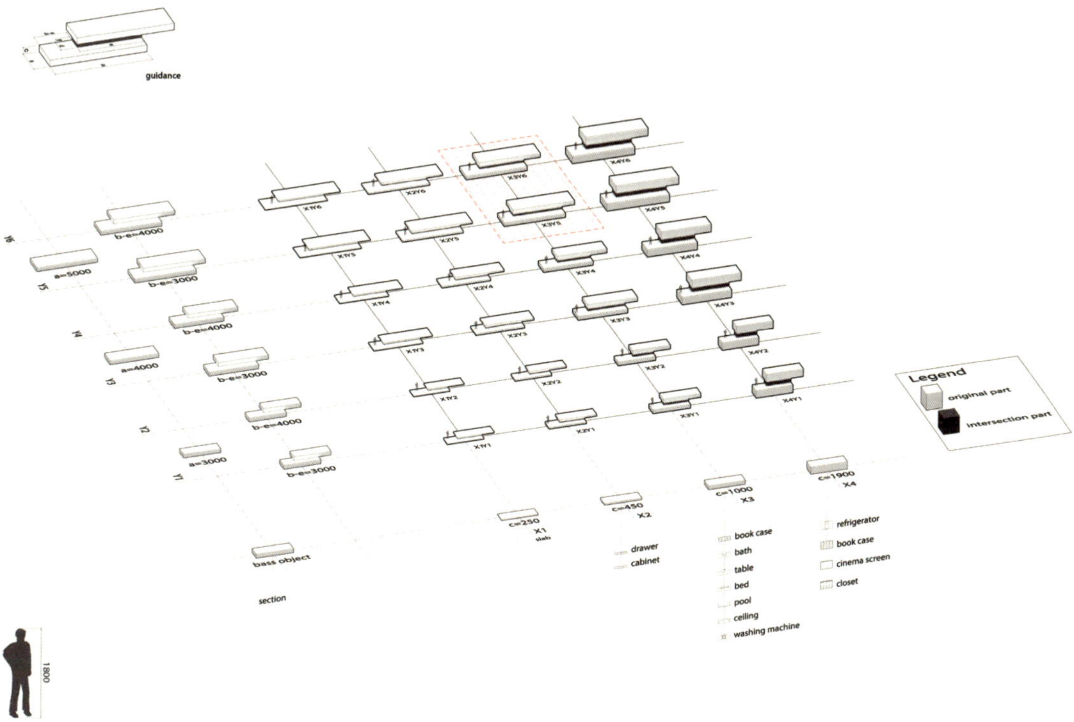

Parametric Matrix_Width and Thickness

Hotel Axis Viana는 직사각형 기본 형태의 크기를 어떻게 설정할지와 이를 수직으로 얼마나 겹쳐 쌓을지에 따라 전체 형태를 구성합니다. 예를 들어, 그 직사각형의 두께가 약 15cm일 경우 계단으로 사용될 수 있고 두께가 3m을 넘으면 하나의 층으로 활용될 수도 있습니다. 또한, 겹치는 정도에 따라 처마나 테라스 같은 외부공간을 만들 수 있습니다.

프로젝트 대지는 전면이 도로와 접하고, 후면은 약 1.5m 단차가 있는 산과 맞닿아 있습니다. 이런 조건을 바탕으로 후면에는 침실 등 개인적인 공간을, 전면에는 거실과 같은 공용 공간을 배치했습니다. 또한, 두 메스가 겹치는 부분에는 주방, 화장실, 창고 등 보조 공간(servant space)을 배치하여 나머지 공간을 여유롭게 활용했고, 겹치지 않는 부분은 자연스럽게 외부 테라스로 사용할 수 있도록 설계했습니다.

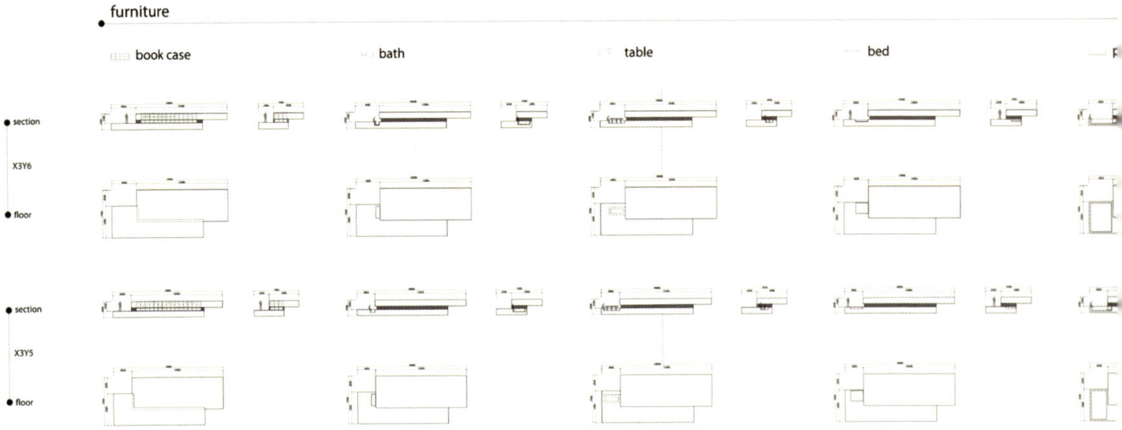

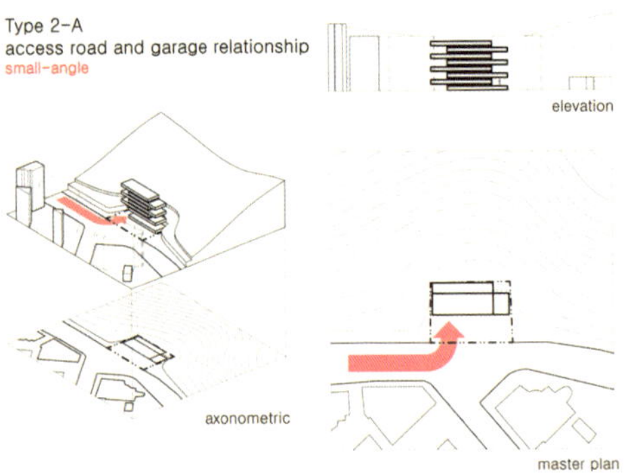

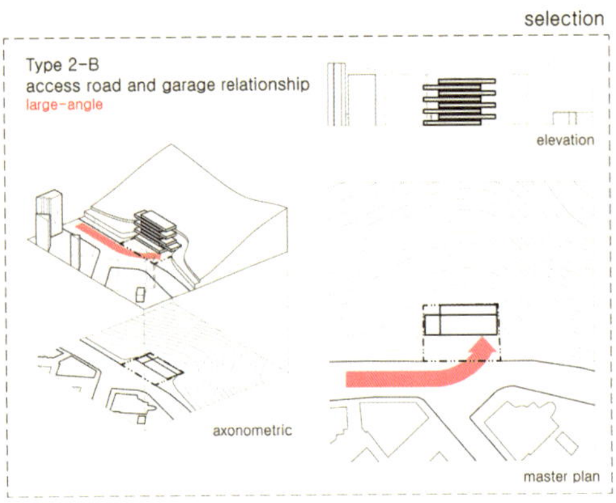

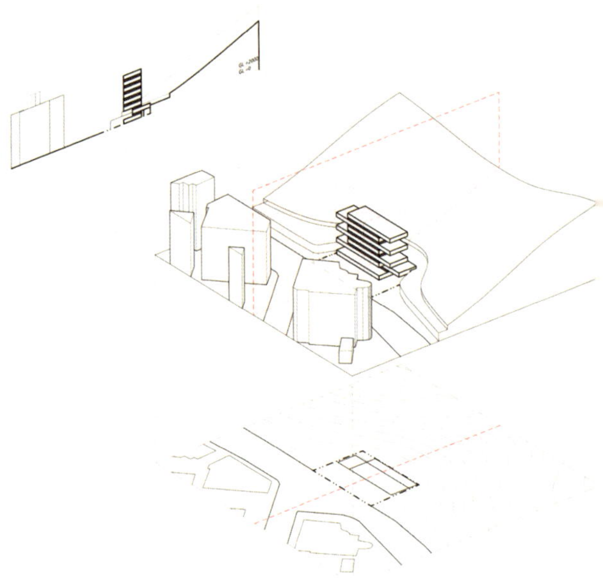

Design Development_Site Analysis

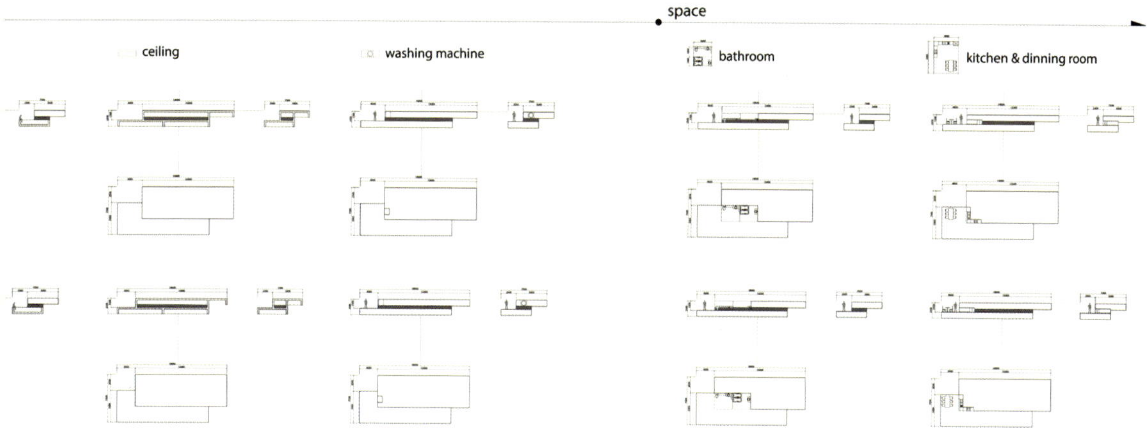

Design Development_Architectural Alternative

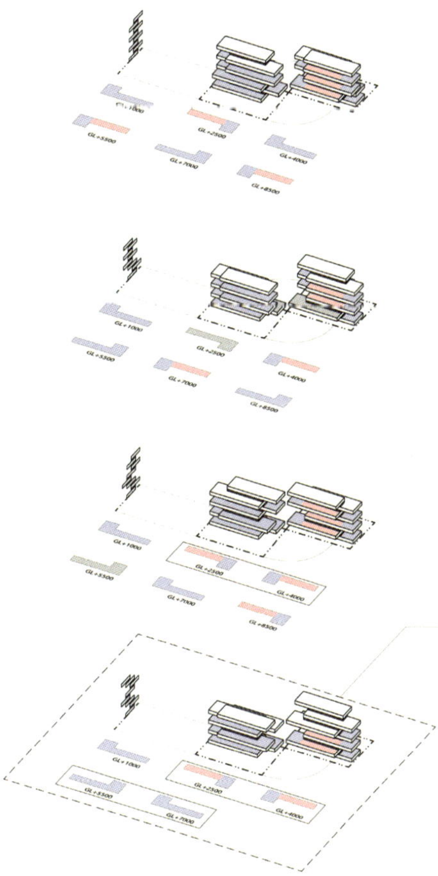

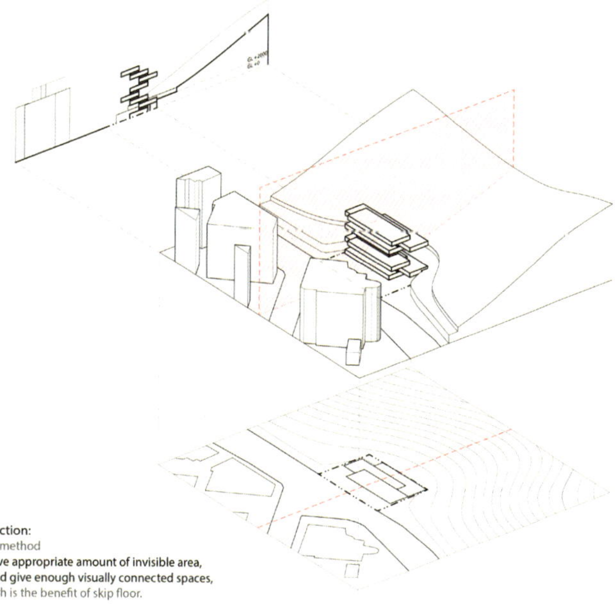

Selection:
This method
1. give appropriate amount of invisible area,
2. and give enough visually connected spaces,
which is the benefit of skip floor.

Legend
- visible area
- invisible area
- outside
- visually connected spaces

Design Development_Visibility

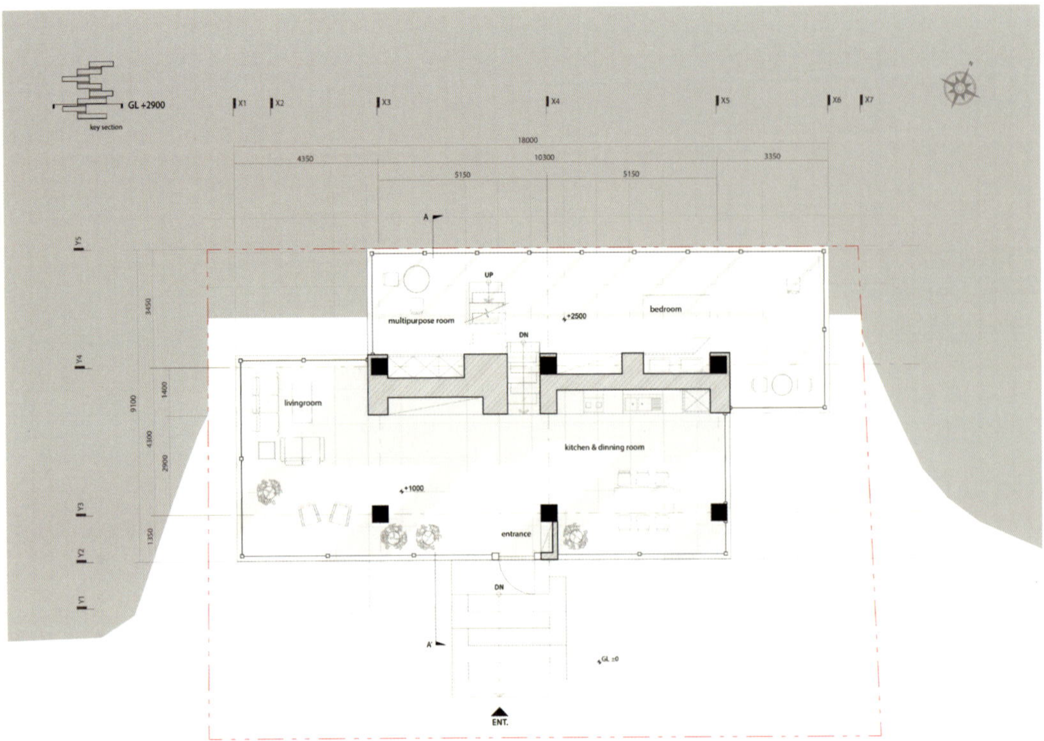

1st Floor Plan

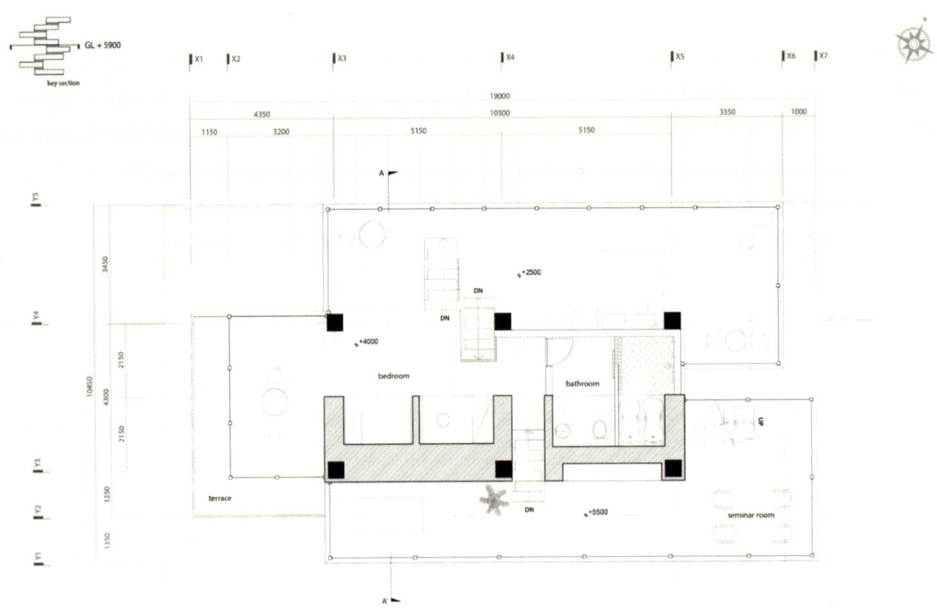

2nd Floor Plan

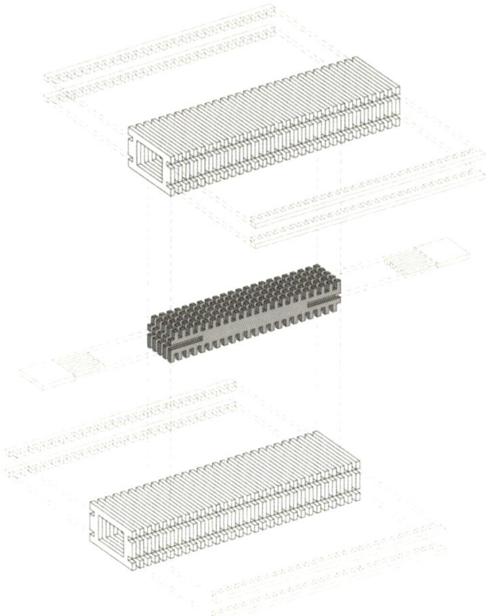

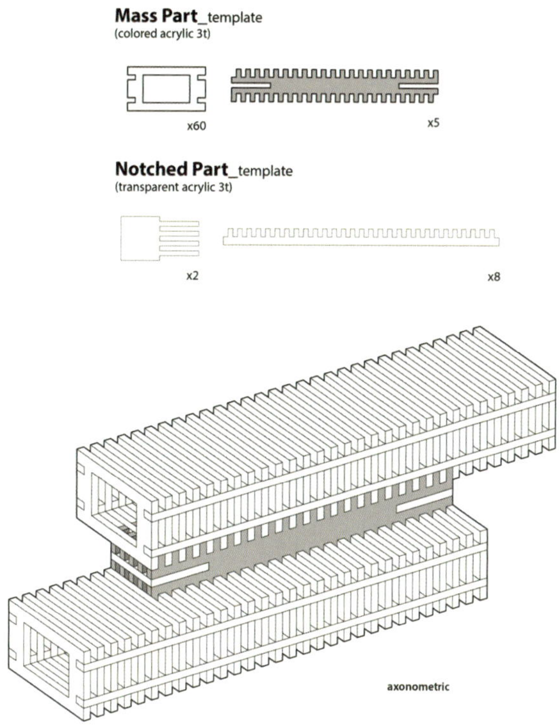

Physical Model Template

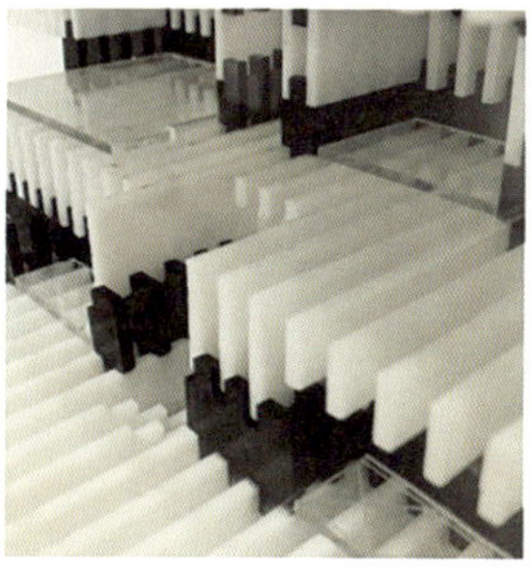

Physical Model Photo

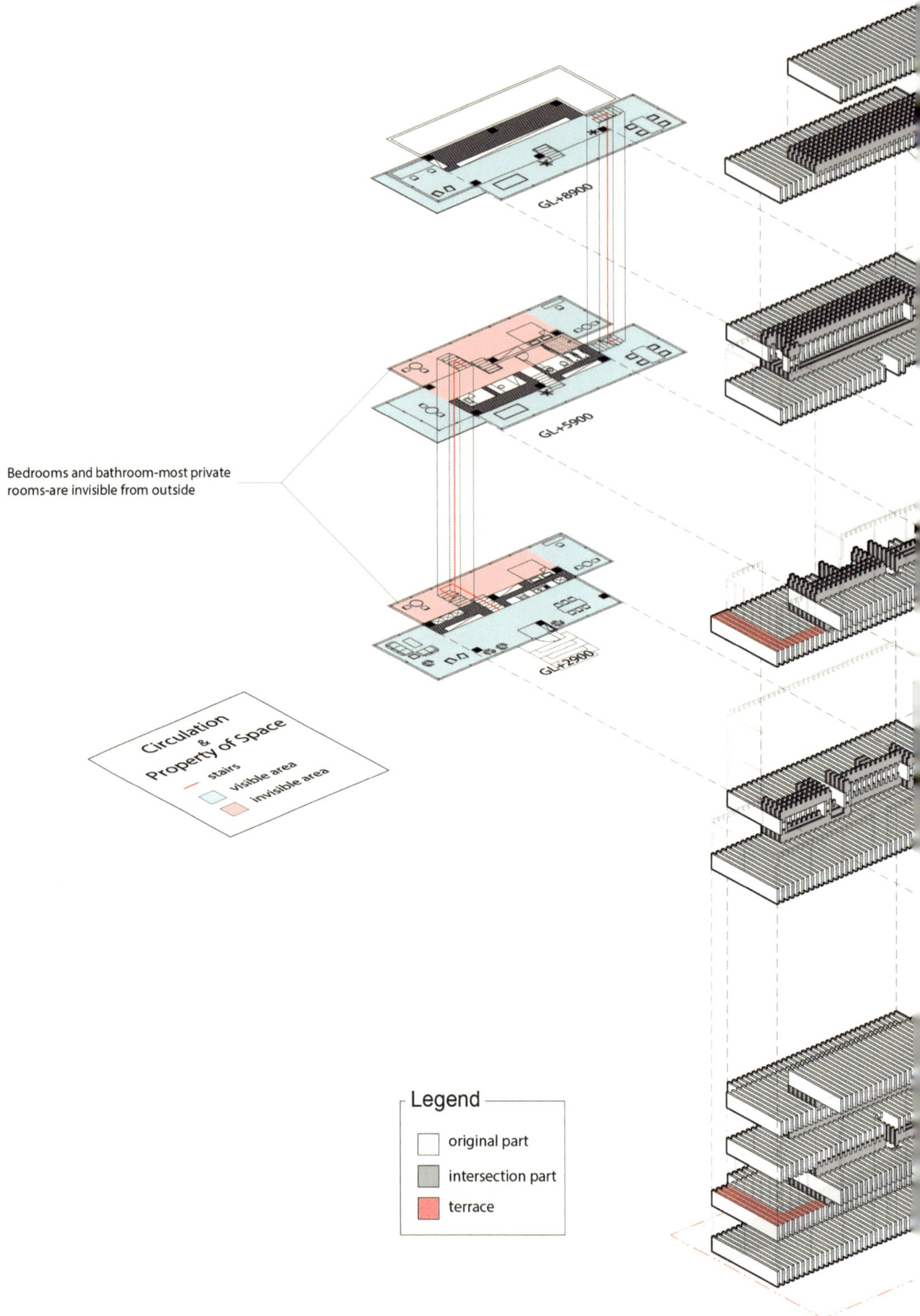
GL+8900
GL+5900
GL+2900
Bedrooms and bathroom-most private rooms-are invisible from outside
Circulation & Property of Space
stairs
visible area
invisible area
Legend
original part
intersection part
terrace

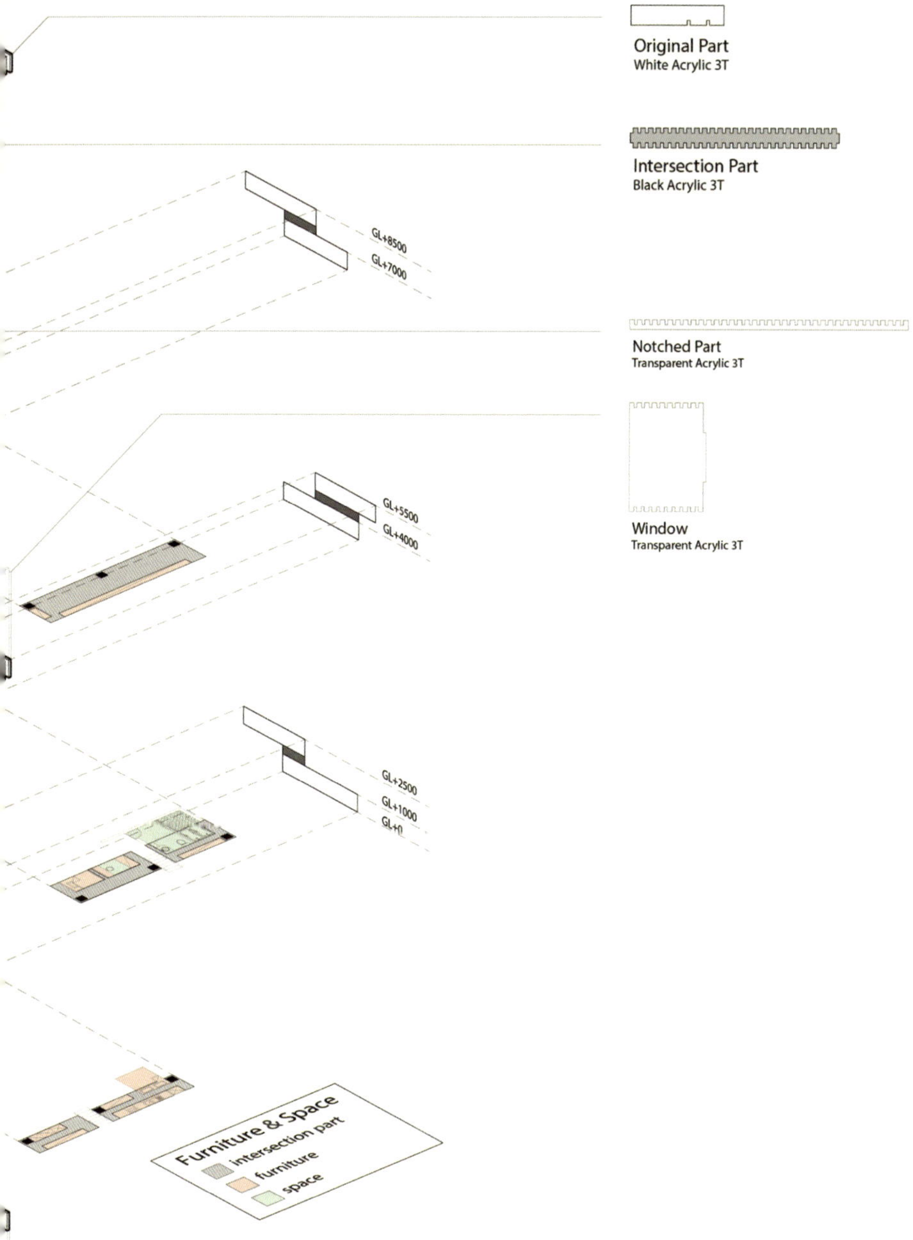

Exploded Axonometric

Studio Brief 3
Learning from Buildings to Design Parking Buildings

안산시는 전국에서 녹지 비율이 상당히 높은 도시로, 도심지 내 여러 군데 야산이 존재합니다. 이 야산들은 대부분 제2종일반주거지역과 인접해 있고 주변에 소위 빌라라고 불리는 근린생활시설이 포함된 다세대 다가구주택들이 다수 건축되어 있습니다. 안타깝게도 다세대 다가구주택은 주차장이 부족할 수밖에 없는 구조적인 문제점을 가지고 있기 때문에 이 주택유형이 밀집한 지역은 고질적인 주차난을 겪을 수밖에 없습니다. 이를 해결하기 위해 안산시는 야산과 주거지가 만나는 지점에서 일부 산을 깎아 노외 주차장을 설치했고, 이런 형태의 공영 주차장은 안산 전역에 분포해 있습니다.

이번 스튜디오의 목표는 산과 주거지의 접점에 위치한 노외 주차장을 계획대지로 삼아 주차전용 건축물을 설계하는 것입니다. 주차장법 시행령에 따라 주차전용 건축물이라 하더라도 건물의 30%는 주차장 외의 용도로 사용할 수 있으며, 학생들은 다양한 프로그램을 자유롭게 제안할 수 있습니다.

Project No.	Buildings	Architect	Student
10	Lumbini International Research Institute	Kenzo Tange	공민서
11	Hanging Garden	Svend Eske Kristensen	신재웅
12	Paul Klee Center	Renzo Piano	원종빈
13	Amsterdam Orphanage	Aldo Van Eyck	이경희

Project	Lumbini International Research Institute
Architect	Kenzo Tange
Program	Laboratory
Location	Lumbini, Nepal
Built Year	1995

룸비니 국제 연구소는 석가모니의 탄생지인 네팔 룸비니에 약 540평 규모로 지어졌습니다. 일본 건축가 당게 겐조(Tange Kenzo)가 설계한 이 건물은 이형의 볼트(Vault)들을 연속적으로 평행하게 배치하는 방법으로 설계된 것이 특징입니다. 여기서 '이형'이라는 표현은, 흔히 보는 'U'자 형태가 아니라 'U'자 위에 또 다른 원형의 개구부가 있는 구조이기 때문입니다. 아마도 볼트 형태를 유지하면서 복층 구조를 만들기 위한 건축적 선택이었을 것입니다. 또한, 평행하게 배치된 단층 볼트들 위에 높은 복층 볼트들이 직각으로 교차하며 분절된 볼트들을 연결합니다. 이 교차된 부분은 주로 복도 공간으로 사용되며, 볼트가 볼트에 의해 잘려져 만들어진 단면을 아름다운 형태로 보여주고 있습니다.

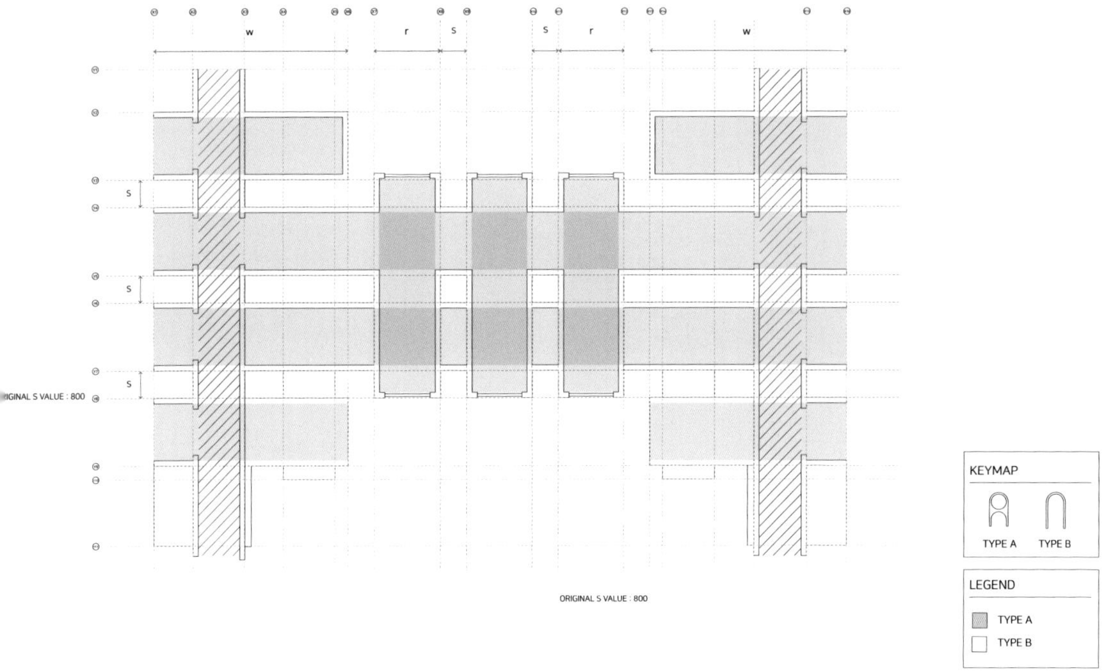

Plan_Lumbini Institute

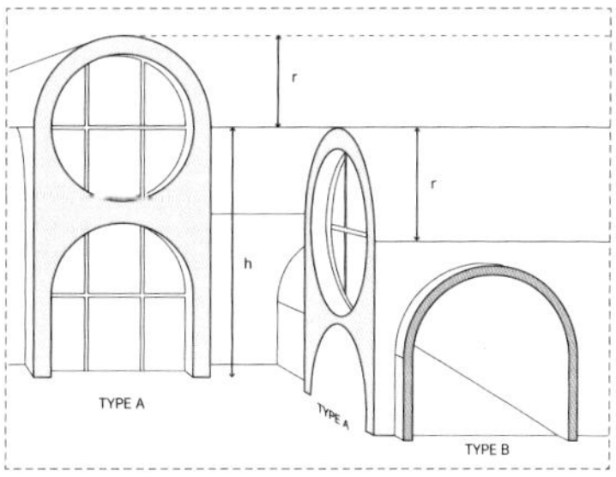

Perspective_ Vault Type Analysis

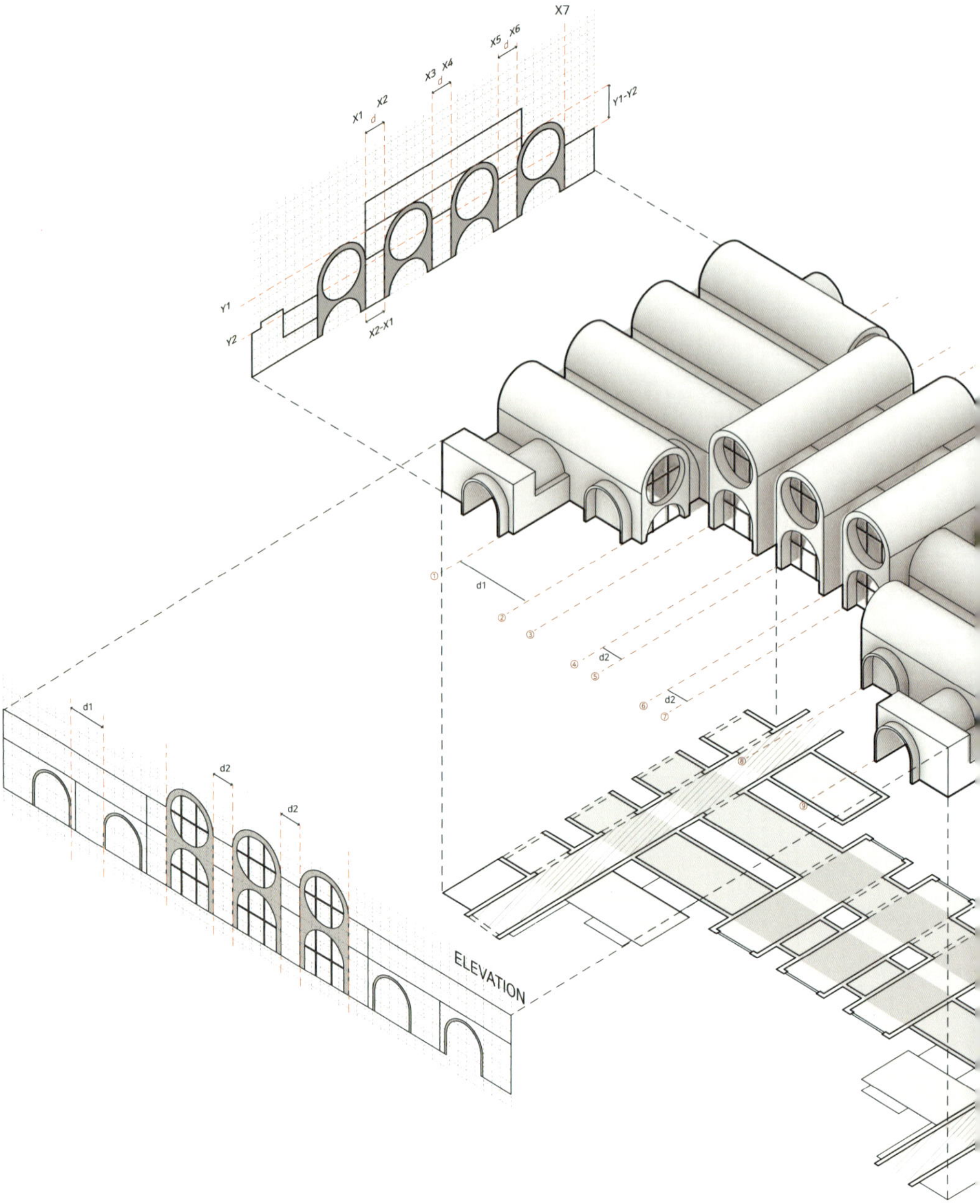

TYPE A + TYPE A

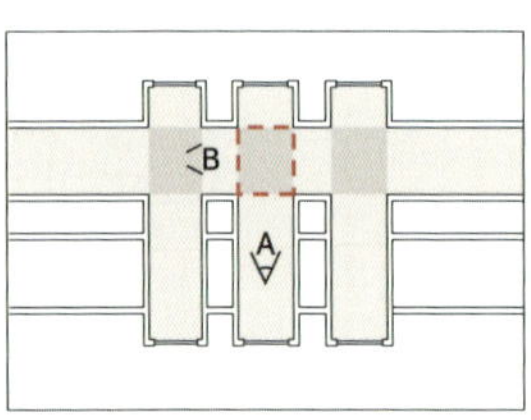

VIEW A

VIEW B

룸비니 연구소를 구성하는 볼트의 입면을 보면, 형태와 높이에 따라 일반 볼트 형태와 볼트 위에 원형 개구부가 있는 두 가지 타입으로 나뉘는 것을 확인할 수 있습니다. 주차전용 건축물 설계의 목적에 부합하도록 세부공간의 사용방법에 따라 볼트를 선택하고 폭, 높이, 외벽 두께, 개구부 크기 등을 조절하였습니다.

주차대수를 충족하기 위해 층수를 설정했고, 이에 따라 볼트의 높이도 조절되었습니다. 볼트의 폭은 가로로 배치된 볼트의 경우 램프와 주차면의 장변에 맞춰 결정되었고, 세로로 배치된 볼트는 평면에 배치된 주차공간의 수에 따라 결정되었습니다. 또한, 볼트와 볼트가 교차하는 공간에는 주차장과 근린생활시설의 핵심 역할을 하는 계단과 엘리베이터가 배치되었습니다. 상부에 자동차 전시와 판매를 위한 상업시설을 배치하였는데, 주차장 부분에는 일반 볼트를 사용하고 상부 전시 공간이 있는 부분에는 일반 볼트 위에 원형 개구부가 있는 형태를 사용했습니다.

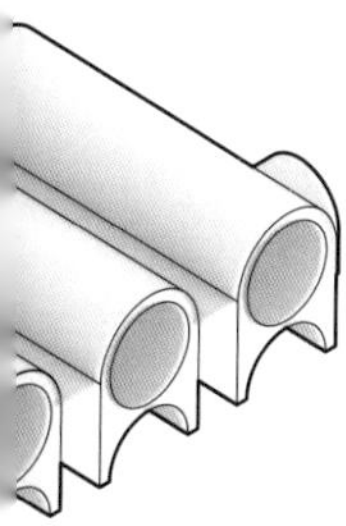

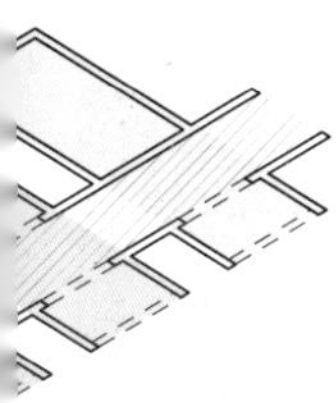

Indexical Surface

TYPE A + TYPE B

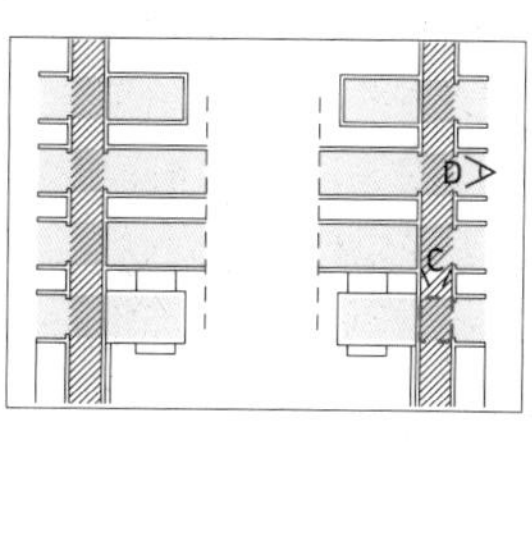

VIEW C

VIEW D

Perspective_View inside of Vaults

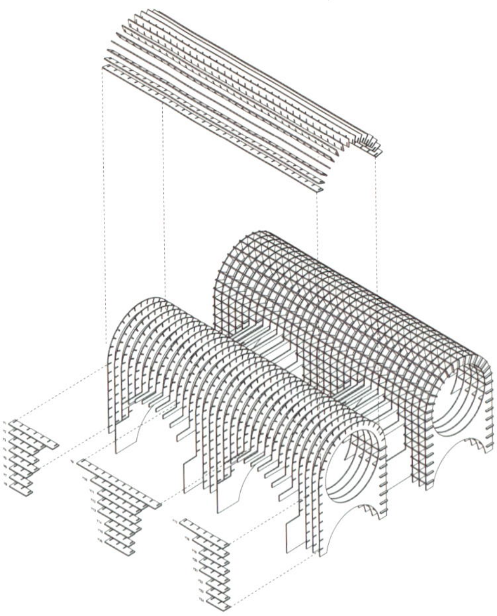

KEY MAP

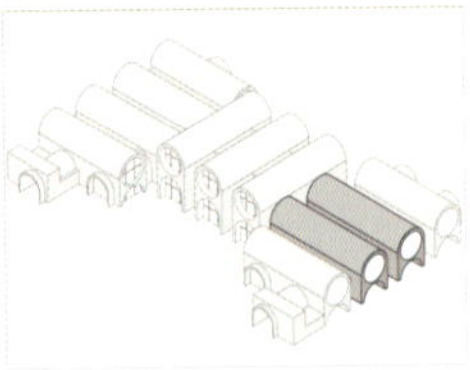

MODEL DETAIL

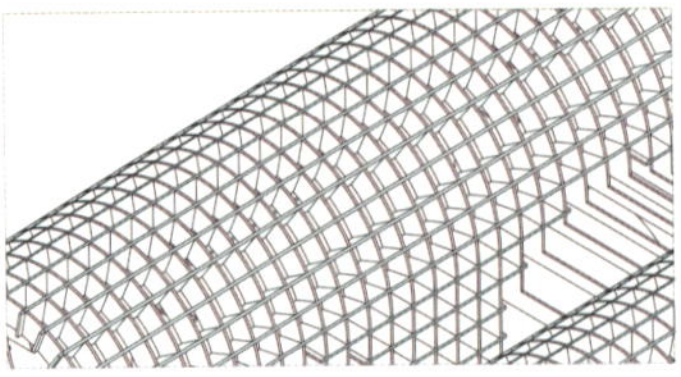

TYPE. A Asis Component

MODEL SCALE 100:1

MATHOD LASER CUT - NOTCH

MATERIAL - ROYAL PAPER OFF-WHITE 0.5T

X-Asis Component

Thickness - 0.5 mm

Narrow - 5mm

Y-Asis Component

Thickness - 0.5 mm

Narrow - 5mm

TEMPLATE

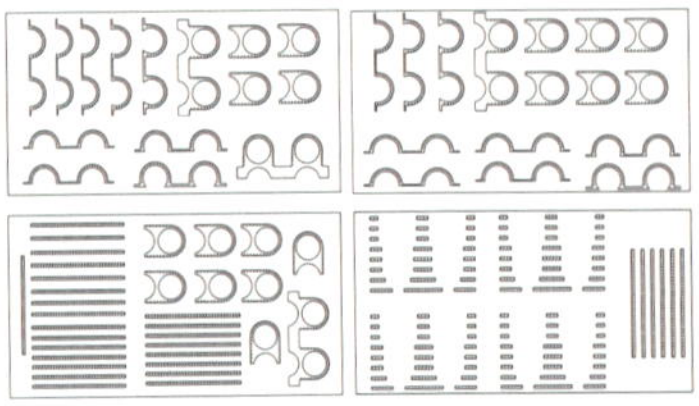

Indexical Model Template

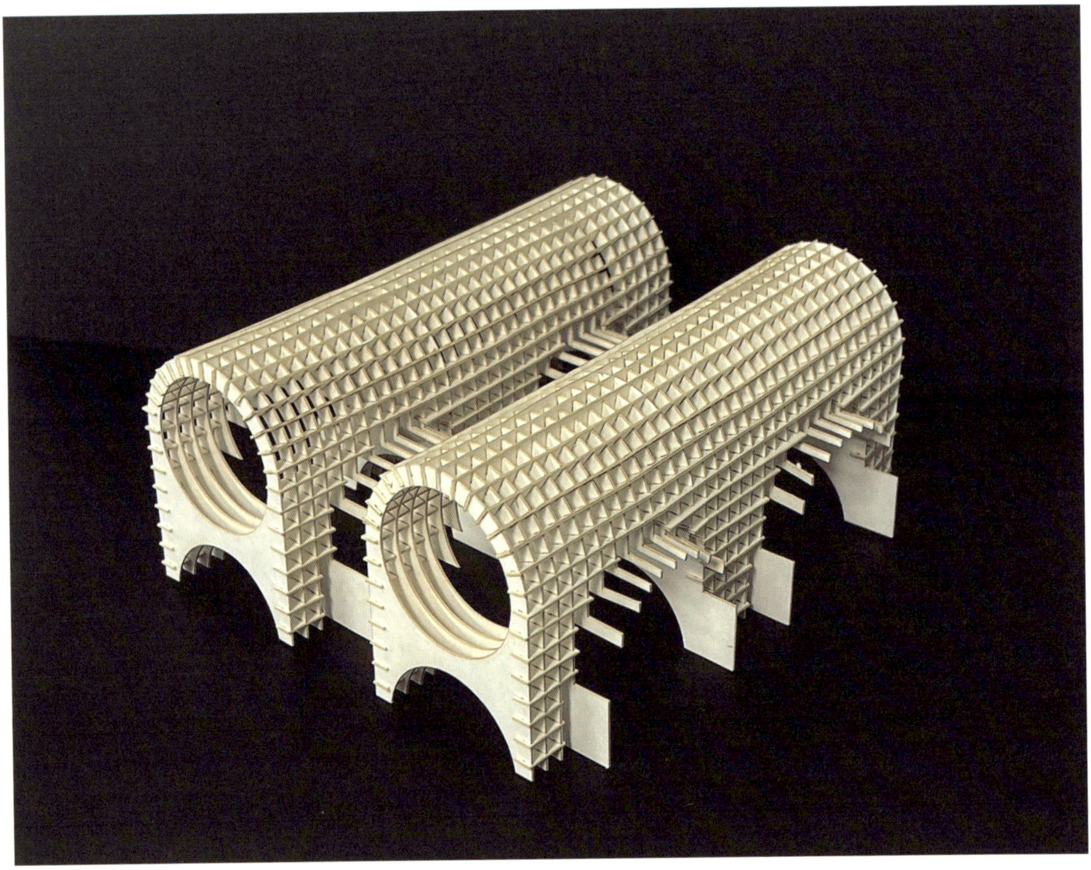

Indexical Model Photo

Adjustable parameter : r, h, d, w

Irreplaceable parameter: r1 ,h1

r=d > h > w

Algorithm	parameter
polyline offset extrude crv	**r** : ridius of circle **h** : height of a vault **d** : distance of offset **w** : depth of a vault

STEP 1 **STEP 2** **STEP 3** **STEP 4**

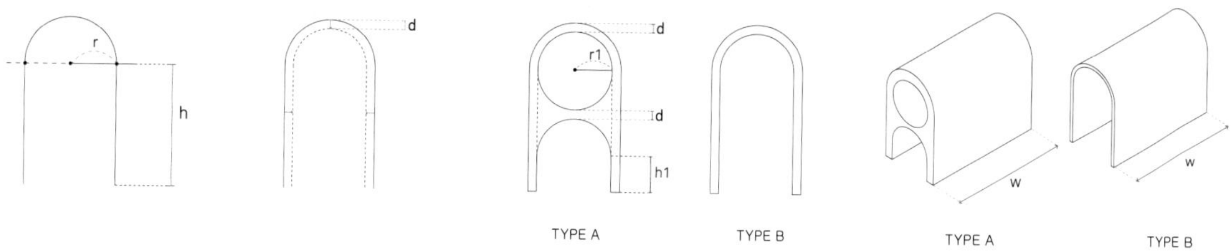

1. polyline
   parameter: r, h

original r value: 2000
original h value: 6800

2. offset
   parameter: d

offset by parameter **d** for step 1.

3. draw circle by offset

r1+d=r

Draw a circle according to the guidelines made in Step 2 to make Type A, and make Type B by connecting with a line as much as one value of OFFSET.

4. Extrude Crv

parameter: w

Make vault type A and type B by extrude crv the things made by step 3.

Geometry Analysis_Algorithm and Parameter

[VAULT TYPE A]
CAR SHOWROOM

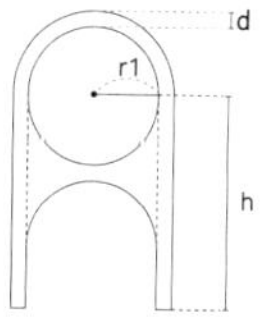

Parameter
r = radius of circle
d= offset dimension
h = hiegt of vault

Available **r,d** Value

Depth of Parking Lot

[r=3000 d=500]

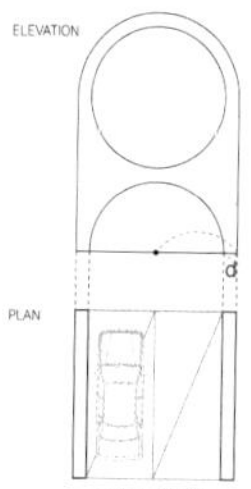

Available **h** Value

TYPE A

[h=14200]

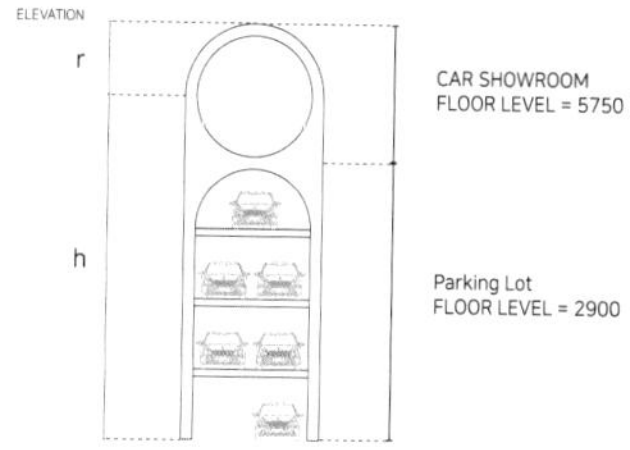

TYPE A-1

[h=17000]

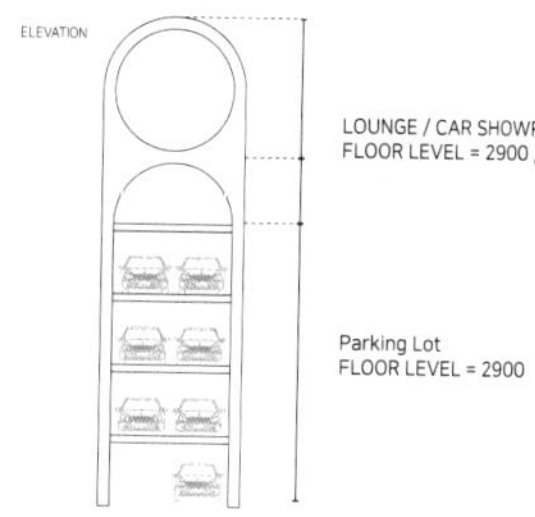

[VAULT TYPE B]
OFFICE

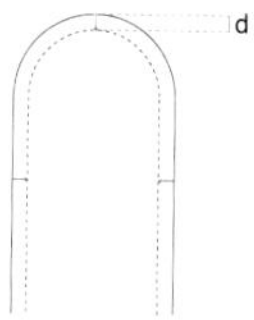

TYPE B

Parameter
r = radius of circle
d= offset dimension
h = hiegt of vault

Available **r,d** Value

First-lane Entrance
Dissabled parking / Parking

[r=3000/1750 d=500]

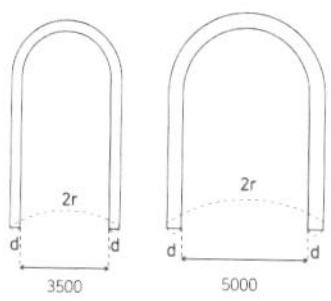

Available **h** Value

TYPE B

[h=14400]

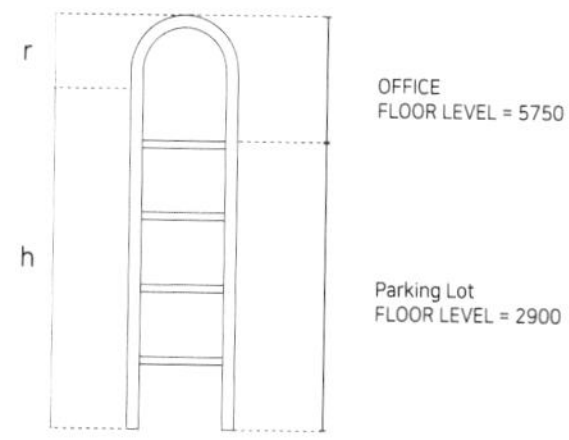

TYPE B-1

[h=16800]

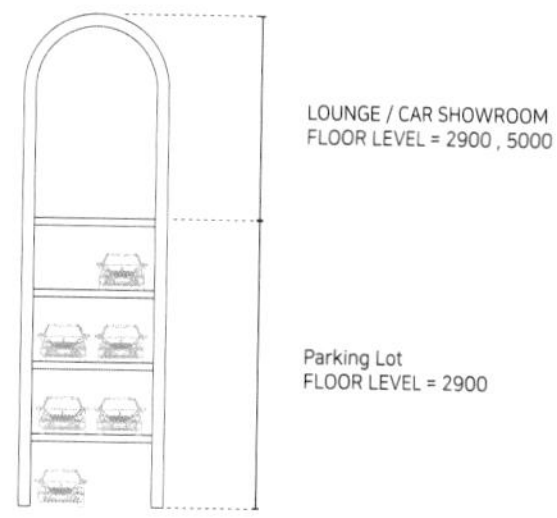

Design Development_Parking

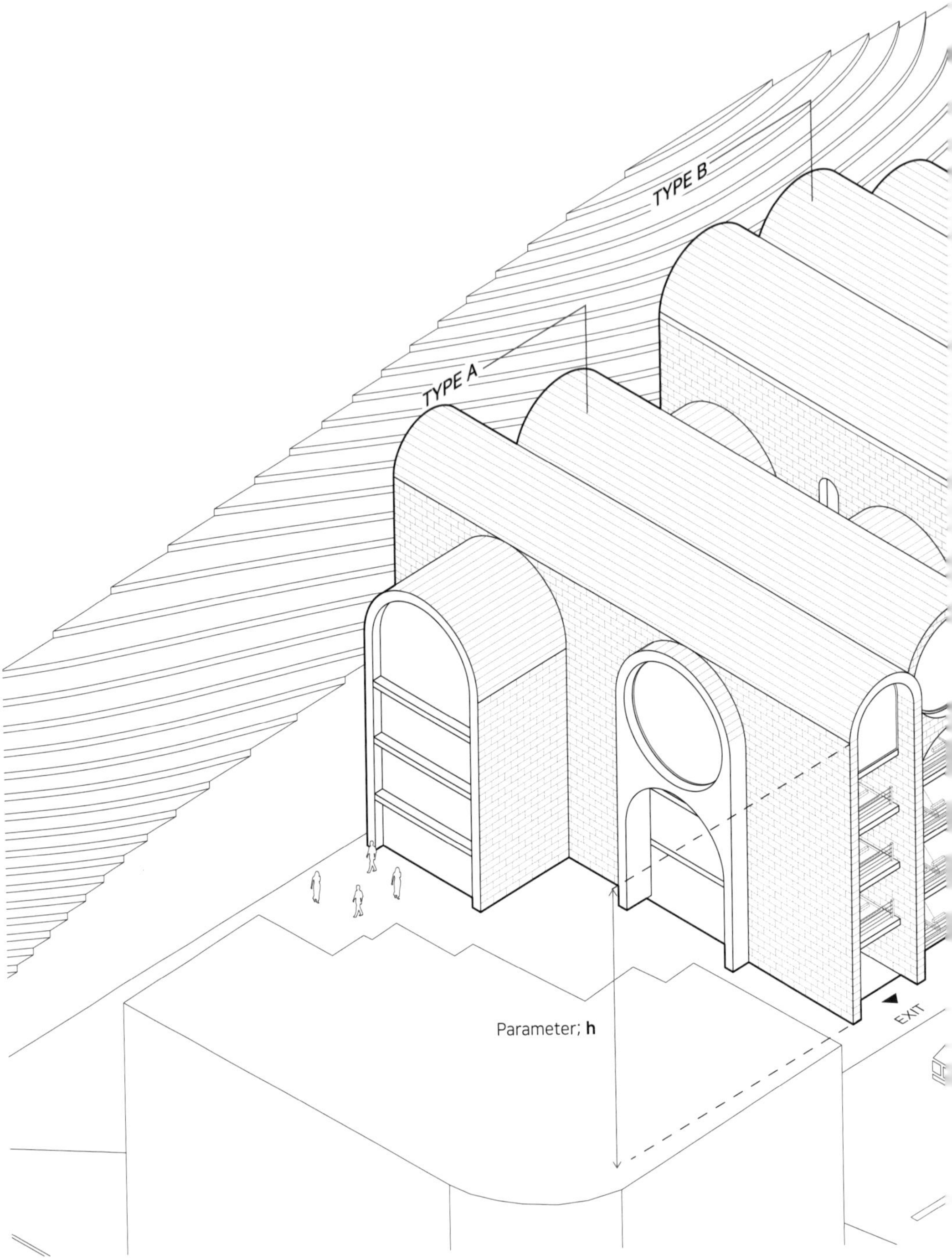
TYPE B
TYPE A
Parameter; h
EXIT

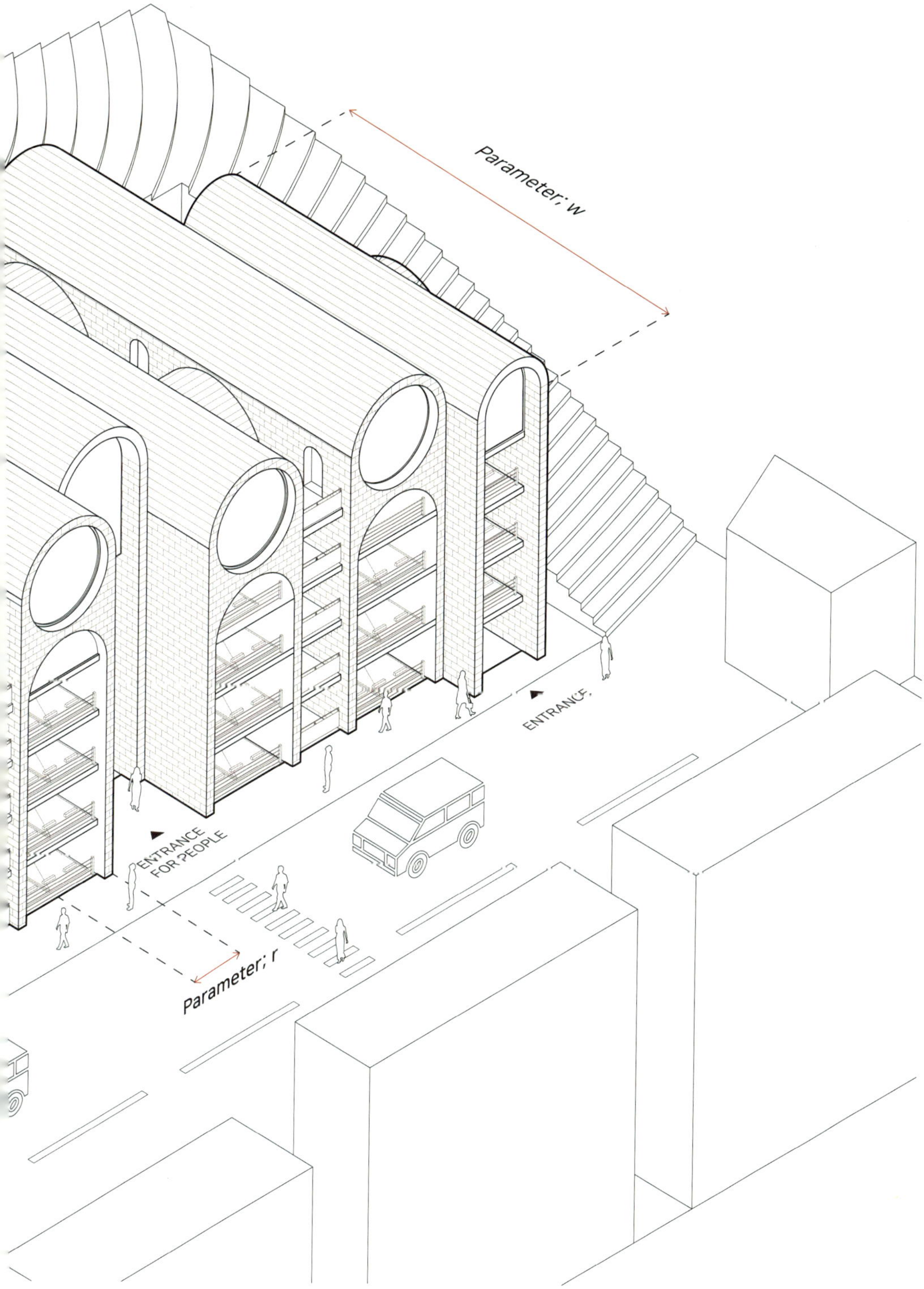

Axonometric

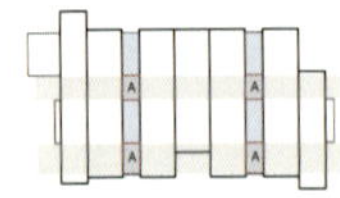

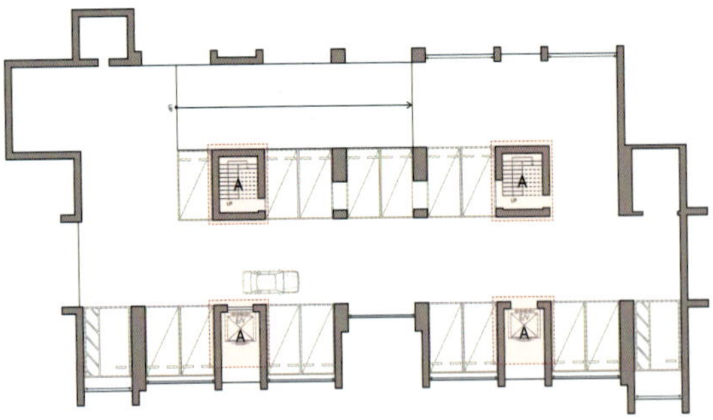

1. PARKING LOT

A : STAIRS / ELEVATOR

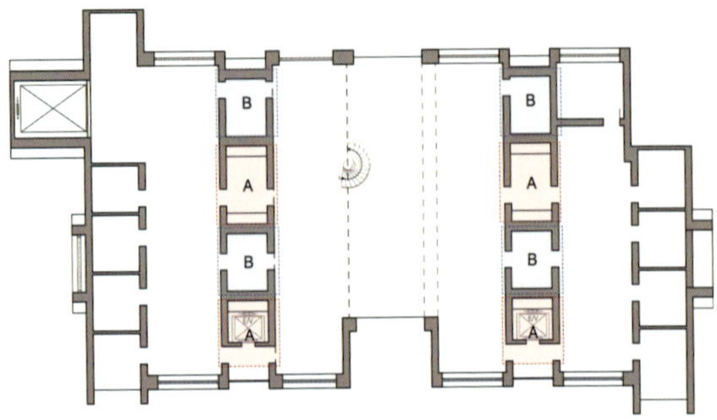

2. NEIGHBORHOOD LIVING FACILITIES

A : TERRACE/ ELEVATOR
B: STORAGE/ GARDEN

1. PARKING LOT

A : RAMP
B: 2ND ROUND

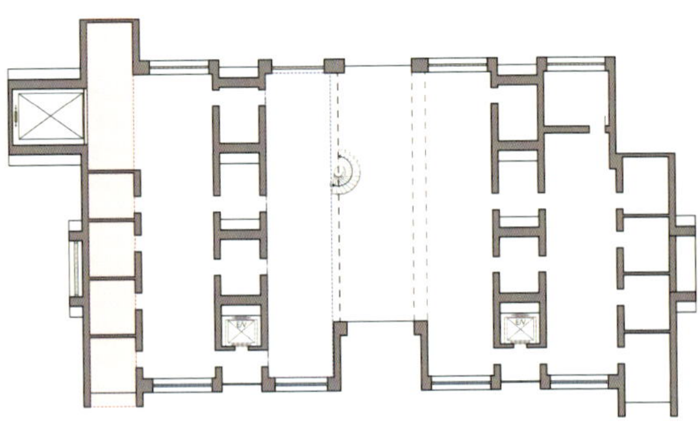

2. NEIGHBORHOOD LIVING FACILITIES

A : OFFICE
B: CAR SHOWROOM

Plan_Program Arrangement

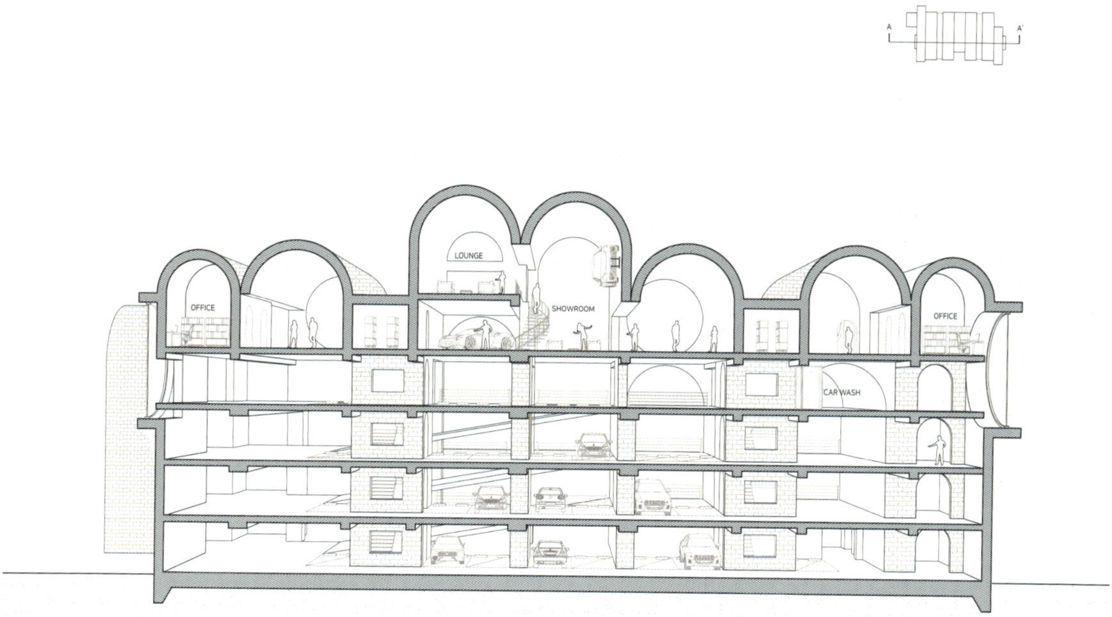

Section Perspective

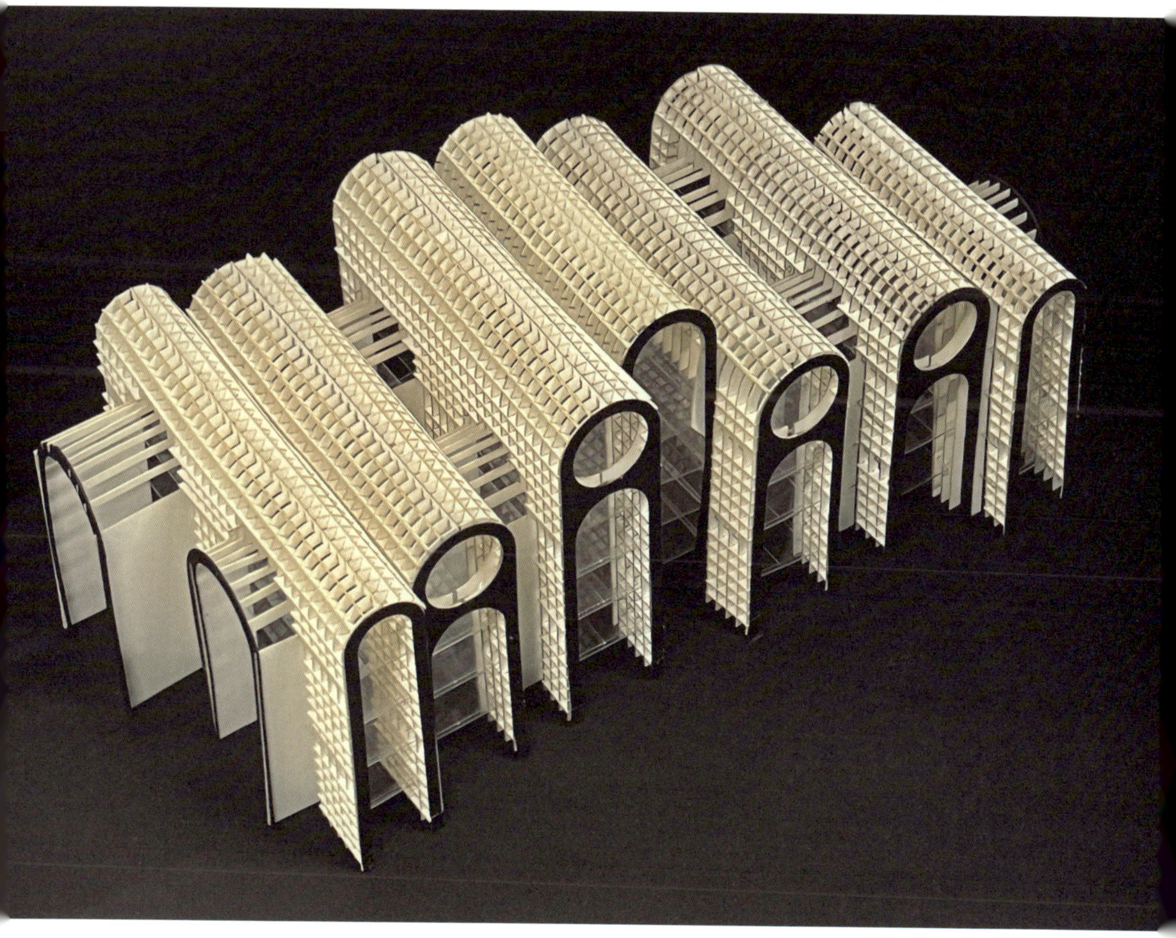

Project	Hanging Garden
Architect	Svend Eske Kristensen
Program	Factory
Location	Copenhagen, Denmark
Built Year	1969

덴마크 수도 코펜하겐에는 우리에게 친숙한 이름인 칼스버그 맥주의 양조장이 있습니다. 1847년에 설립된 후 사업이 확장되면서 최초의 양조장 근처에 새로운 양조장, 공장, 부대시설들이 건축되었고, 'Carlsberg City'라는 이름에서 알 수 있듯이 이제 이 동네는 칼스버그 관련 건축물들이 중심을 이루고 있습니다. 그 중심에는 맥주회사의 설립자 J. C. Jacobsen을 기념하는 공원이 있고, 공원의 끝에는 '행잉가든'이라는 건물이 있습니다. 이 건물은 주변의 다른 건물들과 마찬가지로 칼스버그 공장을 위해 증축된 건축물이지만, 여러 면에서 주변과는 다른 독특한 형태를 띠고 있습니다.

일반적으로 공원에 면한 건물은 공원 쪽으로 큰 창을 만들어 공원 전망을 확보하는 것이 보통이지만, 이 건물은 내부 보안과 공원에서 건축물을 바라보는 경관을 고려해 벽돌 벽을 사용하여 시각적 단절을 꾀했습니다. 마치 기왓장을 세운 듯한 형태의 벽은 곡률을 가지며, 평면에서는 주변의 직사각형 건물들과 달리 공원의 원형 궤적을 따라 설계되었습니다. 또한, 단면적으로는 4개 층에 걸쳐 계단식으로 설계되어 공원을 입체적으로 감싸는 느낌을 주며, 공원과 아름다운 조화를 이룹니다.

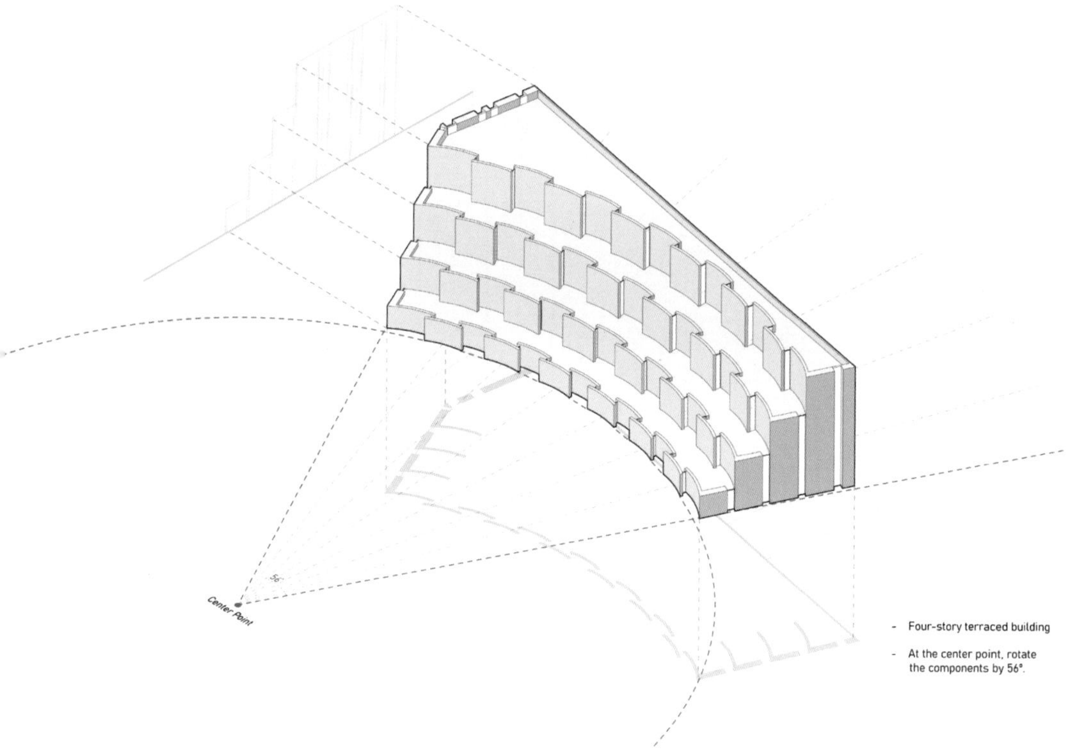

- Four-story terraced building
- At the center point, rotate the components by 56°.

Indexical Surface

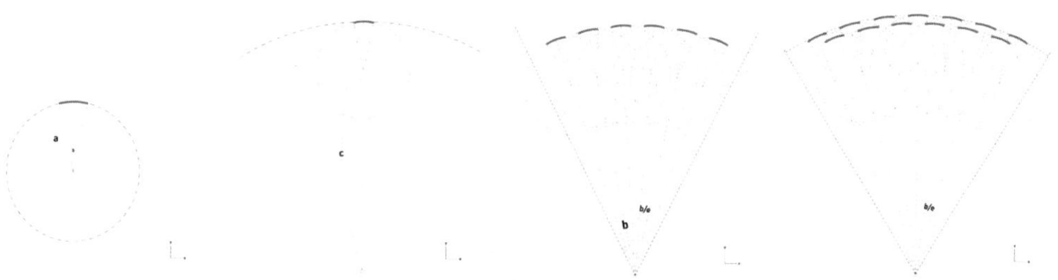

STEP 01.
Make a small circle and set the angle to make an arc.

Algorithm : Circle & Arc
Parameter : Radius(a) & Angle(b)

Original model
a = 16,000
b = 25°

STEP 02.
Create a large circle and place the arc of the small circle on the large circle

Algorithm : Circle
Parameter : Radius(c)

Original model
c = 66,000

STEP 03.
Determinimg the angle, divide it equally and list the small circles on the line divided equally.

Algorithm : Array
Parameter : Angle(b) & number(e)

Original model
b = 56°
e = 7

STEP 04.
Increase the large circle by 1.02 times and only increase the number at the same angle as step3.

Algorithm : Offset & Array
Parameter : Radius(c)

Original model
c = 67,320

Geometry Analysis_Algorithm and Parameter

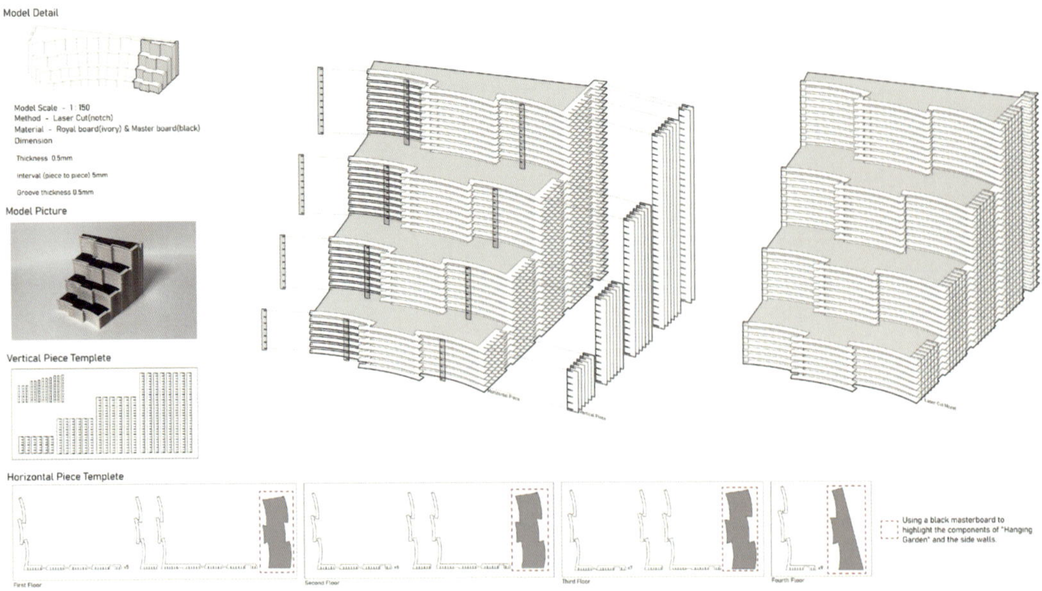

Indexical Model Template

Indexical Model Photo

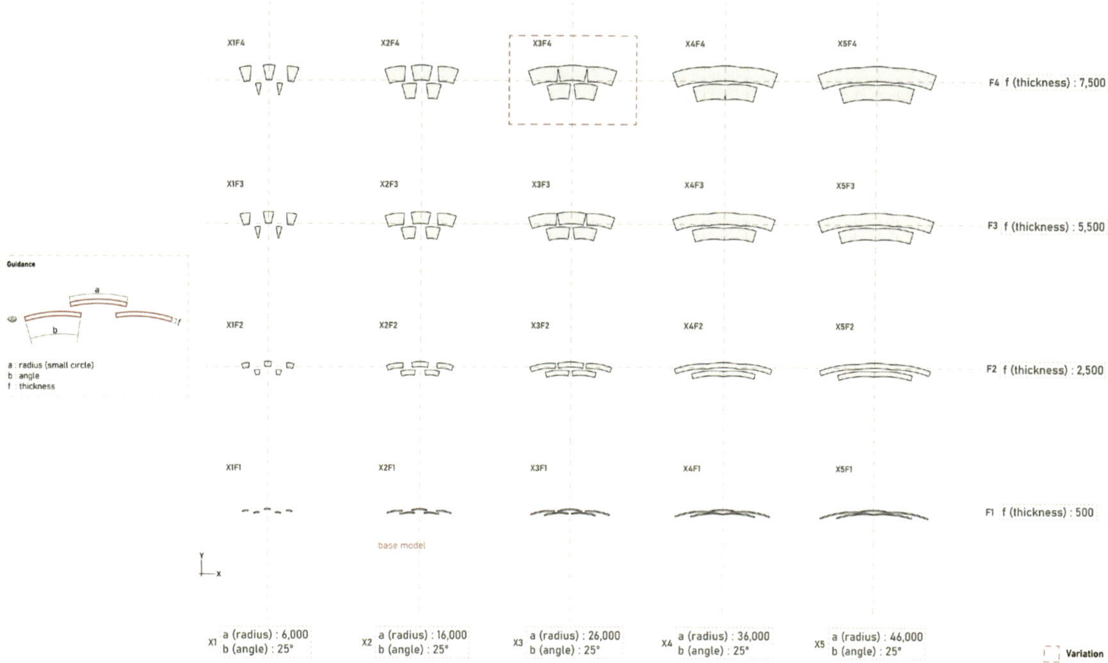

Parametric Matrix_Width and Depth

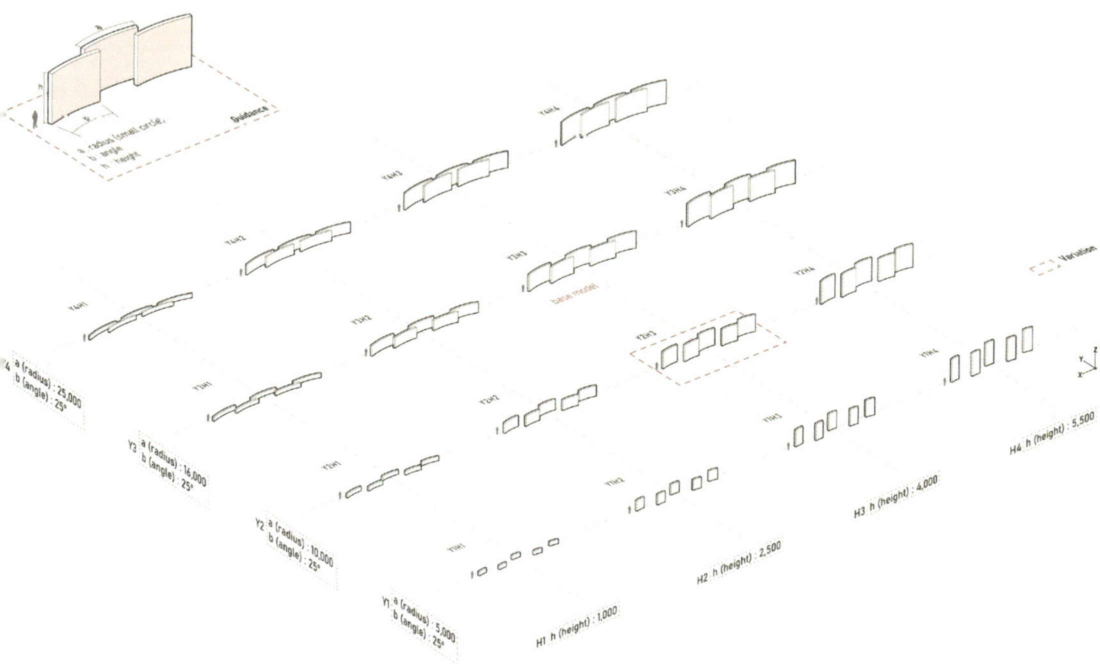

Parametric Matrix_Width and Height

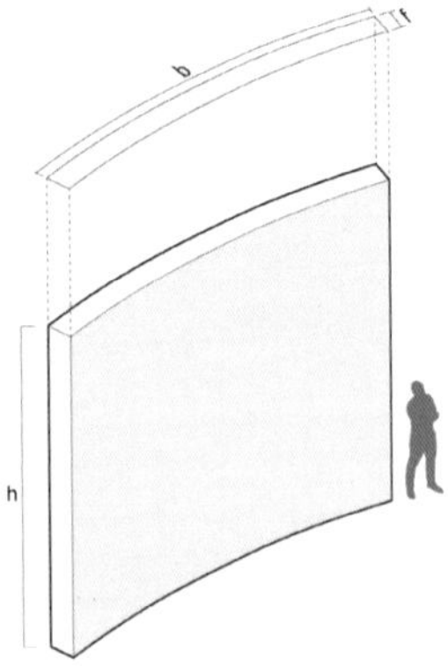

Original
a (radius) : 16,000
b (angle) : 25°
h (height) : 5.500
f (thickness) : 500

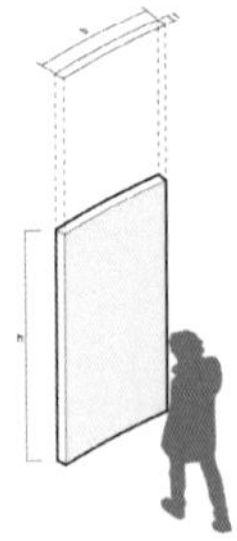

Door
a (radius) : 6,500
b (angle) : 10°
h (height) : 2,300
f (thickness) : 100

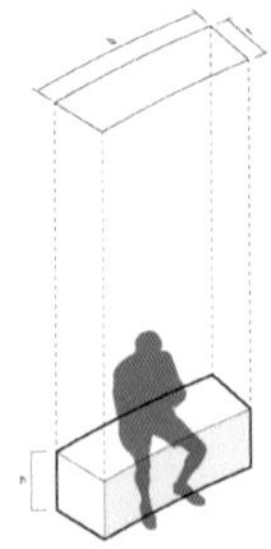

Chair
a (radius) : 8,000
b (angle) : 10°
h (height) : 500
f (thickness) : 500

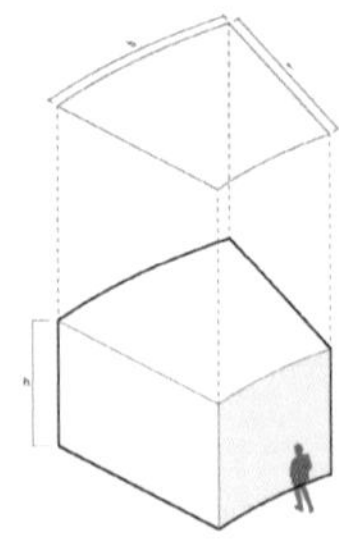

Room
a (radius) : 10,000
b (angle) : 20°
h (height) : 3,500
f (thickness) : 5,000

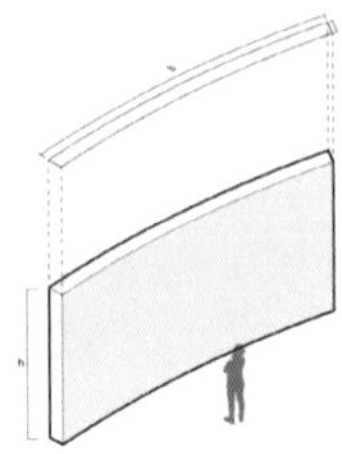

Wall
a (radius) : 16,000
b (angle) : 25°
h (height) : 3,500
f (thickness) : 300

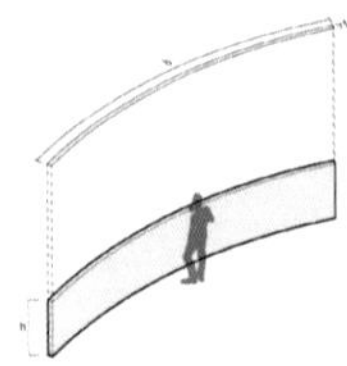

Handrail
a (radius) : 10,000
b (angle) : 40°
h (height) : 1,200
f (thickness) : 100

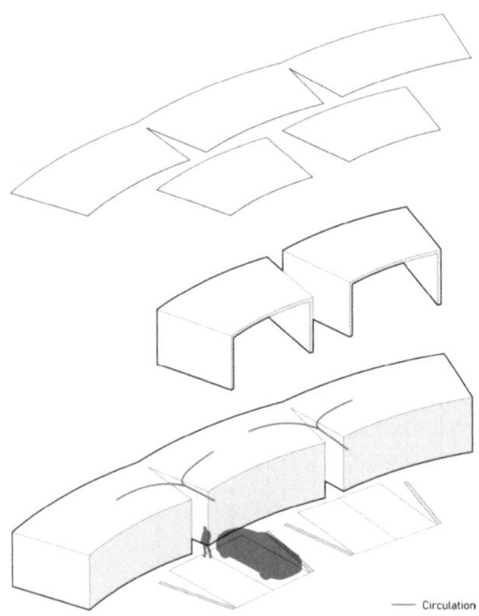

Y2H3

Usage : Maze Wall
- Walls(component) can guide people along the way

X3F4

Usage : Exclusive Parking
- Use a exclusive parking space to move to a space connected to the parking lot

Parametric Experiment_Circulation and Space

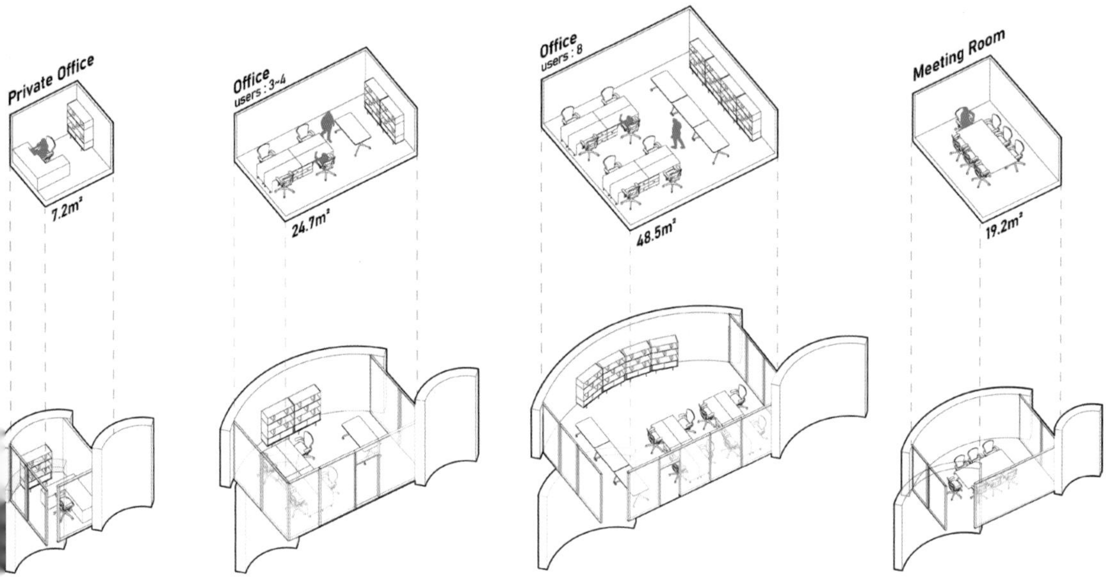

Diagram_Space and Program

도로와 산을 장변으로 면한 얇은 대지에 주차전용 건축물을 설계하기 위해, 먼저 행잉가든의 벽돌벽 형태를 분석하고 크기와 비율을 조절하면서 다른 건축 용도로 활용할 가능성을 연구했습니다. 벤치나 외피 등의 목적으로도 검토했지만, 최종적으로 주차장과 함께 담기로 한 공유 오피스의 외벽과 내벽에 적용하기로 결정했습니다.

산을 접한 면에는 주차장을, 도로를 접한 면에는 사무실을 배치했습니다. 사무실의 크기와 종류에 따라 곡률벽의 형태와 크기를 조정해 활용했으며, 행잉가든과 달리 직선 도로에 접한 대지 특성상 평면적으로는 도로와 평행하게 배치했습니다. 그러나 계단식 배치는 유지하여 사무실에서 직접 접근할 수 있는 외부 테라스 공간을 계획했습니다. 내벽 역시 곡률벽을 활용하여 외부의 오목한 입면과 대조되는 볼록한 벽이 양쪽에 늘어선 복도 공간을 설계했습니다. 외벽과 내벽 모두 곡률벽을 사용하되, 서로 다른 방식으로 사용하여 공간의 형태적 통일성을 유지하면서도 다양성을 부여했습니다.

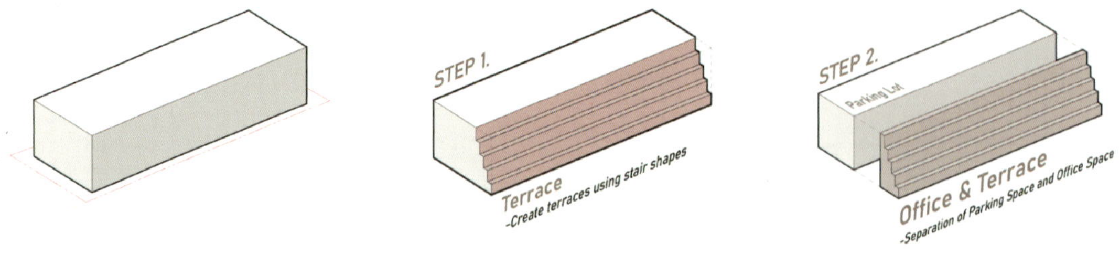
STEP 1.
Terrace
-Create terraces using stair shapes
STEP 2.
Parking Lot
Office & Terrace
-Separation of Parking Space and Office Space

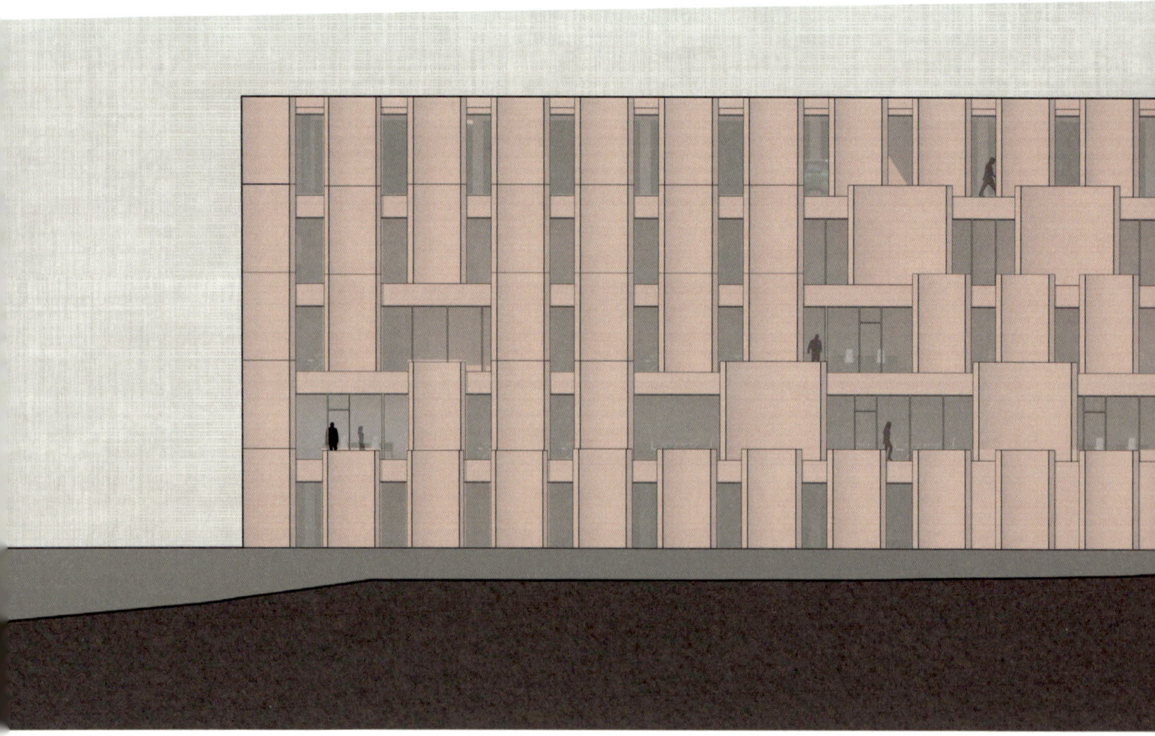

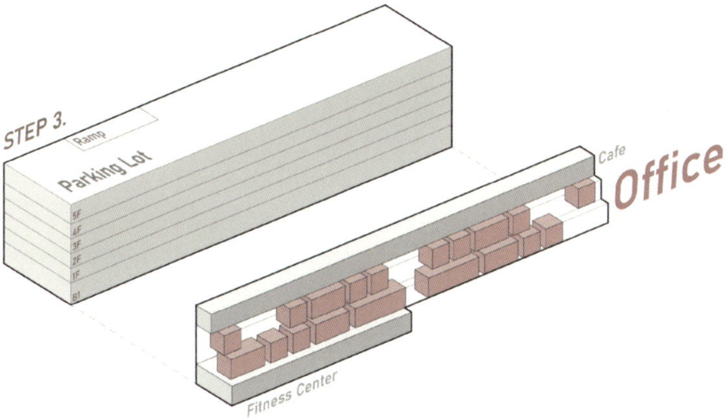

Program Arrangement

Elevation_Street Side

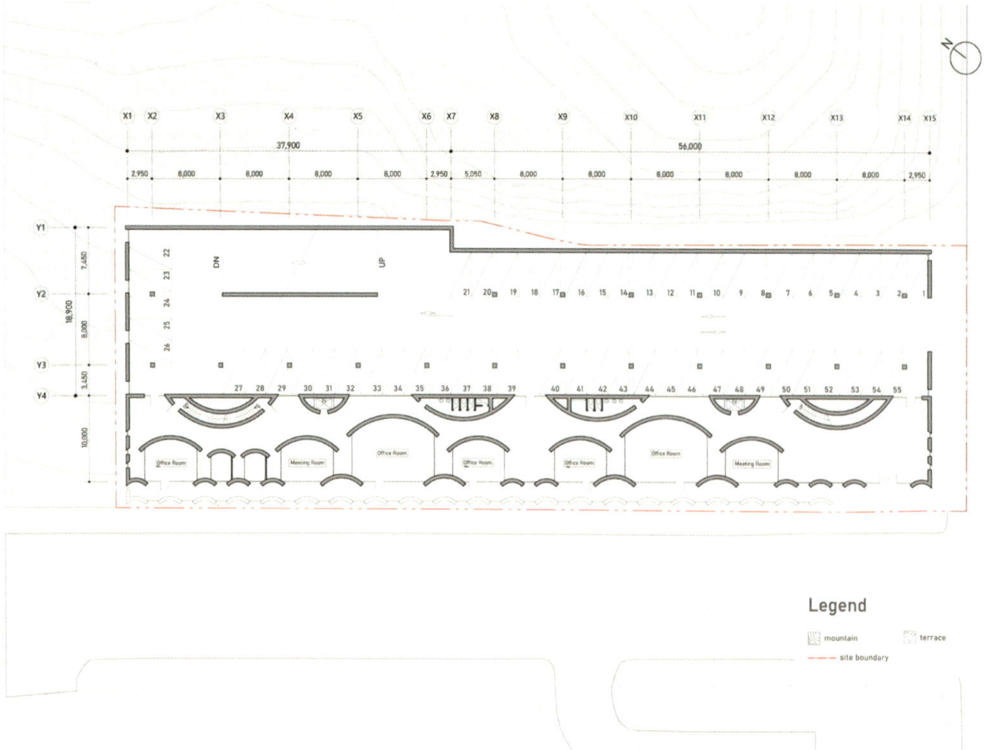

1st Floor Plan

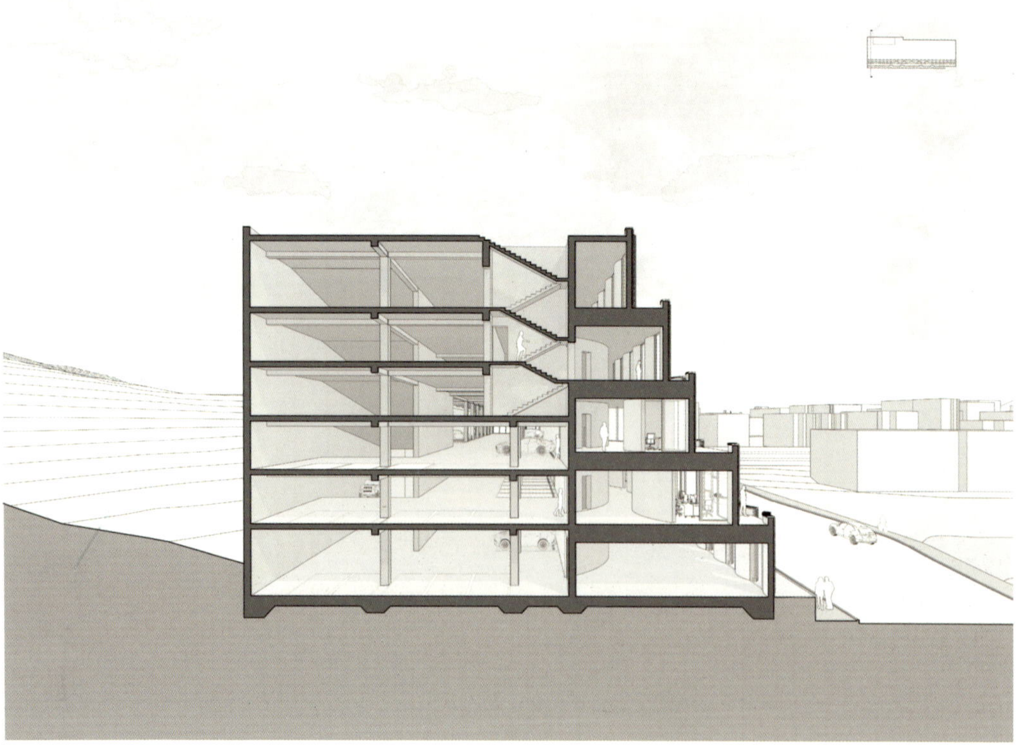

Section Perspective

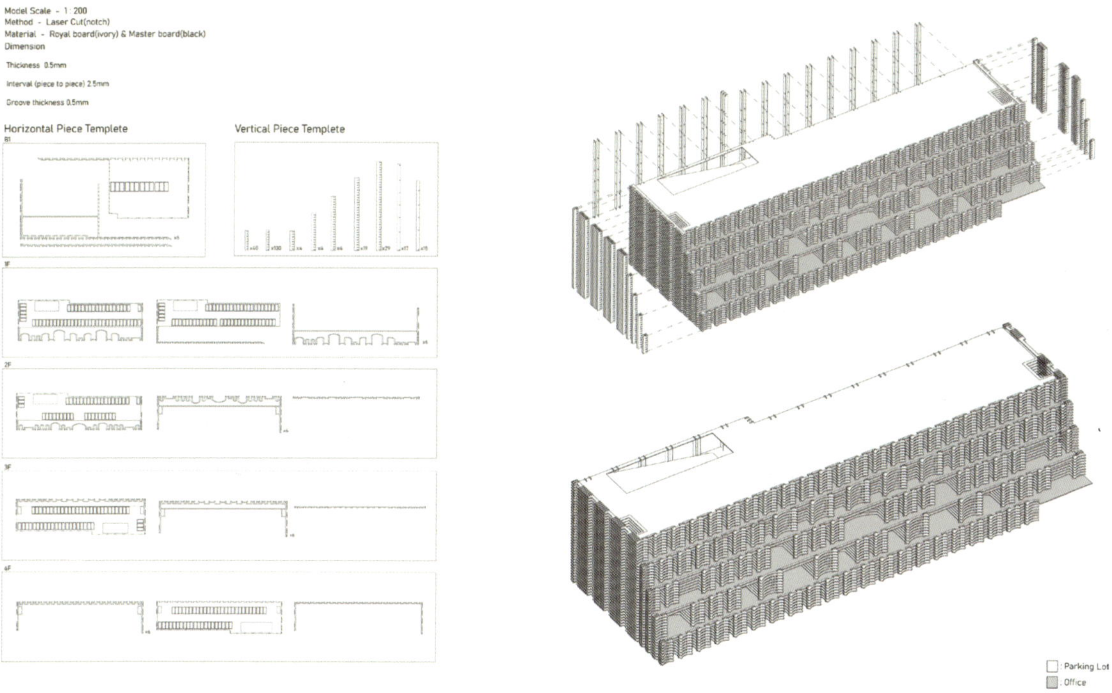

Physical Model Template

Physical Model Photo

Project	Paul Klee Center
Architect	Renzo Piano
Program	Art Museum
Location	Berne, Switzerland
Built Year	1998

스위스 베른에 위치한 파울 클레 센터는 유명한 화가 파울 클레(Paul Klee)가 그린 약 4,000여 점의 회화를 소장한 클레의 전용 미술관입니다. 이 건물은 파리의 퐁피두 센터를 설계한 이탈리아 건축가 렌조 피아노(Renzo Piano)에 의해 설계되었으며, 단순한 미술관을 넘어 다양한 예술적 기능을 담은 복합 예술 플랫폼입니다. 미술 전시 외에도 음악, 공연, 댄스와 같은 예술 행위를 위한 이벤트 홀과 어린이 박물관 같은 교육시설을 포함하고 있습니다.

건물의 가장 독특한 특징은 파도의 형태를 연상시키는 지붕 구조입니다. 전면에서는 사인(Sine) 곡선과 같은 높낮이를 보이는 이 지붕은 배면으로 갈수록 점차 낮아지며 대지와 자연스럽게 하나로 연결됩니다. 마치 땅에서 솟아오른 세 개의 언덕처럼 보이는 이 구조는 각각 다른 기능을 담고 있으며, 긴 복도 공간을 통해 유기적으로 연결됩니다. 철골구조로 이루어진 이 건물은 두꺼운 철골을 가로 방향으로만 사용하고, 세로 방향은 얇은 철선으로 연결함으로써 지붕이 단단한 덩어리(Mass)로 보이지 않고 선(Line)으로 읽히게 합니다. 이러한 설계는 건물이 대지에 더욱 자연스럽게 스며드는 효과를 주며, 대지와 건축물이 하나로 어우러지는 인상적인 모습을 연출합니다.

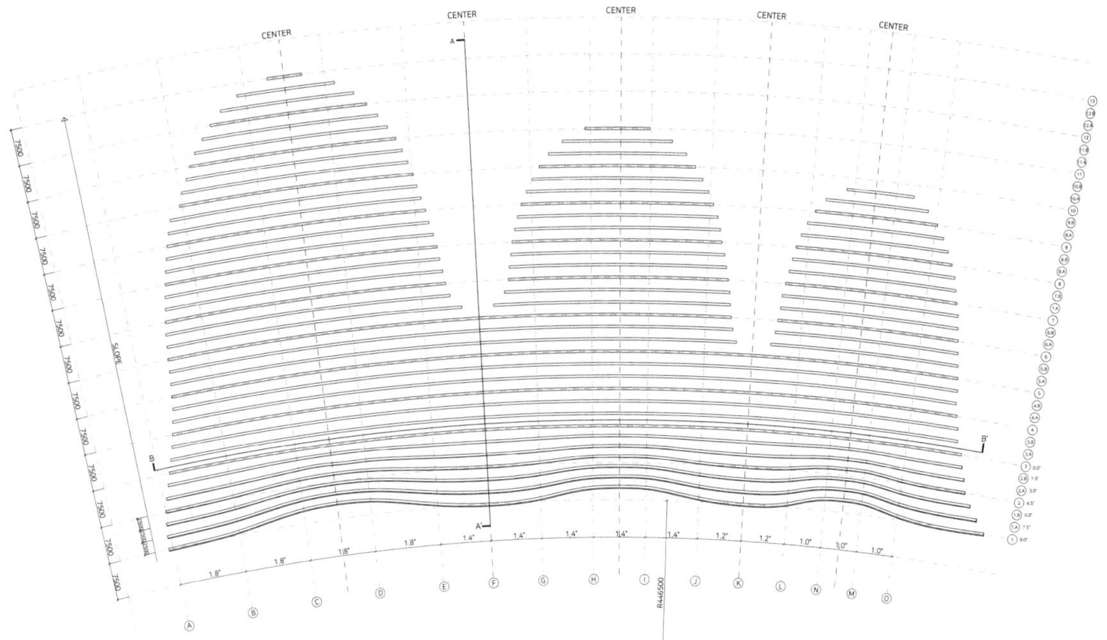

Circle-derived curved frames are arranged at regular intervals.

Site Plan_Paul Klee Center

AISLE Event hall Gallery Restaurant

Three disadvantaged spaces, each of which serves as a venue, exhibition room and food court.
There is a passage that connects disadvantaged spaces.

1st Floor Plan_Paul Klee Center

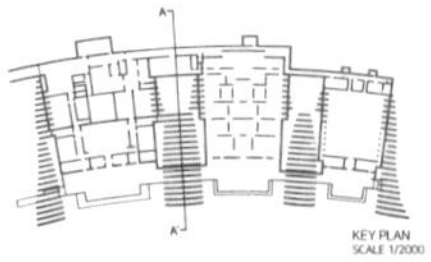

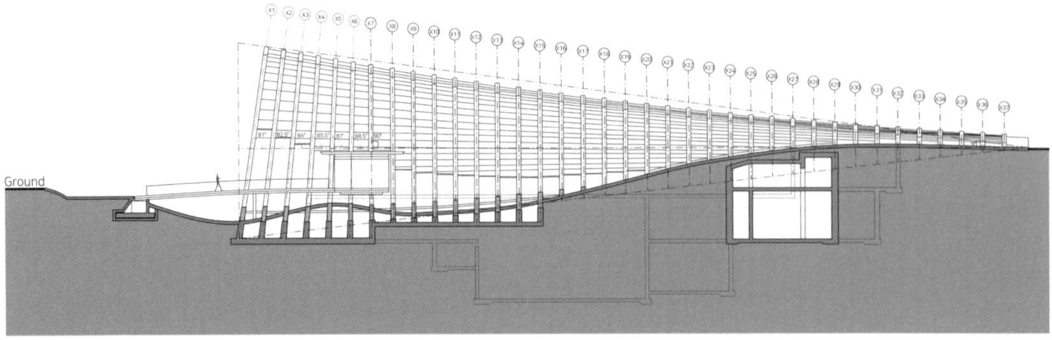

the first six frames arranged have different angles.

A–A' Section_Paul Klee Center

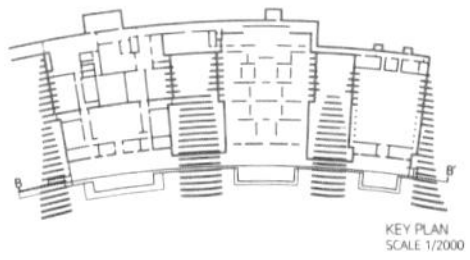

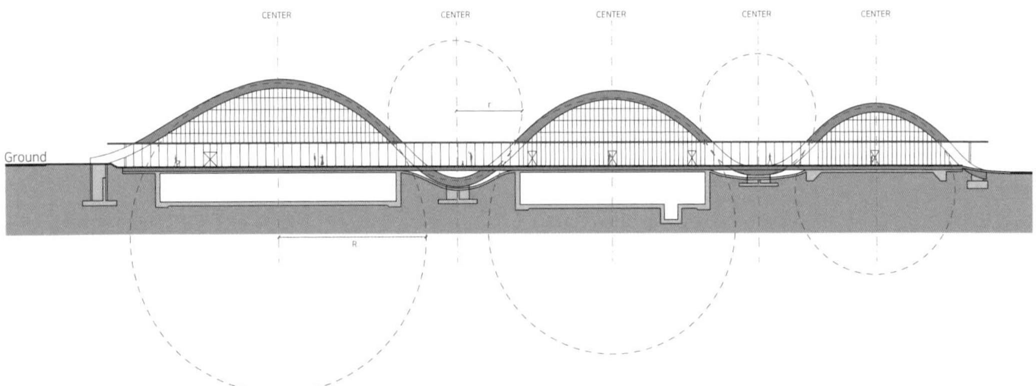

you can see how the frame is composed of circular contacts. One long structure broke the boundary between the roof and the wall.

B–B' Section_Paul Klee Center

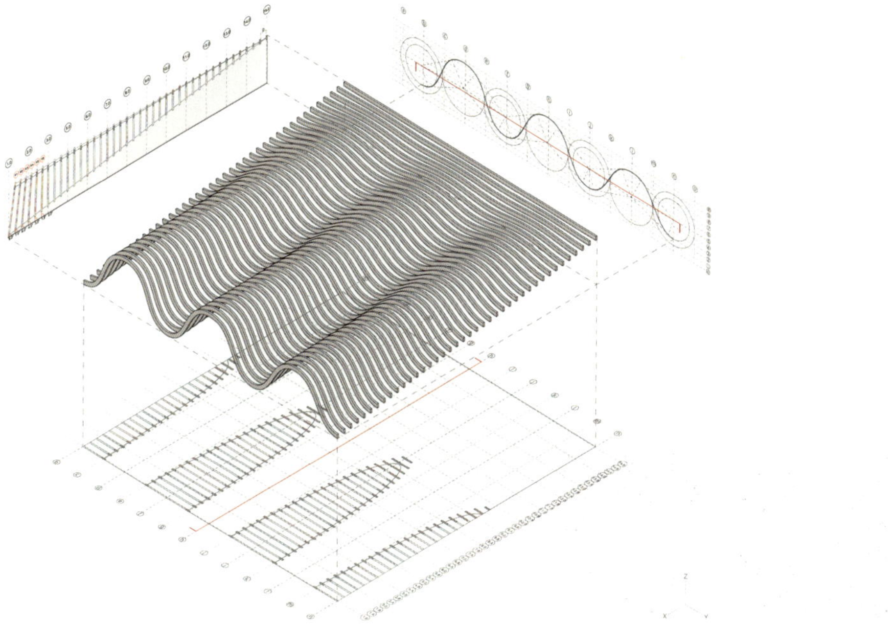

Indexical Surface

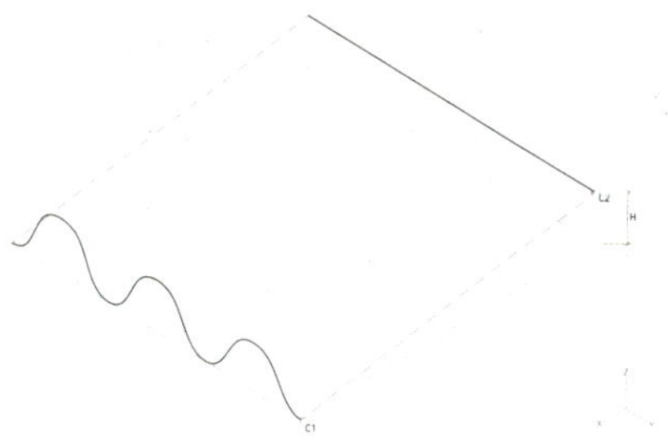

1. Set C1 shape and C2 height (H)

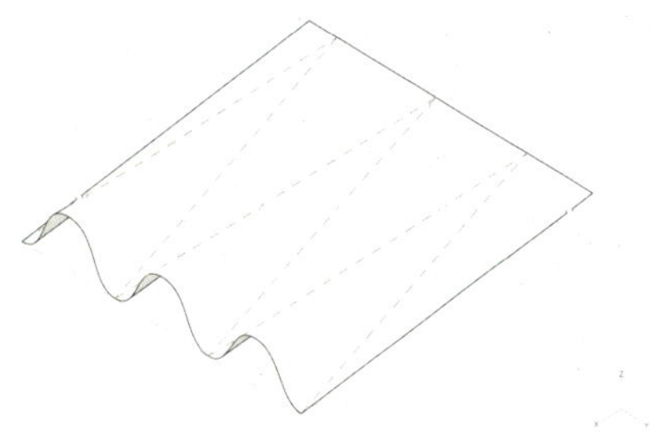

2. Create an surface that connects C1 and C2 _ Loft

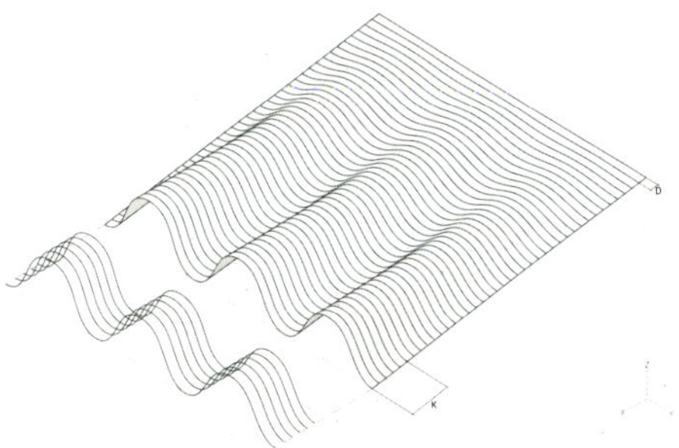

3. The distance setting of the Contour, Set the K number of frames to tilt _ contour, rotate

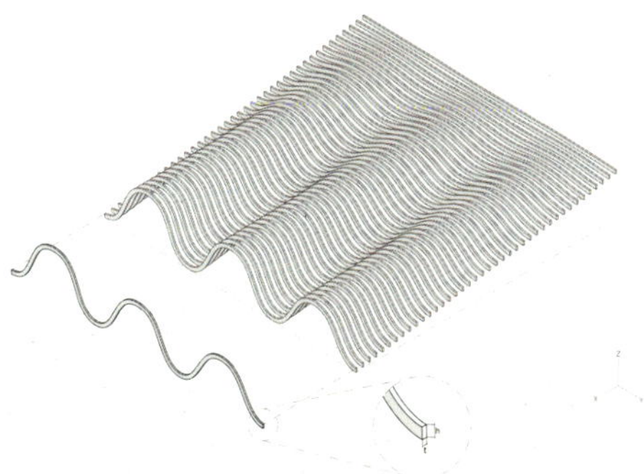

4. Set the thickness and height of the frame _ offset

Parameter

C1, C2
curve and line
H
C2 height
D
Contour distance
K
number of frames
t, h
Frame thickness& height

Geometry Analysis_Algorithm and Parameter

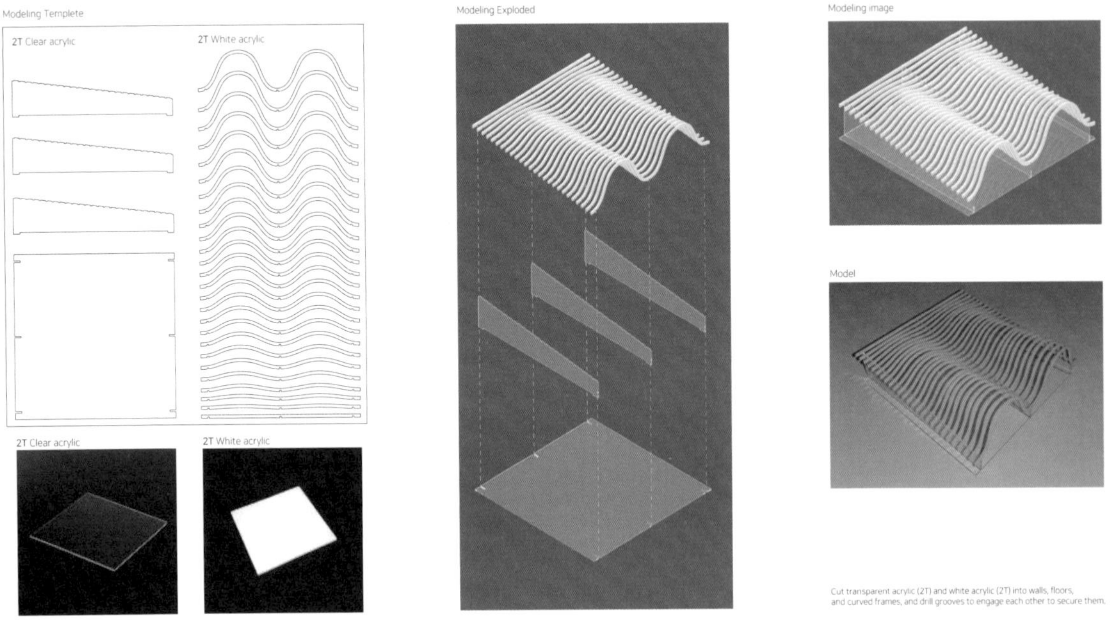

Cut transparent acrylic (2T) and white acrylic (2T) into walls, floors, and curved frames, and drill grooves to engage each other to secure them.

Indexical Model Template

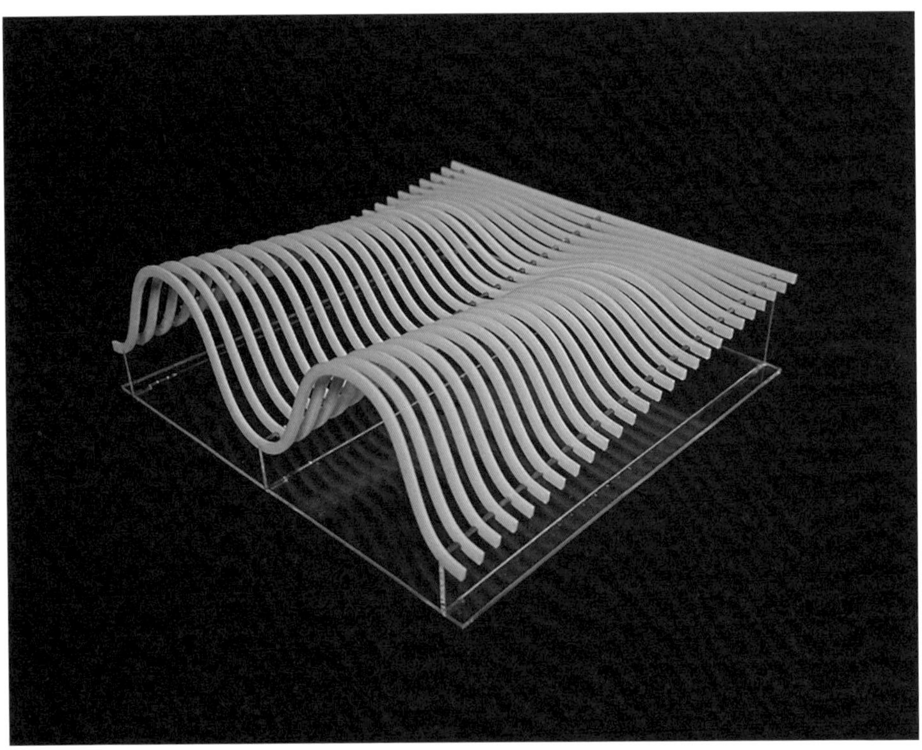

Indexical Model Photo

Curve (C1)

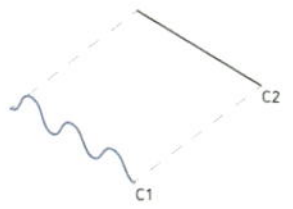

END CONDITION

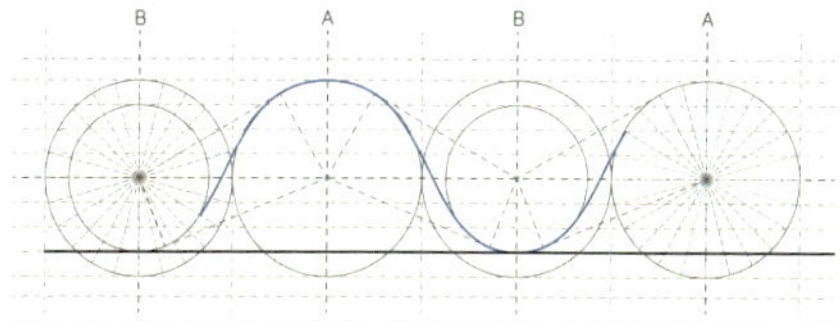

There are two types of circles, A and B. the composition of space by angle and type at the end of a curve

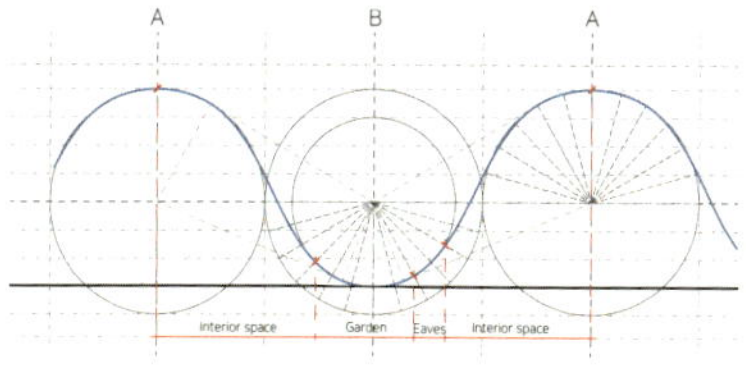

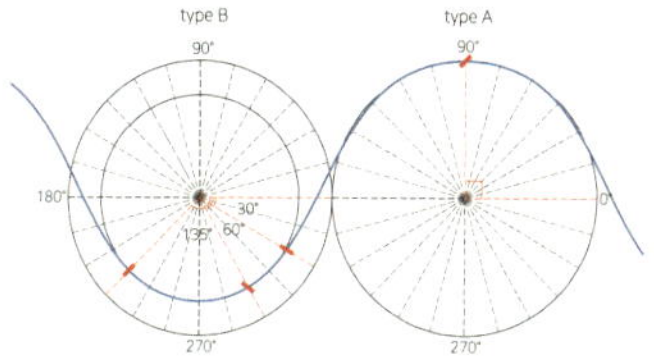

After creating a 15° grid in a circle, we derive meaningful values and study the space that can be used in the form

Interior space

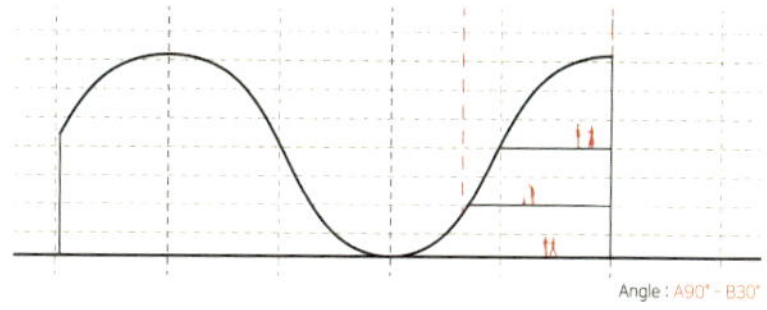

Eaves

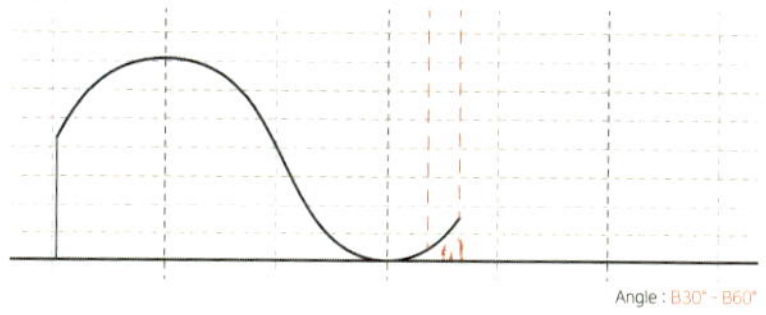

Garden

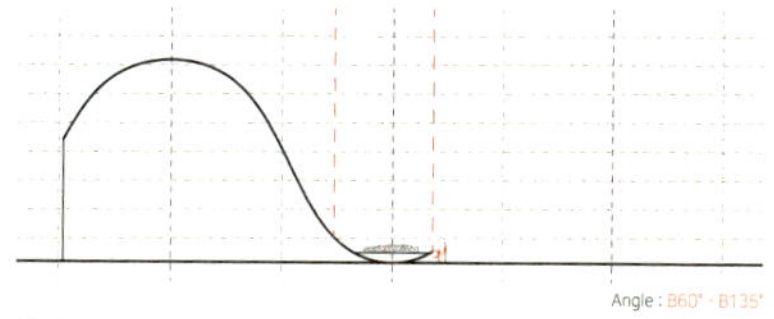

Interior space

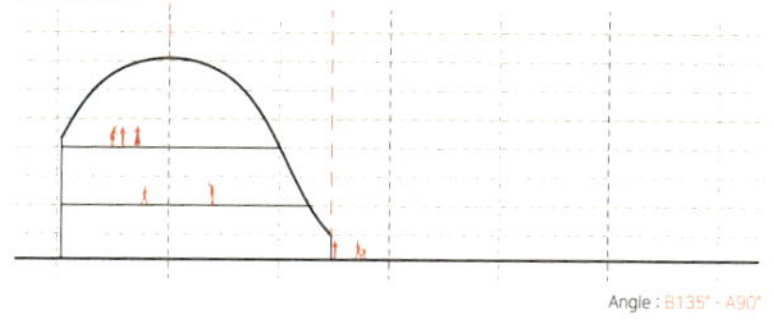

Parametric Experiment_Curve and Space

Line (C2)

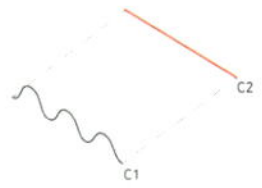

TOP

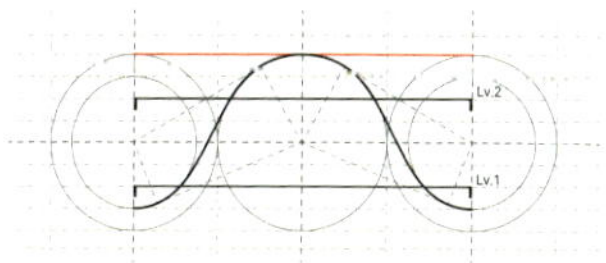

Set the height of the straight line / Consolidate internal space

MID

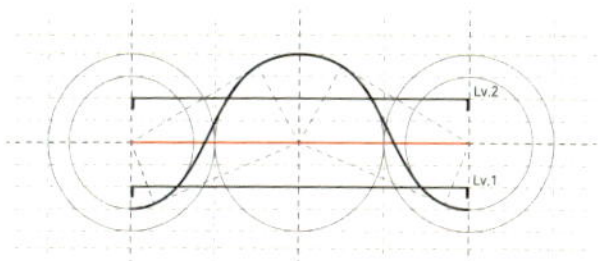

Set straight line height to middle / integrate with interior space separation

BOTTOM

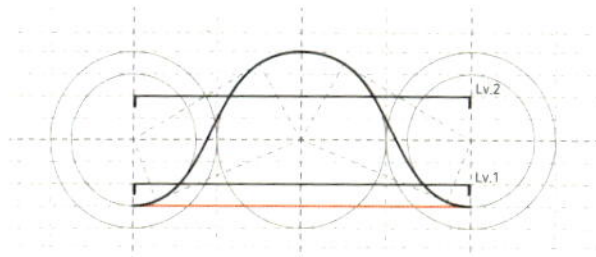

Set straight line height low / inside space separation

Section Line — C2 Line

Lv.2

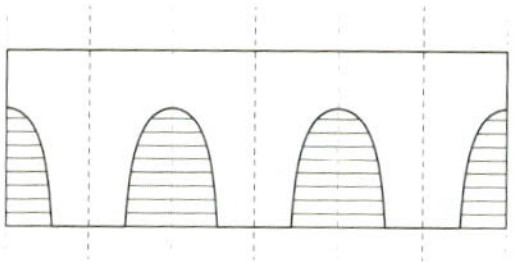

Lv.1

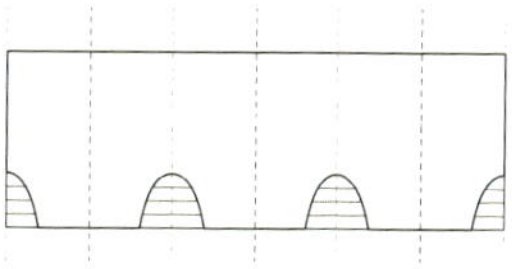

Lv.2

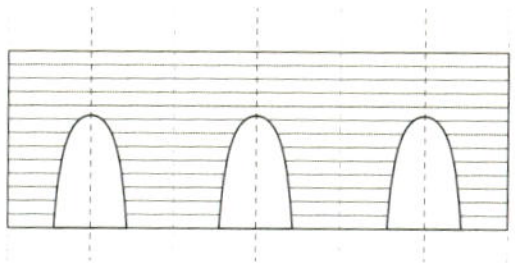

Lv.1

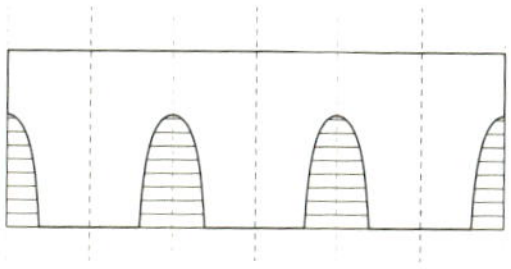

Lv.2

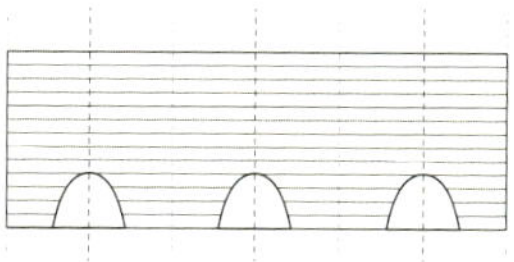

Lv.1

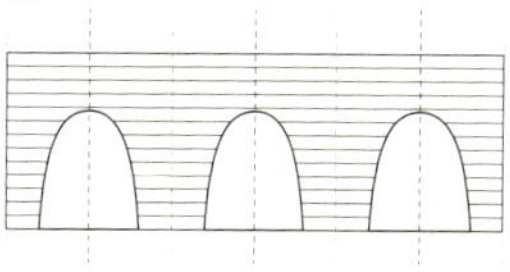

Outside Inside

Parametric Experiment_Line and Space

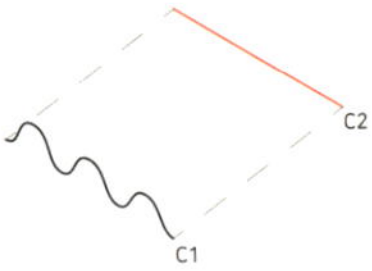

SELECT

No.5

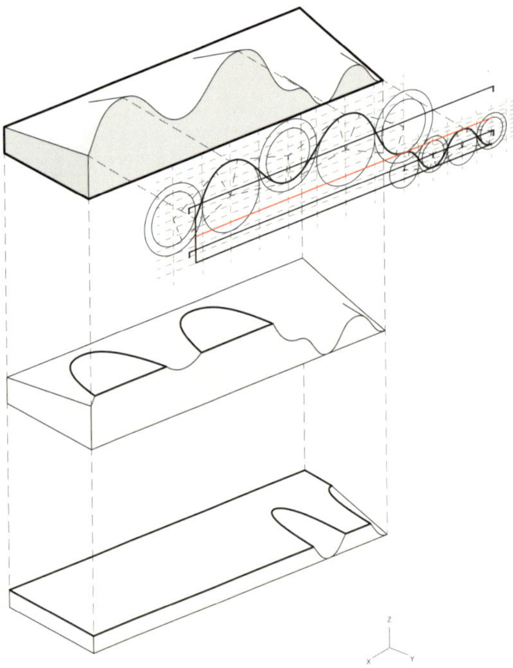

Alternative

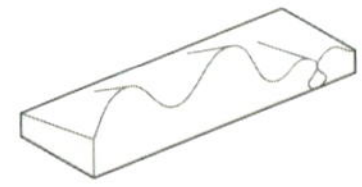

Entrances
Distance 4a

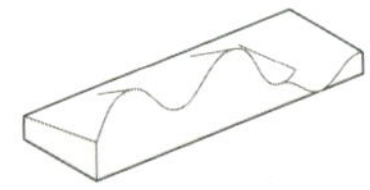

End Condition
B60° - B135°

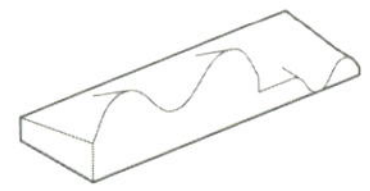

End Condition
B135° - A90°

Create curved surfaces on different scales where space needs to be divided

No.6

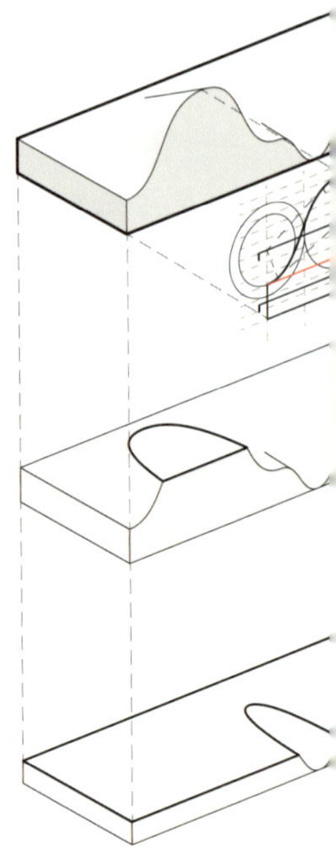

Space in the connection between curved

Section Line — C2 Line · P(x, y)

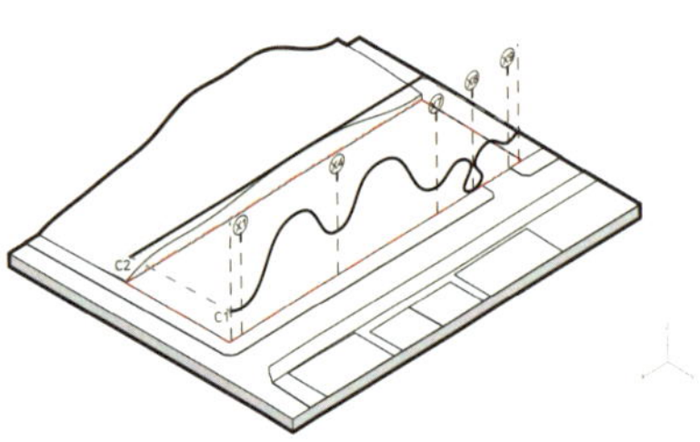

1. Set the height of C1 and C2 in consideration of the height of the mountain in contact with the site

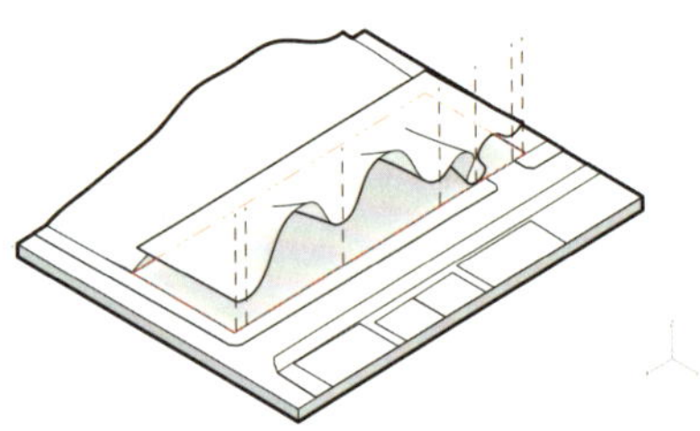

2. Create an surface that connects C1 and C2

Parameter

C1, C2
curve and line

H
C2 height

D
Contour distance

K
number of frames

t, h
Frame
thickness& height

대지는 산을 깎아 조성되었으며, 4m 이상의 옹벽이 대지와 산의 경계를 이루고 있었습니다. 이를 활용해 지붕이 산의 연장선처럼 보이도록 설계했습니다. 지붕의 직선 모서리는 대지 뒤쪽 산과 면하게 하여 산으로부터 건축물로의 자연스러운 동선을 유도했고, 곡선 모서리는 도로와 맞닿은 대지 전면에 배치해 서로 다른 프로그램을 수용하도록 조절되었습니다.

저층부는 주차장을 효율적으로 계획하였으며, 고층부는 인근 학교 학생들과 지역 주민들을 위한 동네 도서관과 스터디카페를 배치했습니다. 또한, 지붕 형태를 조절해 주차장과 도서관의 동선을 분리하고, 전면부에서 산으로 연결되는 자연스러운 등산로도 계획했습니다.

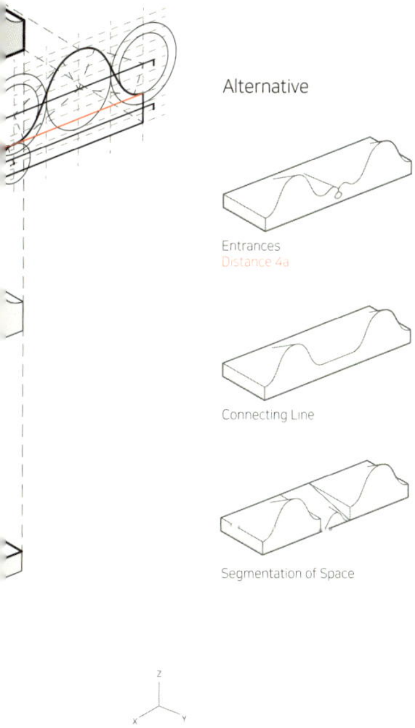

Design Development_Mass Alternative

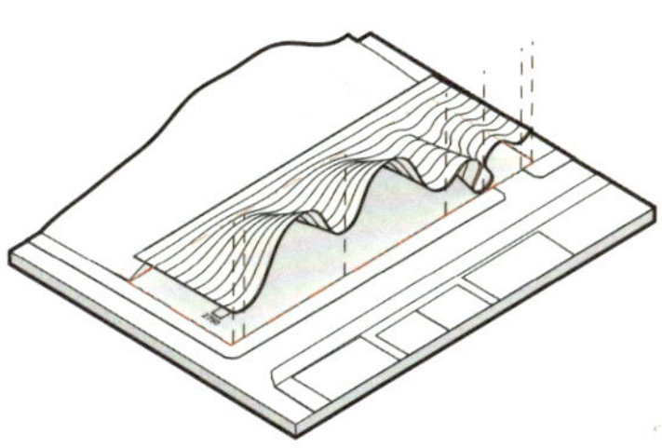

3. Divide the Surface equally at regular intervals and set the frame spacing

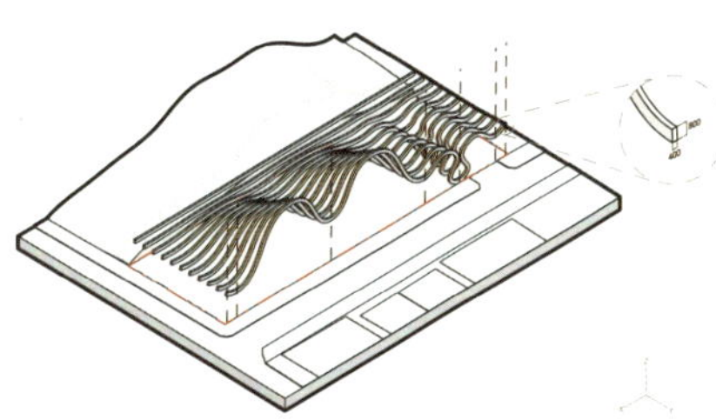

4. Set the height (h) and thickness (t) of the frame, complete the MASS

Design Development_Roof Surface

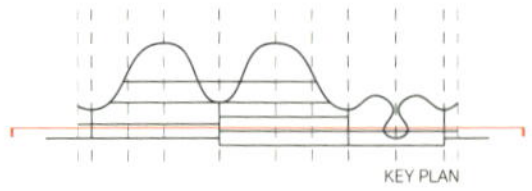

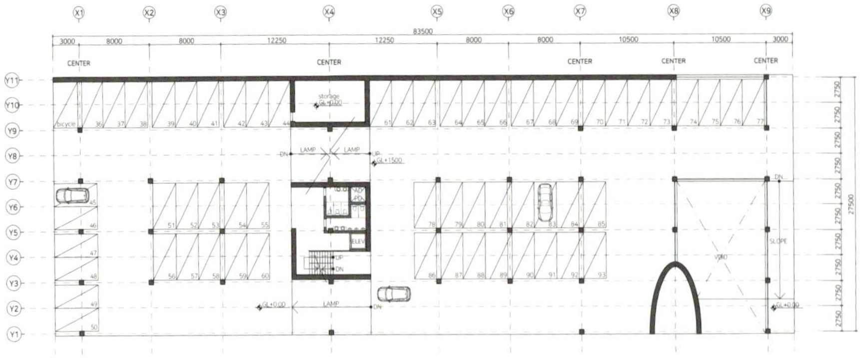

1st Floor Plan

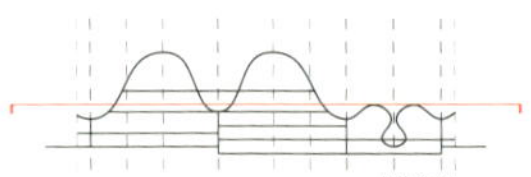

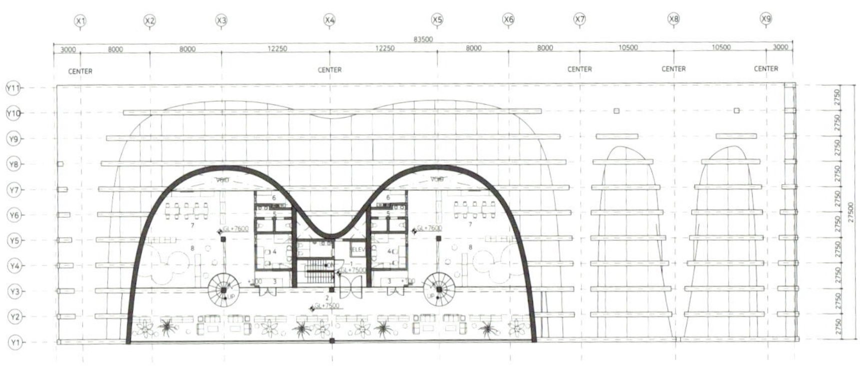

Legend

1. Core
2. Lounge
3. Care class ENT
4. teacher's room
5. Washrrom
6. Kitchen
7. Study room
8. Play room

3rd Floor Plan

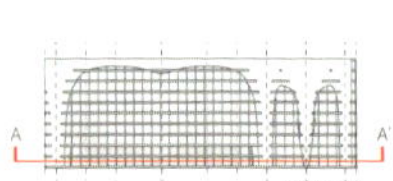

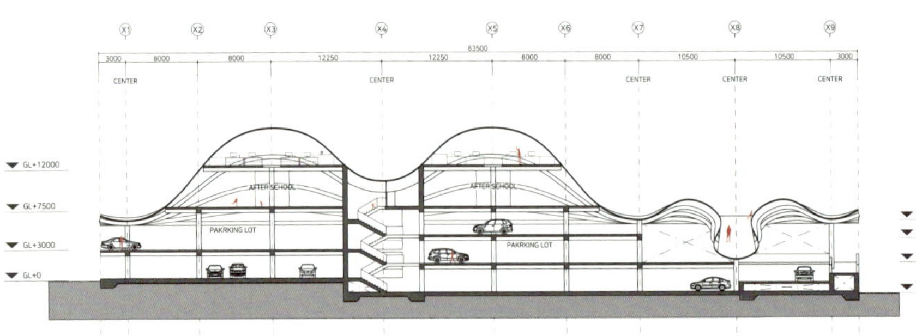

A–A' Section

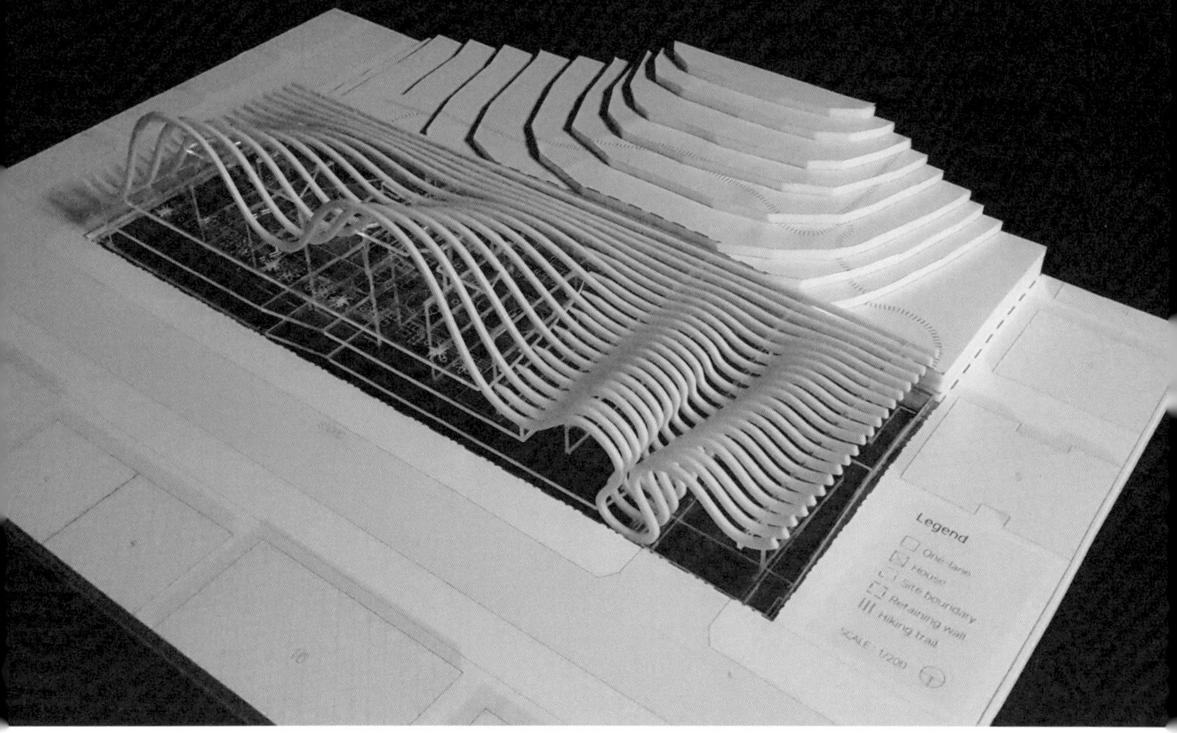

Physical Model Photo

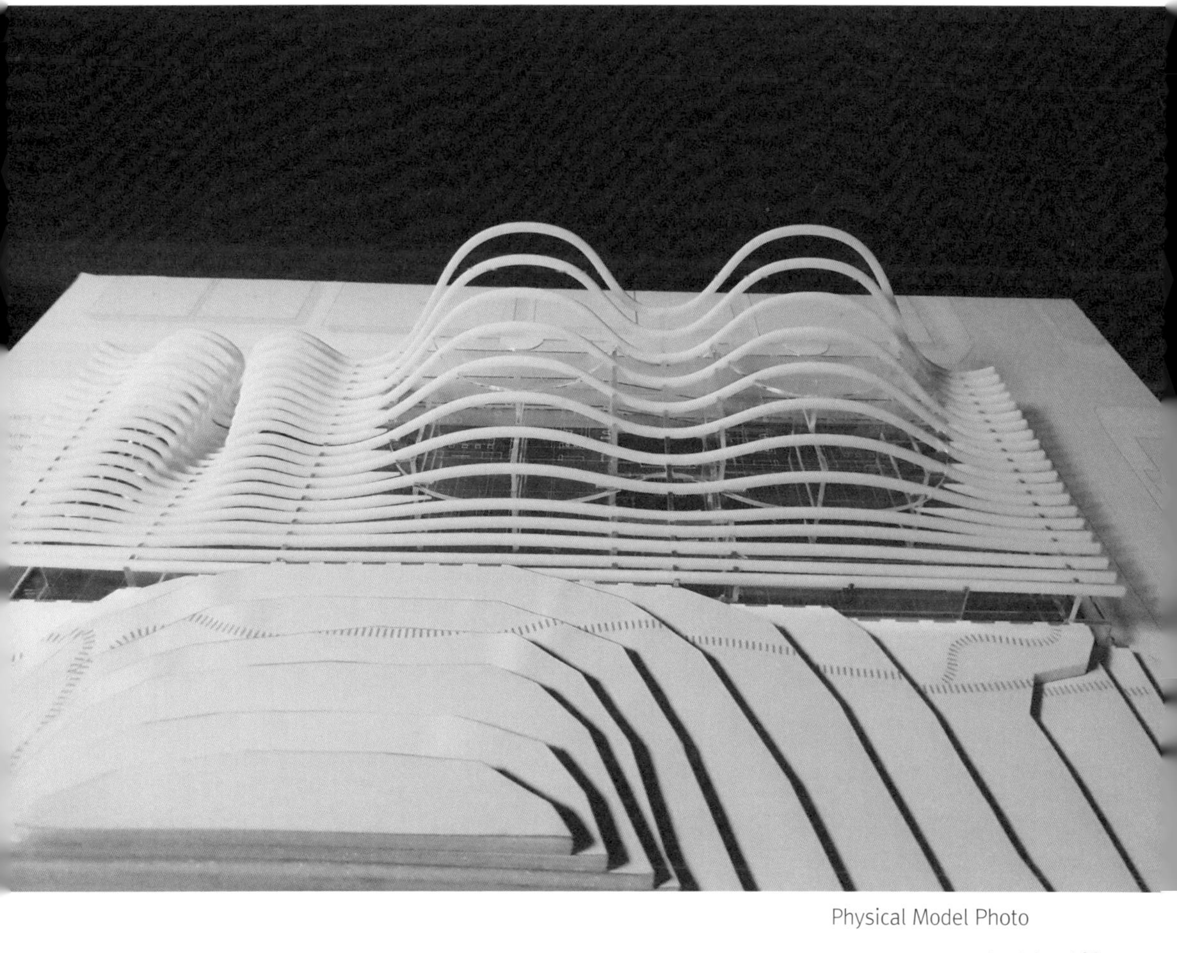

Physical Model Photo

Project	Amsterdam Orphanage
Architect	Aldo Van Eyck
Program	Orphanage
Location	Amsterdam, Netherlands
Built Year	1960

네덜란드 암스테르담에 위치한 고아원 건물은 건축 역사에서 중요한 의미를 지닌 작품입니다. 이 건물은 1950년대 말 근대 모더니즘 건축의 한계를 넘어서고자 했던 신진 건축가 그룹의 일원인 알도 반 아이크(Aldo van Eyck)가 설계했으며, 그 당시 네덜란드를 중심으로 유행했던 구조주의(Structuralism)를 대표하는 건축물로 꼽힙니다. 구조주의 건축의 특징은 1. 기본 형태(Archetype)를 사용하는 디자인, 2. 기본 형태의 반복적인 사용을 통한 아름다움(Aesthetics of Number) 그리고 3. 기본 형태 사이의 공간(Shape of the In-Between)입니다.

고아원 건물은 그리드를 기반으로 두 가지 크기의 정사각형 모듈을 반복적으로 사용하여 설계되었습니다. 이 모듈은 모서리에 4개의 둥근 기둥이 있고, 상부는 프리캐스트 콘크리트로 제작한 돔형 지붕으로 마감되었습니다. 외부와 면하는 모듈은 유리블록이나 짙은 갈색 벽돌로 기둥 사이를 채워 외벽을 구성했습니다. 큰 모듈은 작은 모듈보다 평면적으로 3배 넓고 높이도 약 1.5배 더 높습니다. 이는 고아원 내의 서로 다른 공간적 요구를 충족하기 위함인데 다양한 크기의 공간을 단 두 모듈만의 조합으로 설계한 부분이 매우 인상적입니다.

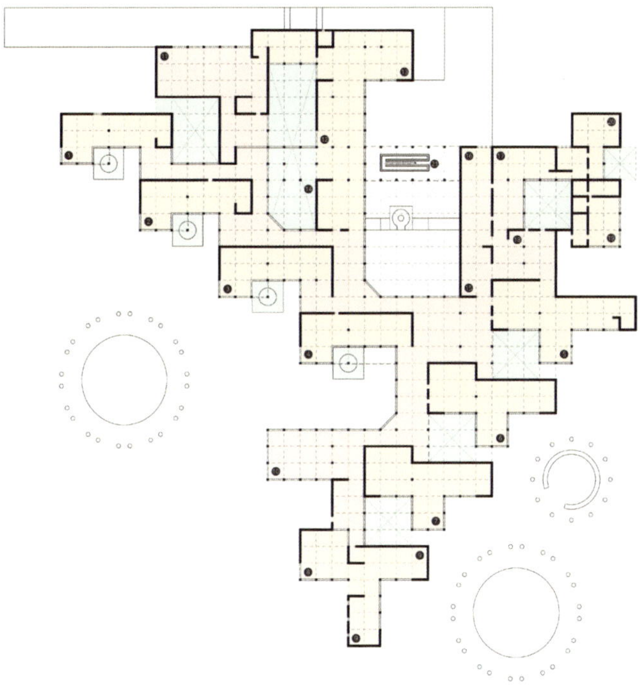

1 boys 14-20
2 girls 14-20
3 boys 10-14
4 girls 10-14
5 mixed 6-10
6 mixed 4-6
7 mixed 2-4
8 babies
9 health center
10 festive hall
11 gymnasium and theatre
12 management
13 storage and archive
14 staff and library
15 laundry and staircase to basement
16 garage
17 central linen room
18 central kitchen
19 apartment director
20 apartment staff
21 entrance to bike parking

Legend

: Public Space

: Courtyard

: Living Space

1st Floor Plan_Amsterdam Orphanage

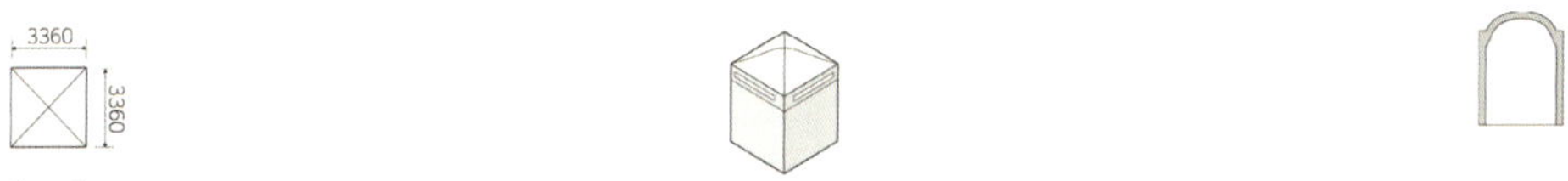

Type A

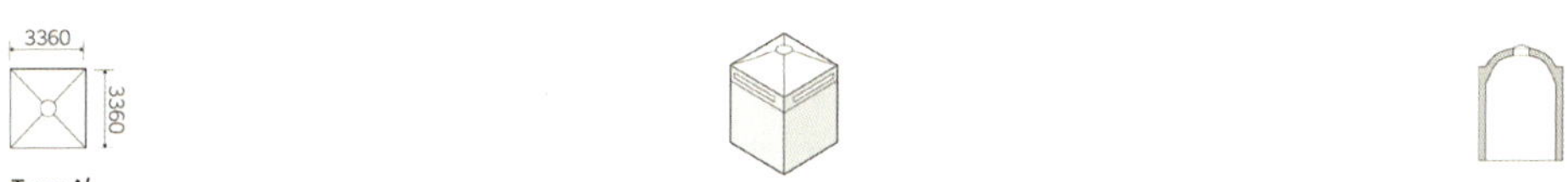

Type A'

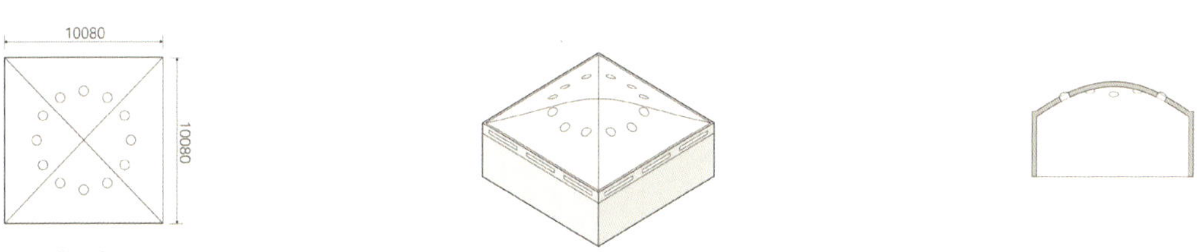

Type B

Axonometric_Basic Components

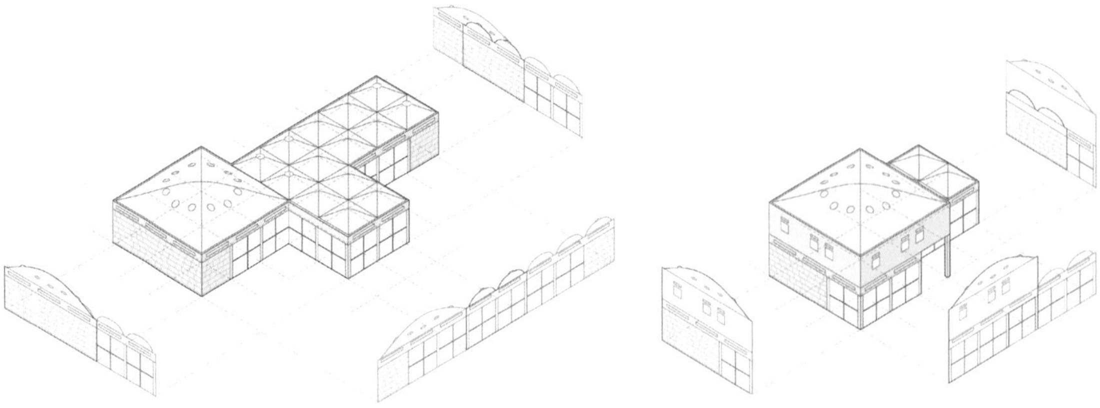

Module A

Module B

Axonometric_Module

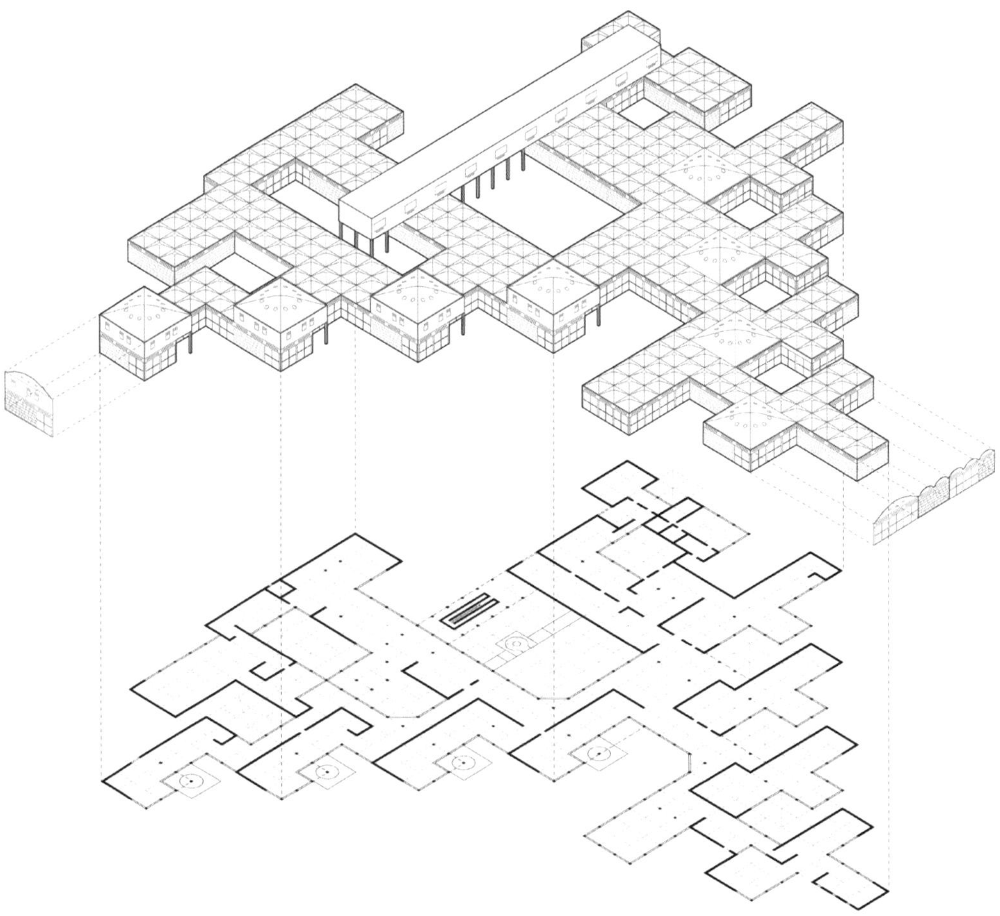

Indexical Surface

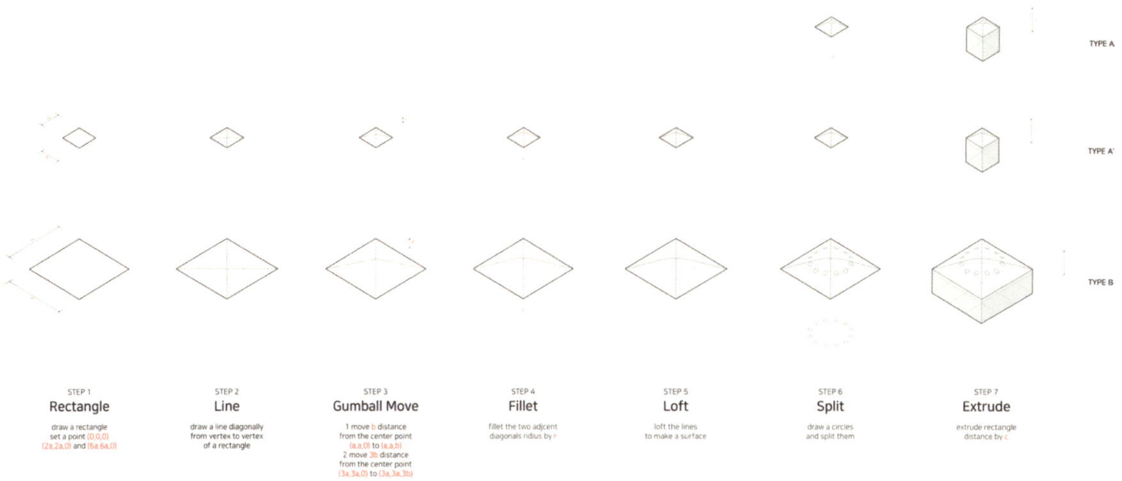

Geometry Analysis_Algorithm and Parameter

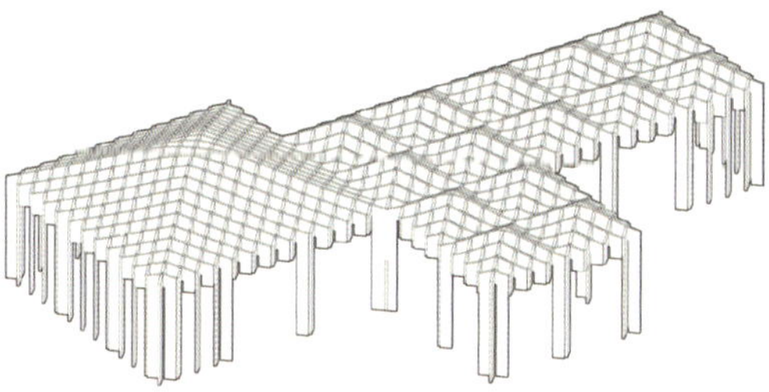

Model Scale 1 : 100

Method Lazer Cut - Notch

Material Royal board 5mm , Master board 5mm

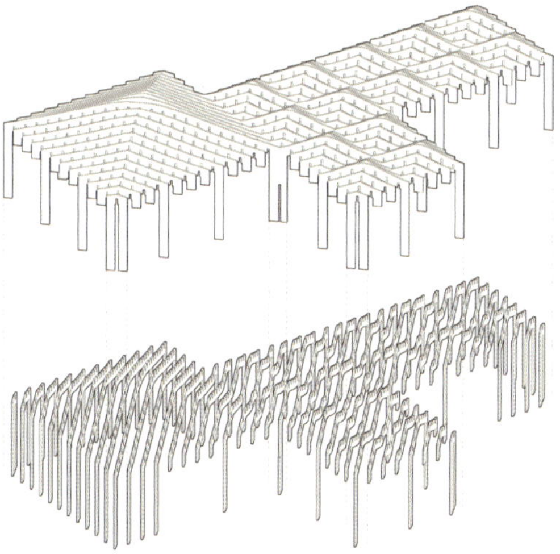

Indexical Model Template

Indexical Model Photo

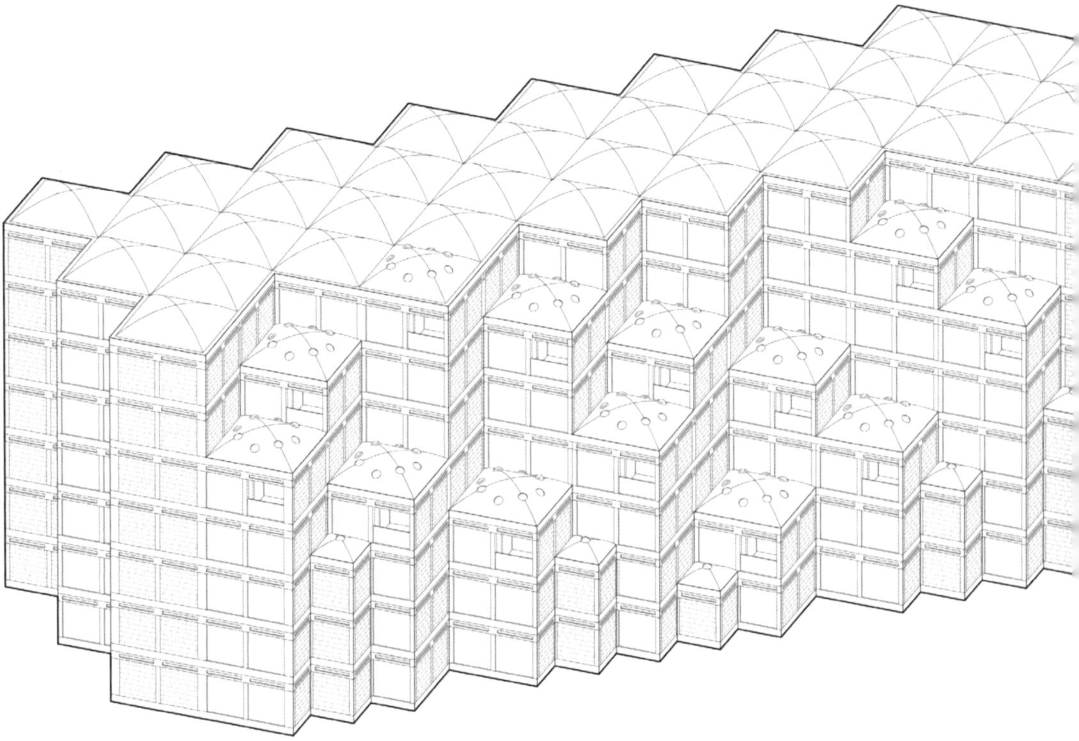

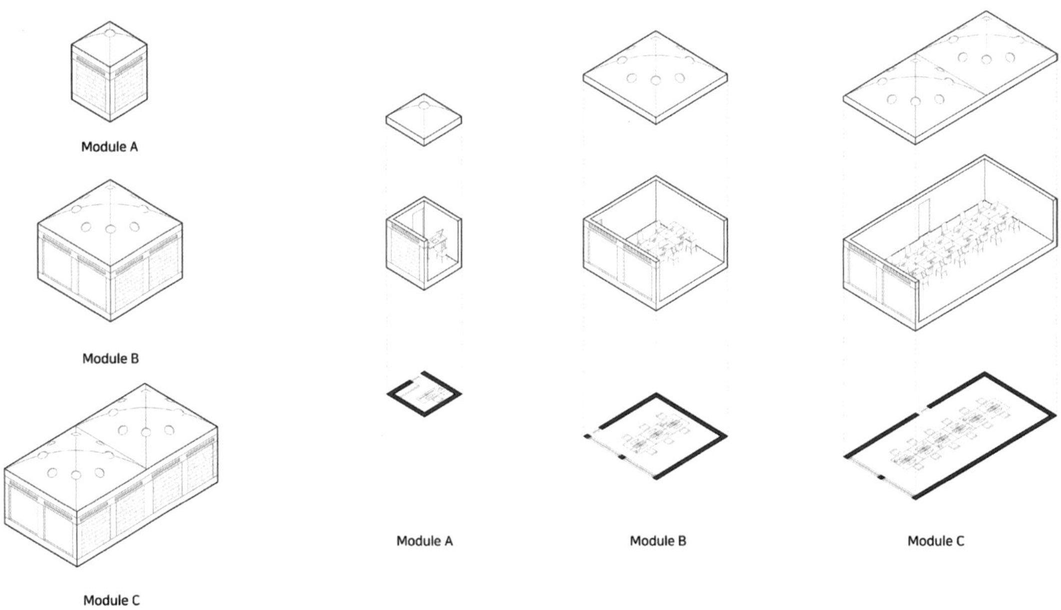

Axonometric_Function of Components

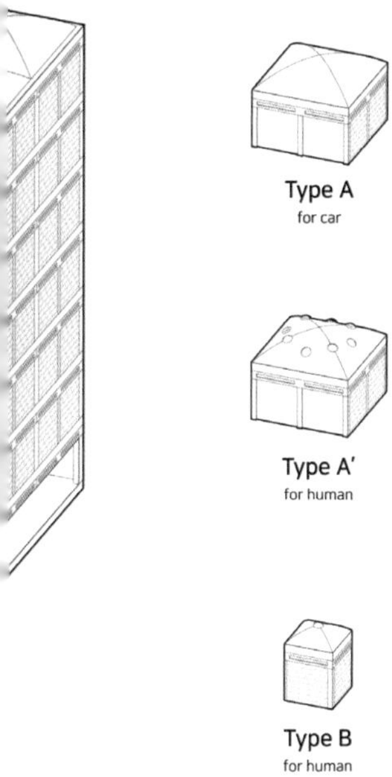

본 주차전용건물 프로젝트 역시 알도 반 아이크의 고아원 건물처럼 단 두 가지 모듈을 사용하여 설계하였습니다. 기본 주차면 규격인 가로 2.5m, 세로 5m를 기준으로, 두 대를 주차할 수 있는 가로세로 5m 정사각형을 기본 평면 모듈로 설정하였습니다. 대지를 최대한 효율적으로 활용하기 위해 대각선 그리드를 도입하였고, 이에 따라 다소 독특한 대각선 주차 방식을 적용했습니다.

주차 전용 건물이지만, 일부를 임대가 가능한 사무실로 계획하였습니다. 사무실은 사람이 상주해야 하기 때문에 채광과 조망을 고려해 건물 상층부에 위치시키고, 배면의 야산 높이 이상으로 배치했습니다. 또한, 환기를 위해 외기와 접할 수 있도록 건물의 바깥쪽에 배치했으며, 내부 공간은 주차장으로 설계했습니다. 또한, 도로와 면한 전면부를 계단식으로 설계하여 모듈을 사용하여 쌓아 만든 형태라는 구축논리를 시각적으로 강조했습니다.

xonometric_Component and Aggregation

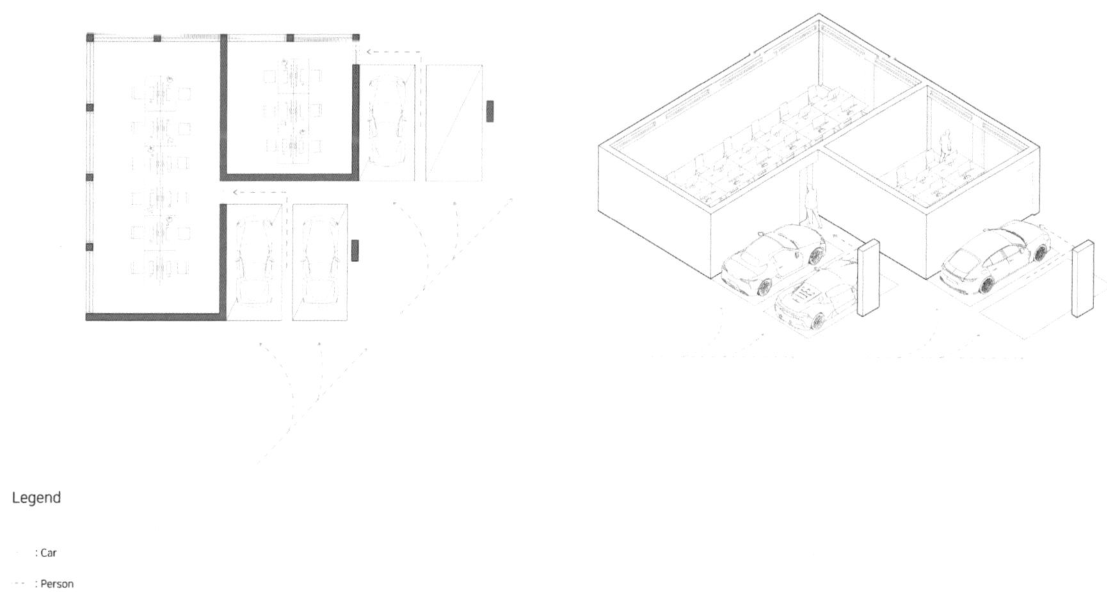

Design Development_Parking and Office

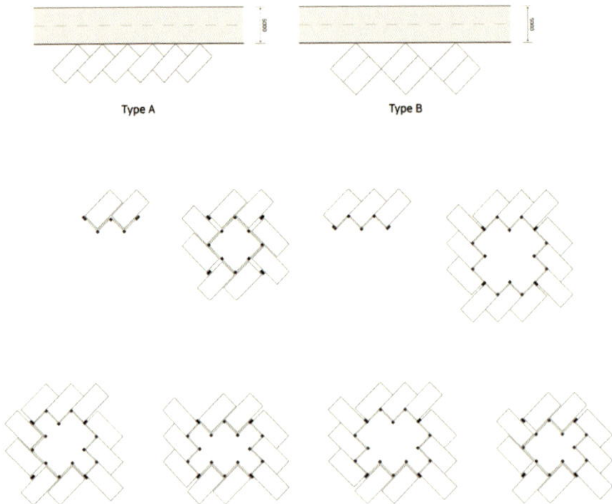

Diagonal Parking + Colum

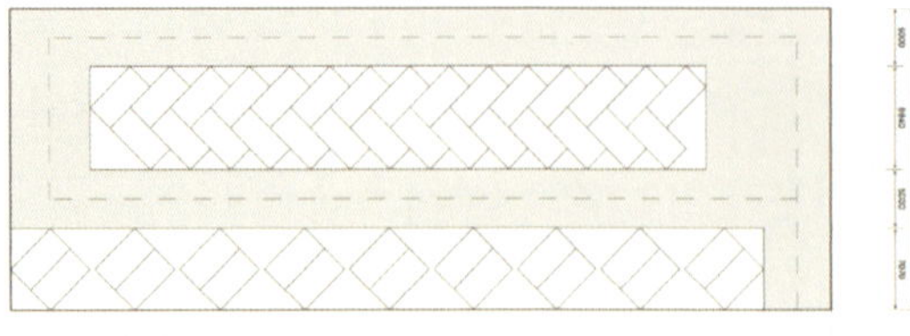

Space Division Type A

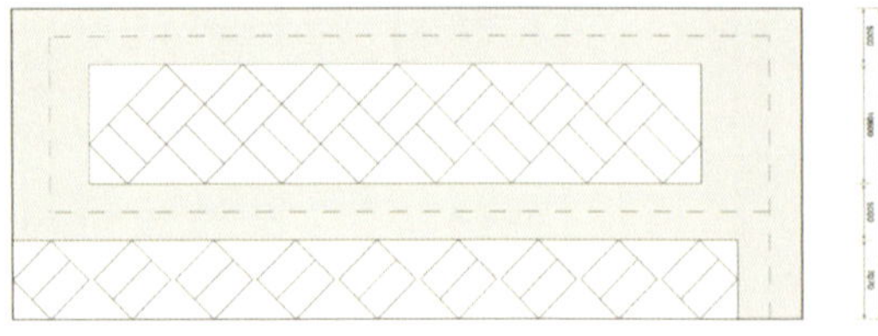

Space Division Type B

Design Development_Parking Design Research

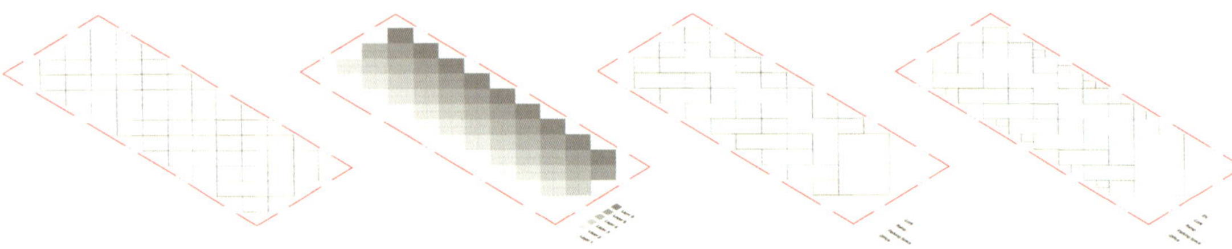

STEP 1

Draw a 3000*3000 grid with diagonal lines.
To fill a 6000*6000 square as much as possible.

STEP 2

Create layers of lines.
These allow to create a cascading facade

STEP 3

Place the office on the first and second layer.
Place parking space on third layer, last layer.
Lamp placed at the bottom right for efficient movement.
The remaining space is for the core and toilet.

STEP 4

Arrange a 3000*3000 square space on the frontmost layer and the backmost layer.
This creates space for office and parking users.

Design Development_Parking Design Process

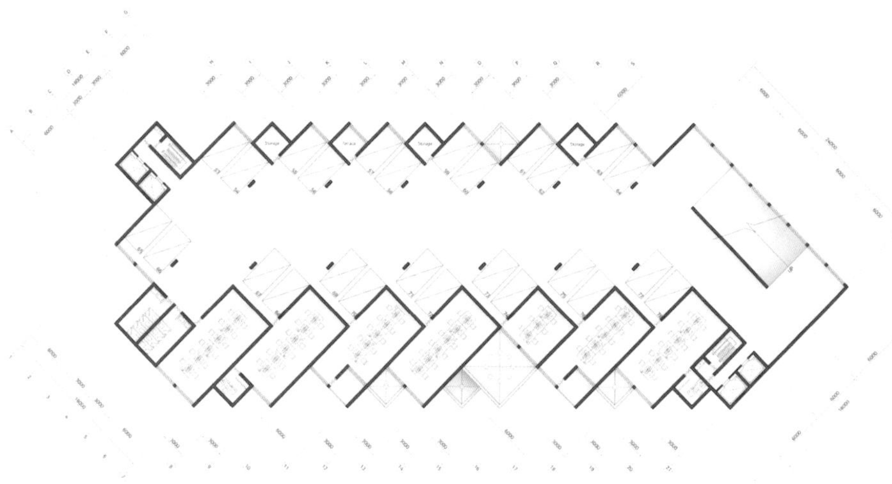

3rd Floor Plan

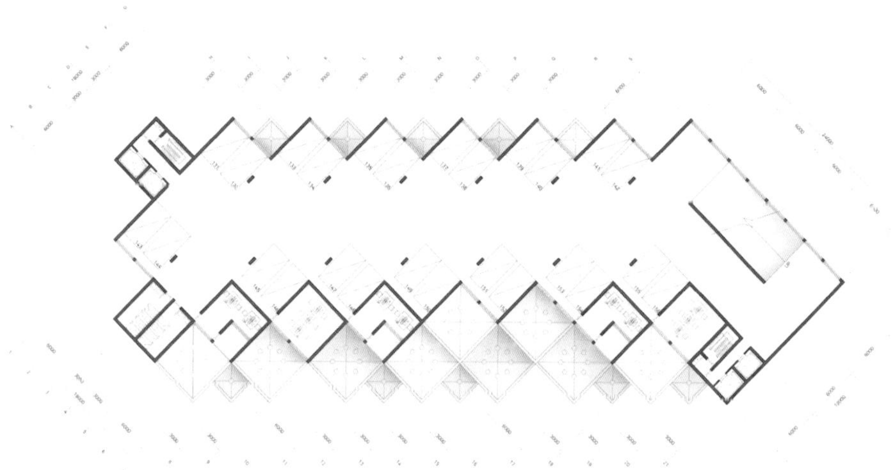

6th Floor Plan

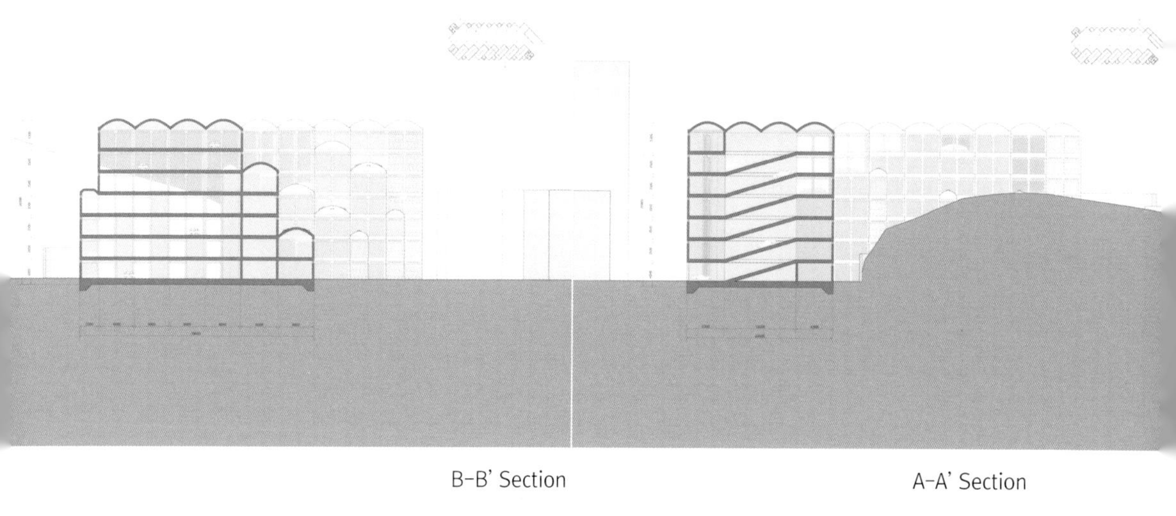

B-B' Section

A-A' Section

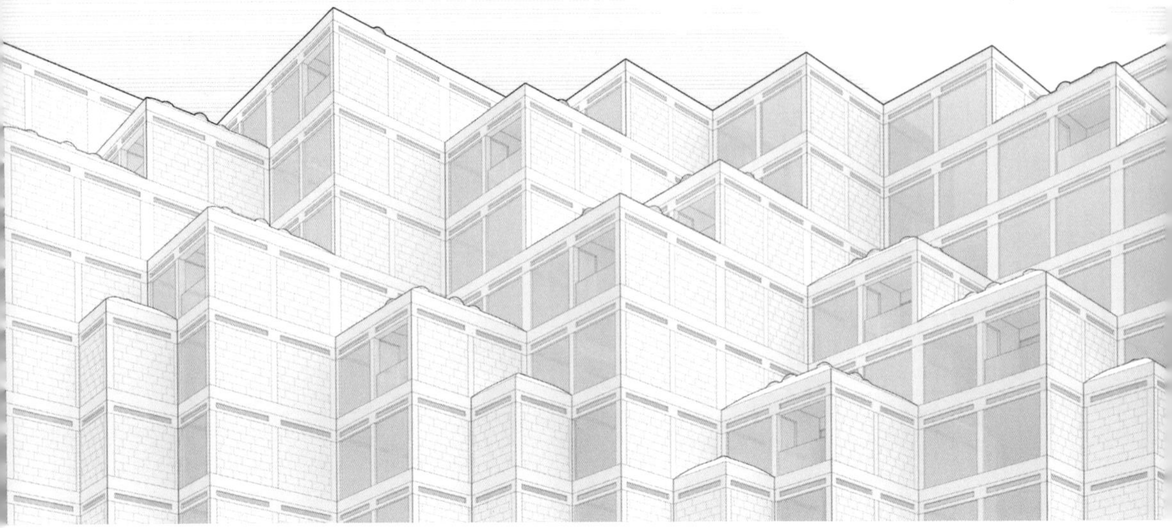

Perspective_Roof Scape

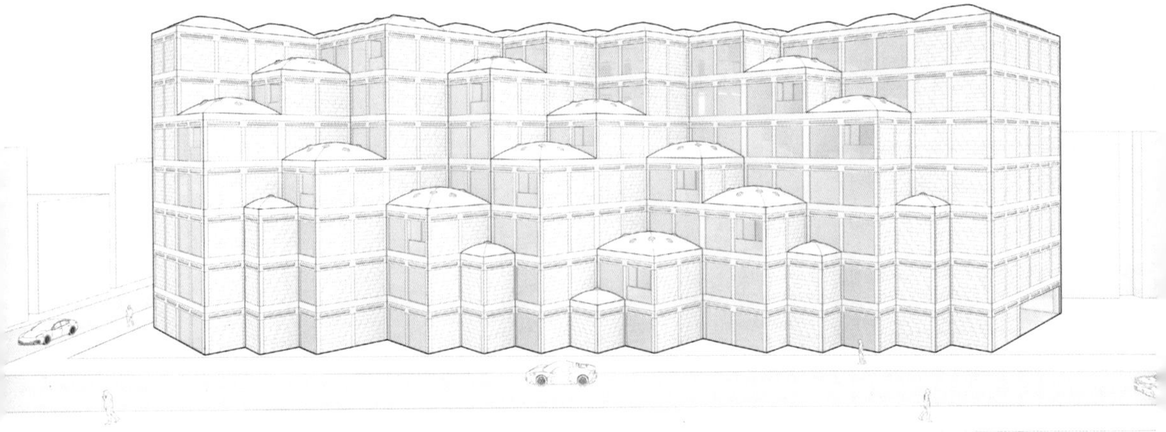

Perspective_Front View

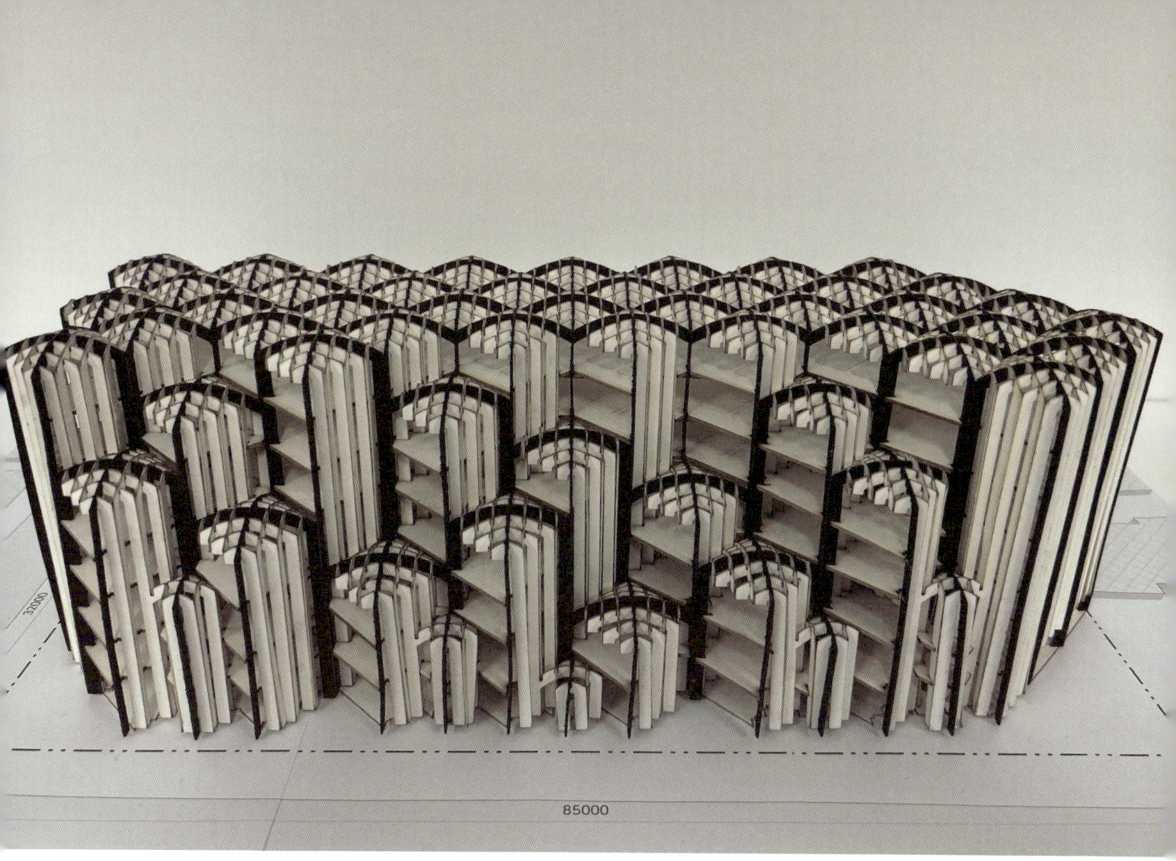

Physical Model Photo

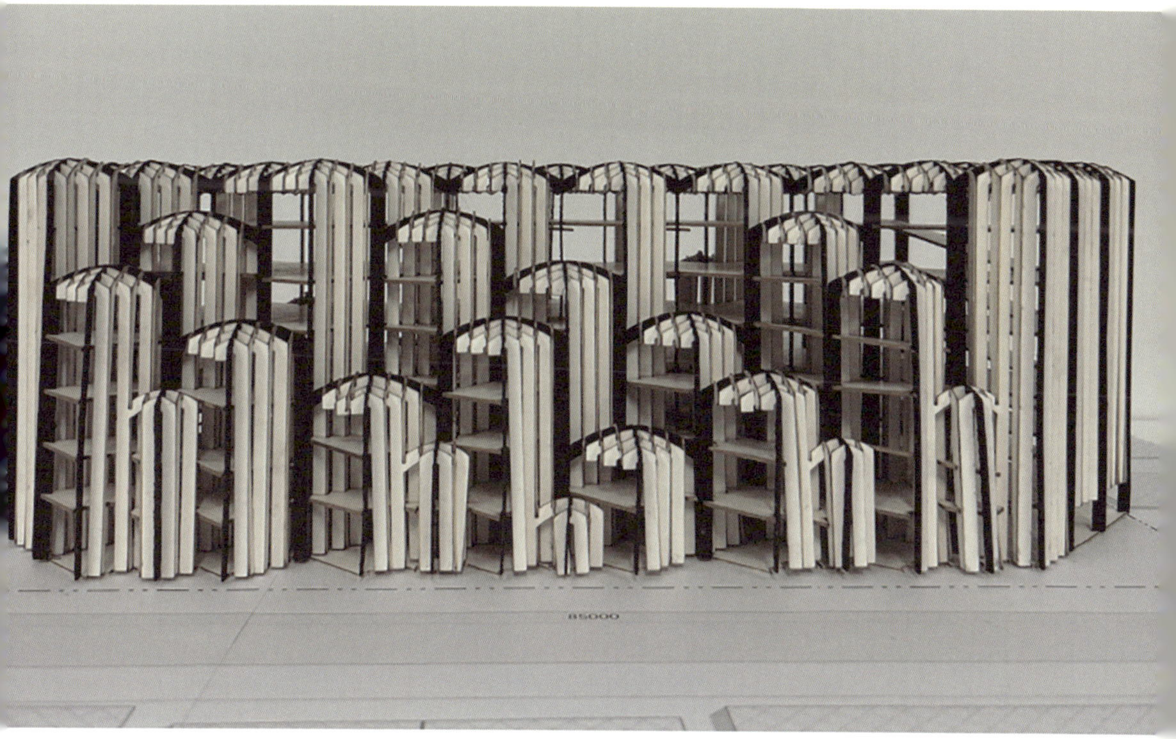

Studio Brief 4

Learning from Buildings to Design Cultural Buildings

프로젝트의 대지는 문화와 상업의 중심지인 도심 한복판에 위치해 있습니다. 학생들은 대지를 답사하며 주변을 조사하고 도시적 맥락(Context)을 깊이 분석합니다. 분석은 은유적 표현이나 피상적인 감상, 주관적인 경험이 아닌 대지의 경사, 인접한 도로의 폭, 인접 건물과의 거리, 주변 건물들의 높이 등 객관적이고 구체적이며 물리적인 요소를 바탕으로 이루어져야 합니다.

학생들은 구체화된 주변 맥락과 사전 연구한 건물 형태(Geometry)의 가능성을 고려하여 프로그램을 선택하고 설계를 진행합니다. 프로그램에는 제한이 없지만, 일정 규모 이상의 불특정 다수가 사용할 수 있는 문화시설을 포함한 건축물을 설계해야 합니다.

Project No.	Reference Buildings	Architect	Student
14	Cymbalista Synagogue and Jewish Heritage Center	Mario Botta	김송희
15	Serpentine Gallery Pavilion 2002	Toyo Ito and Cecil Balmond	정경원
16	Phillips Exeter Academy Library	Louis Kahn	이준범
17	Atelier Bisque Doll House	UID Architects	Zhang Eye
18	Board Contemporary Art Museum	Renzo Piano	최은진

Project Cymbalista Synagogue and Jewish Heritage Center

Architect Mario Botta

Program Religious facilities

Location Tel Aviv, Islael

Built Year 1998

Cymbalista Synagogue and Jewish Heritage Center는 스위스 출신 건축가 마리오 보타(Mario Botta)가 설계한 건물로, 1998년에 완공되었습니다. 이 건물은 텔아비브 대학교 내에 위치한 문화센터이자 유대교 예배당입니다. 이 건물은 두 개의 타워가 하나의 포디엄 위에 얹혀있는 형태로, 1층 포디엄 면적은 약 800㎡로, 주로 로비 공간과 부속시설이 위치합니다.

타워는 모두 동일한 형태로, 예배당으로 사용됩니다. 하층부는 정사각형, 상층부는 원형으로, 벽돌을 이용해 점진적으로 형태를 변화시키는 디자인이 매우 인상적입니다. 타워의 상단은 원형이지만, 지붕은 사각형으로 설계되었습니다. 당연히 지붕과 벽 사이에 틈이 생길 수밖에 없는데 Mario Botta는 이곳에 천창을 설계하였습니다. 4개의 반달 모양의 천창은 원에서 정사각형으로 변하는 벽에 반사광을 만들며 예배에 어울리는 은은한 자연채광을 제공합니다.

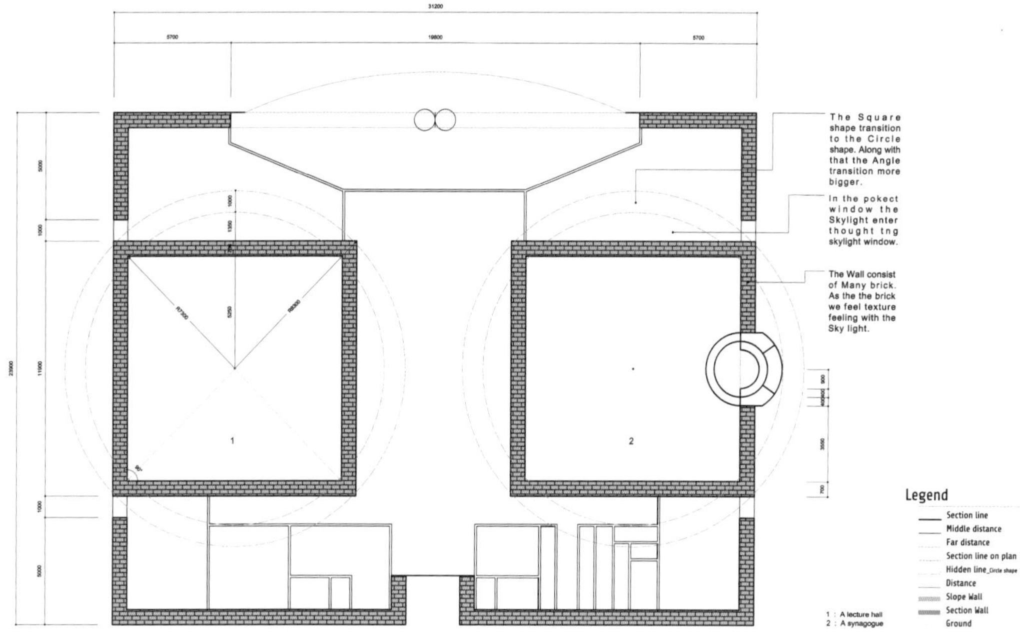

1st Floor Plan_Jewish Heritage Center

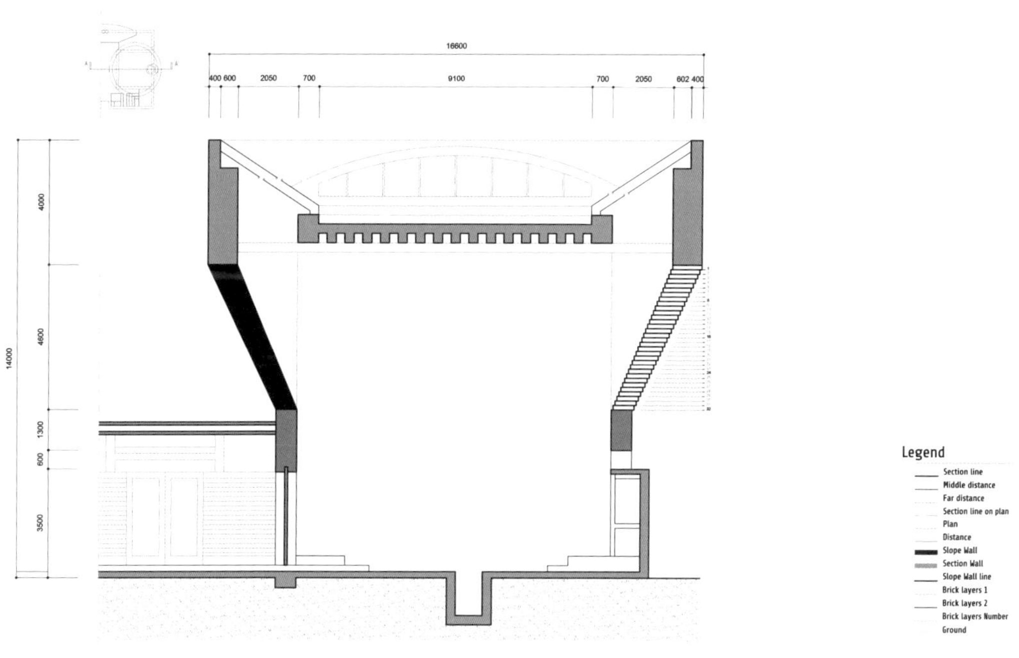

A-A' Section_Jewish Heritage Center

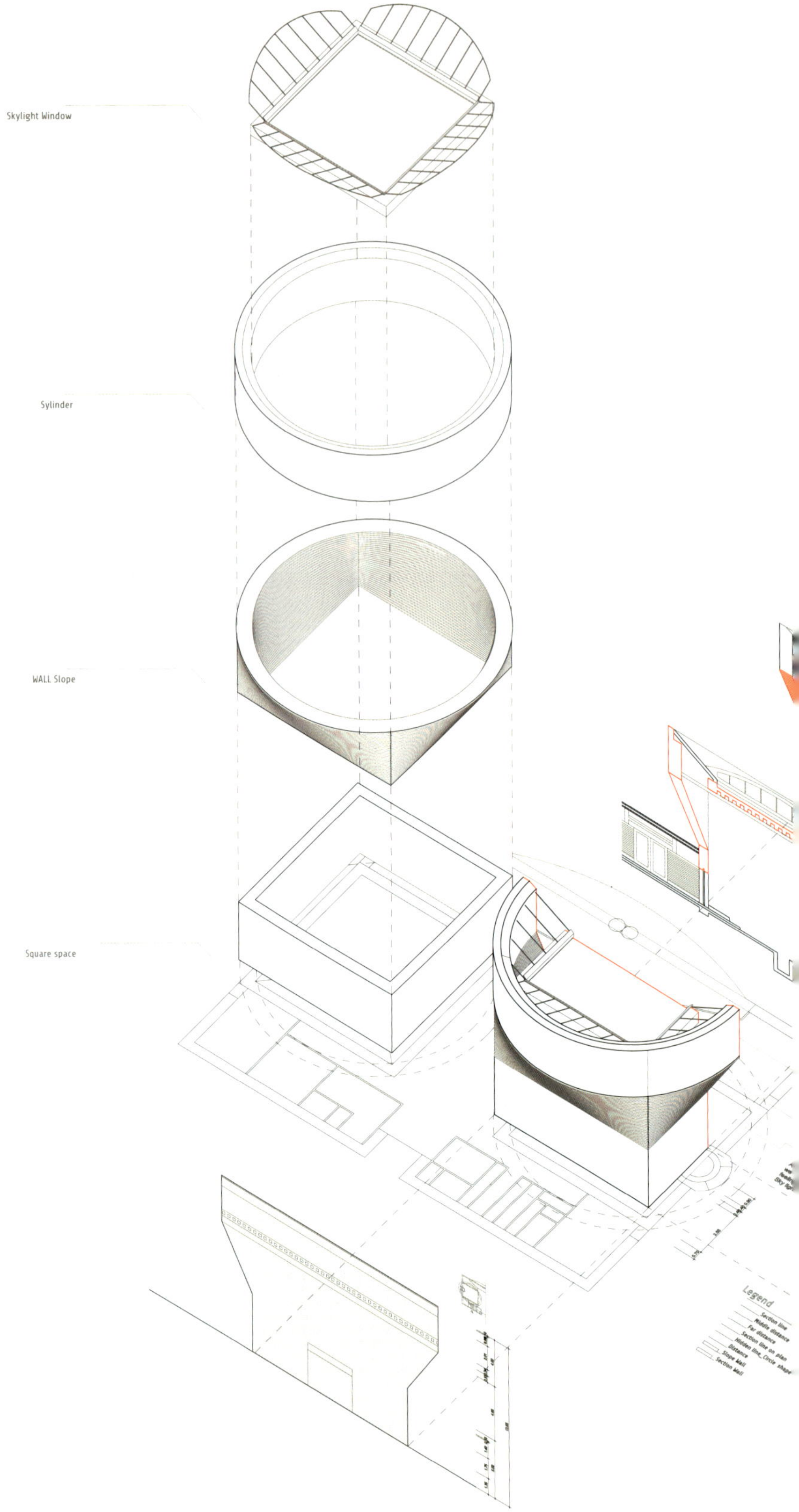
Skylight Window
Sylinder
WALL Slope
Square space
Legend

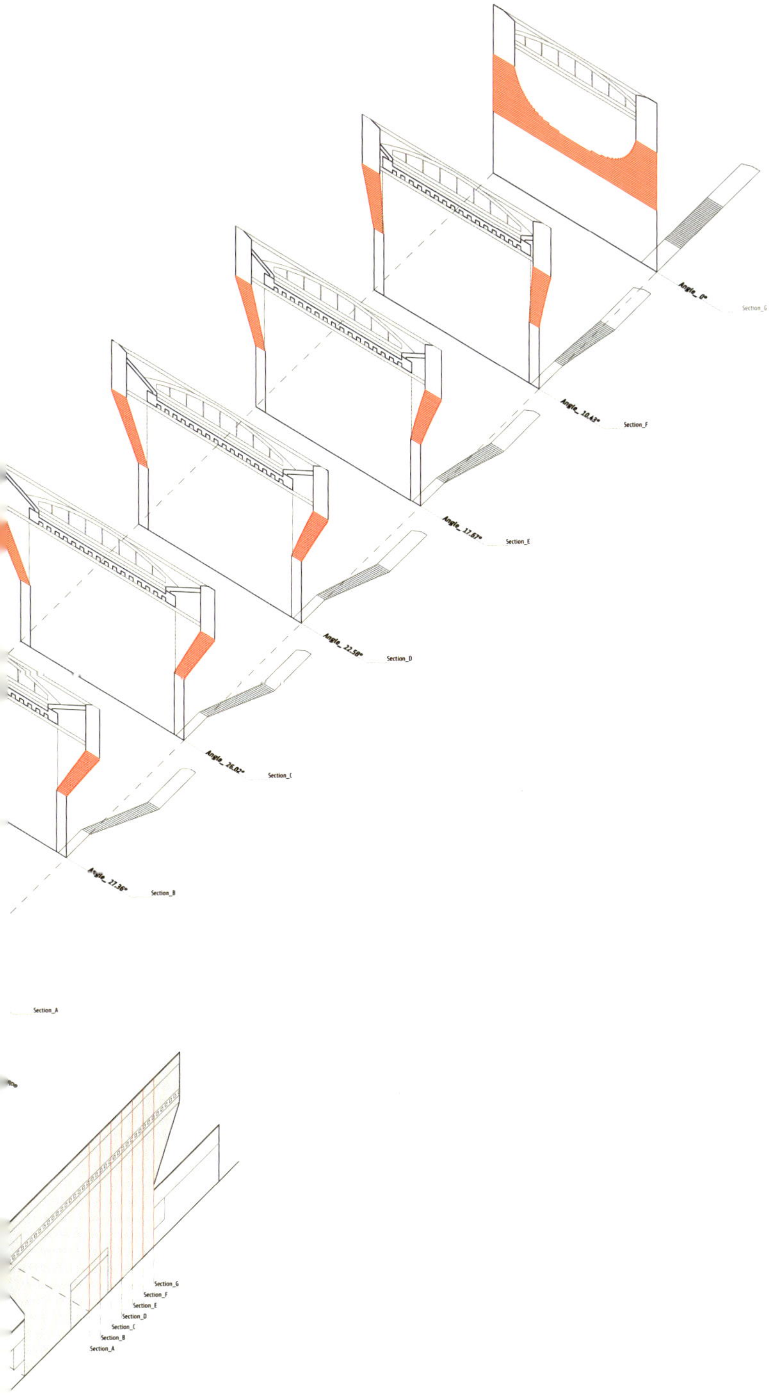

Indexical Surface

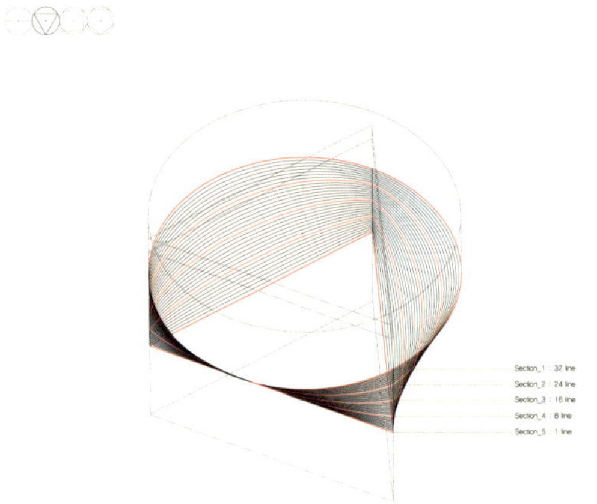

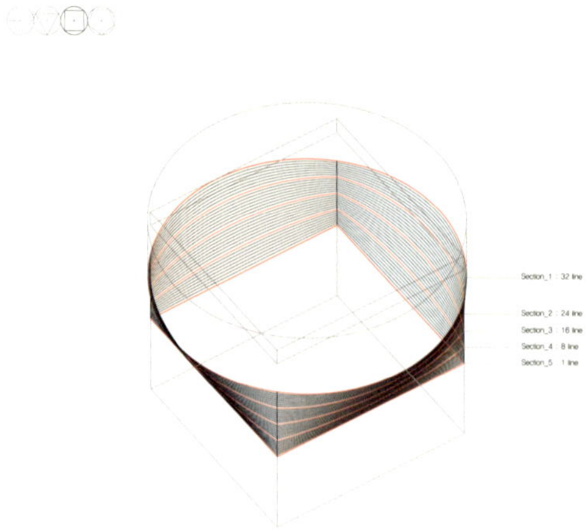

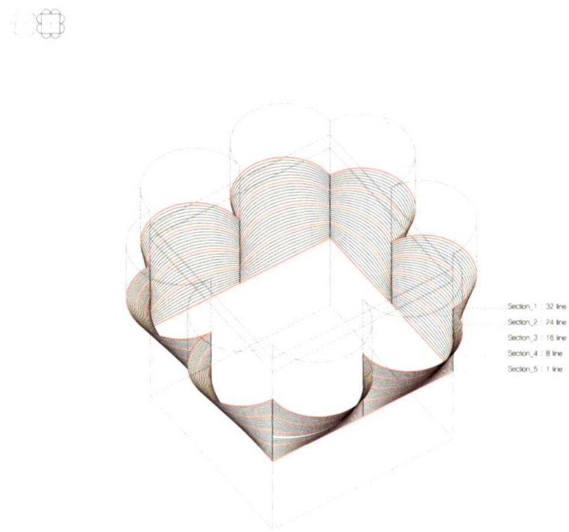

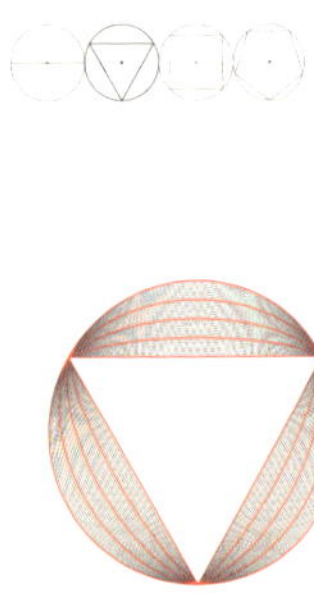

Experiment 1_ Triangle

I want to study many different effect of another giogrepy shape.
They show same effect
First : Change width of pokect window
Second : Have ruled surface

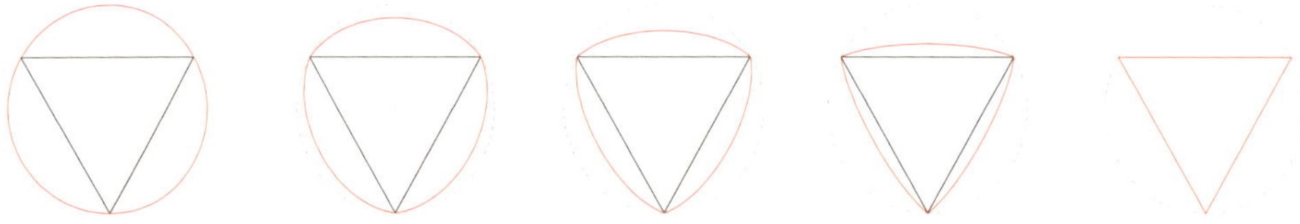

Section_1 : 32 line　Section_2 : 24 line　Section_3 : 16 line　Section_4 : 8 line　Section_5 : 1 line

Parametric Experiment_Plan Curve

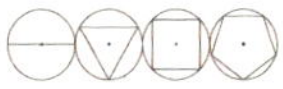

Conclusion : 1. The height is down from Section_1 to Section_5
2. The amount of light is reduced inside.
3. The edges are softened

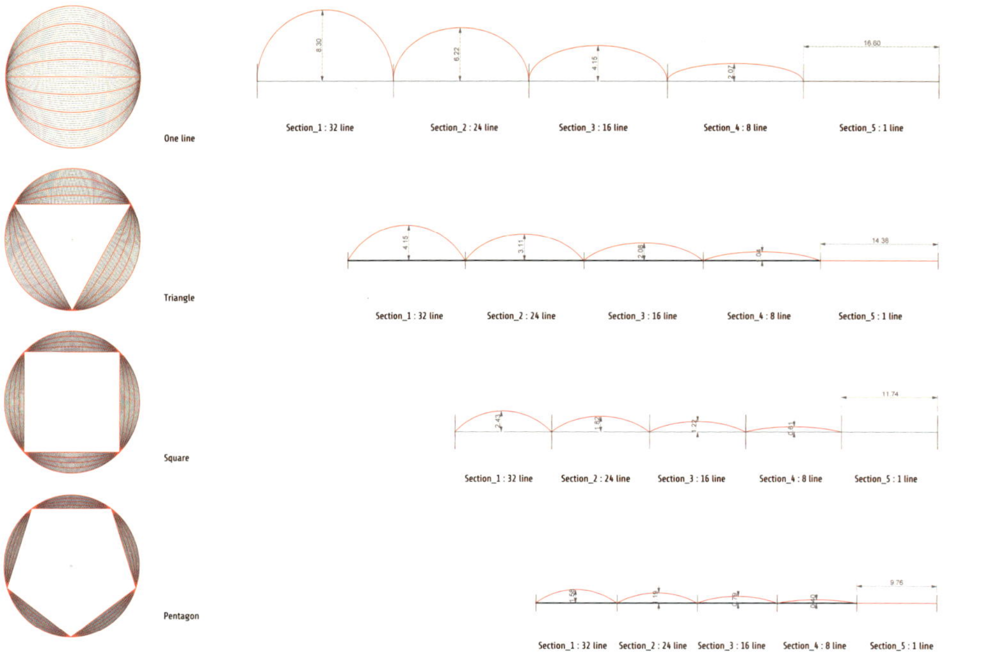

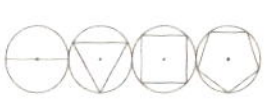

Conclusion : the edge is 0 degrees and the central part is a maximum digrees.

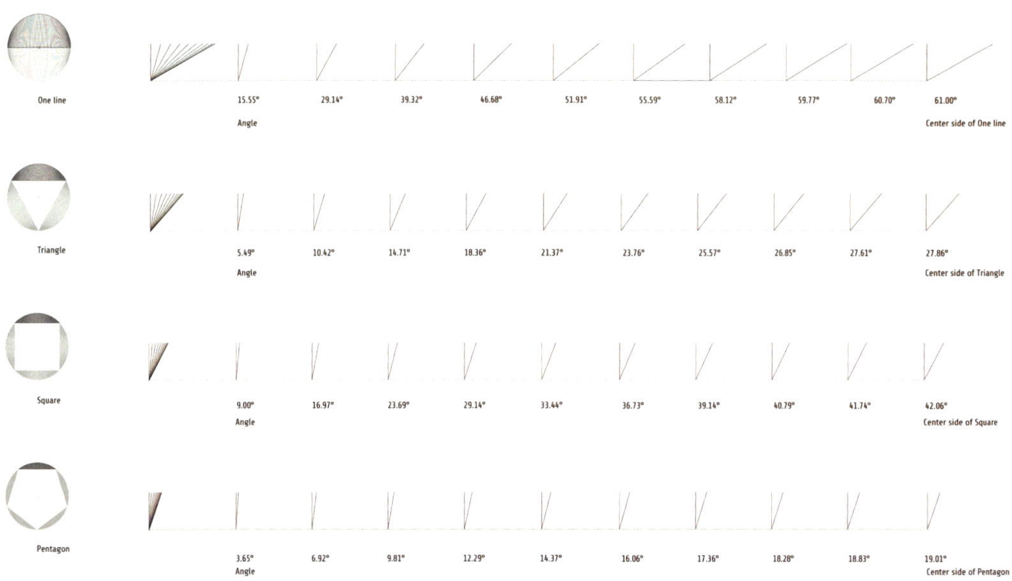

Parametric Experiment_Plan and Section Profile

Change width of pokect window

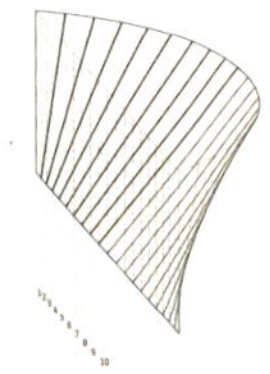

Exchange Slope

I want to study changing slope

First : Change width of pokect window
Second : Change slope angle

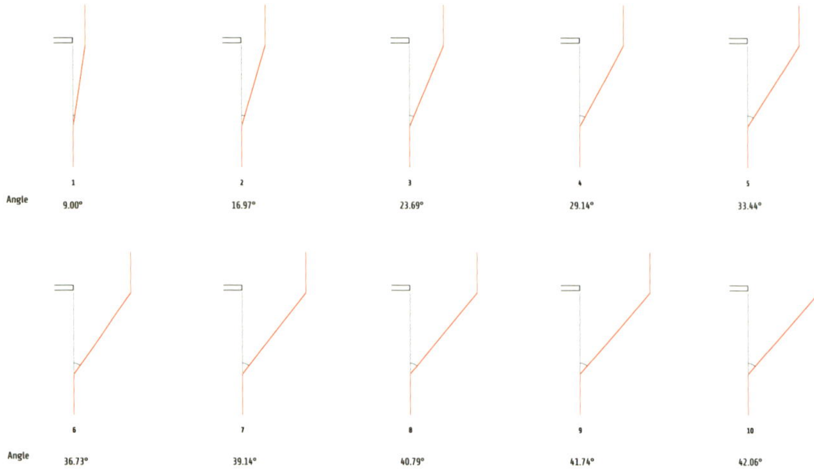

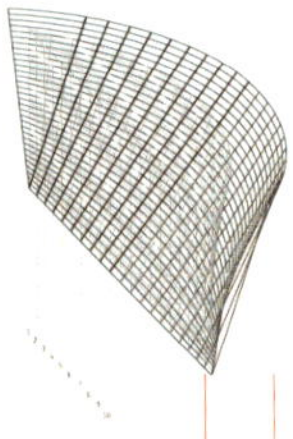

Exchange Slope

I want to study changing slope

First : Change width of pokect window
Second : Change slope angle
Third : It have two slope.

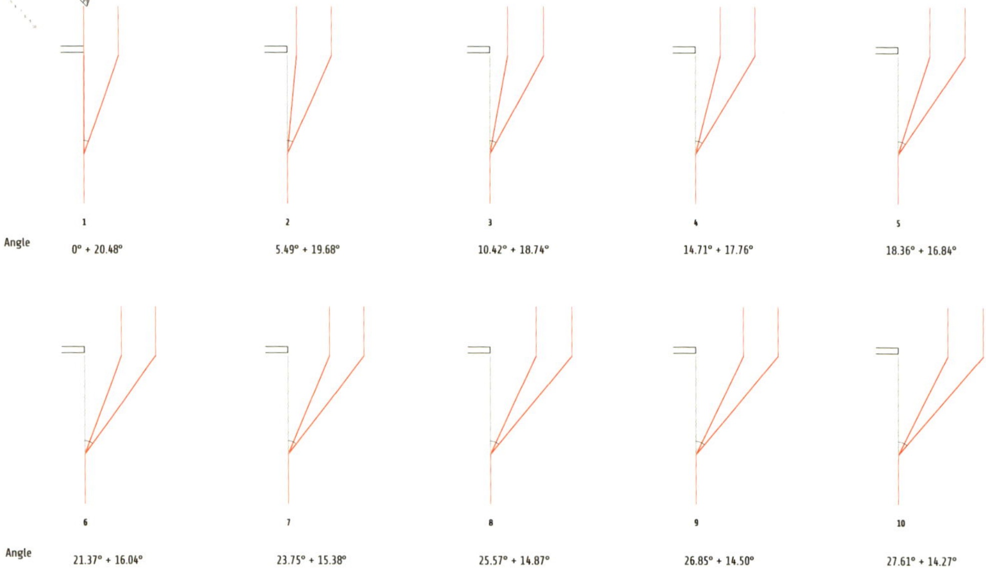

Parametric Experiment_Section Curve

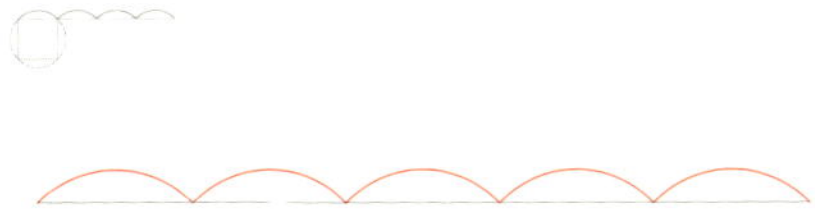

Long road space

This space program makes long road space.
and when walking the road, we feel light effect throught skylight.

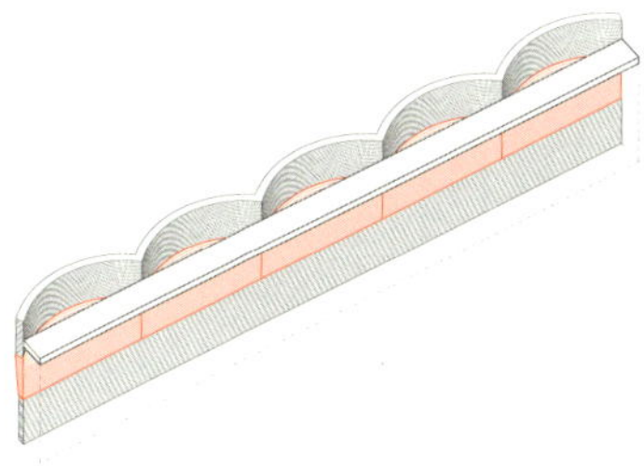

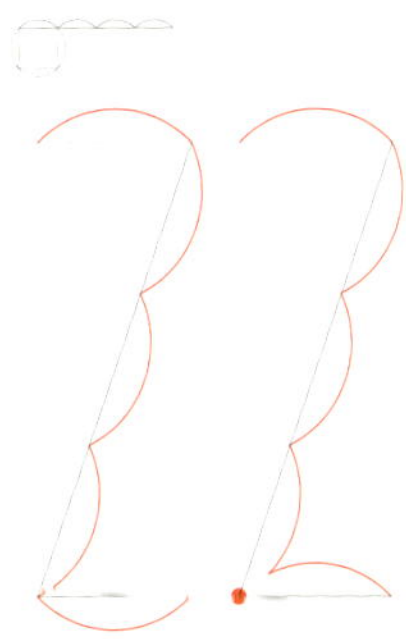

Triangle space

This space program makes triangle space.
and when turnning the coner, we feel opened space on the edge.

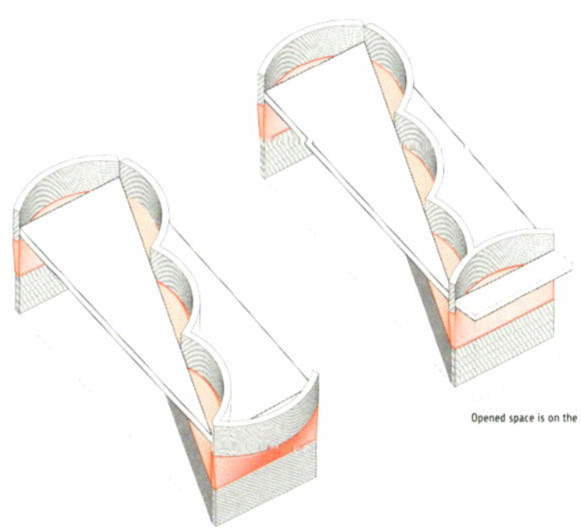

Square space

This space program makes square space.
and when turnning the coner, we feel opened space on the edge.

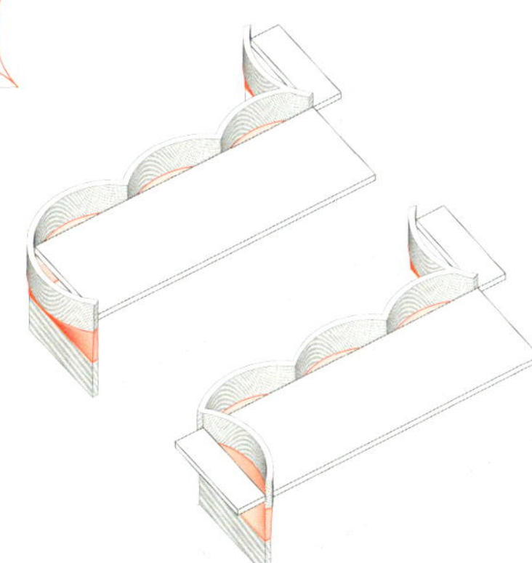

Design Development_Wall Arrangement

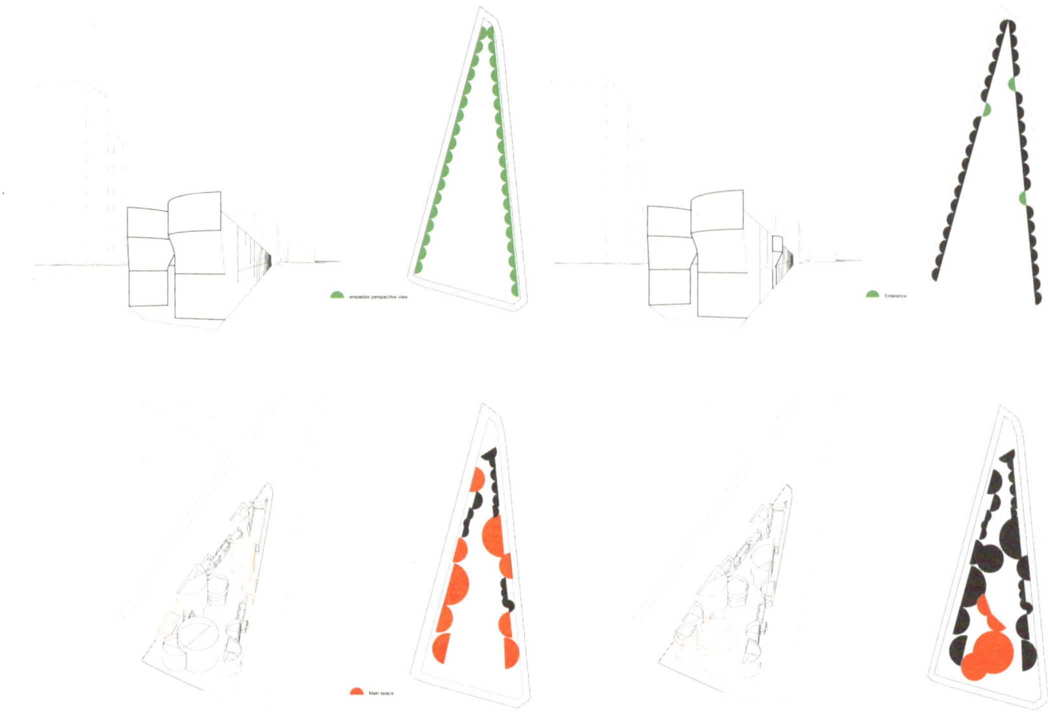

Design Development_Module Arrangement

프로젝트의 대지는 두 개의 거대 도시 블록이 분리되어 남겨진 삼각지와 같은 형태를 띠고 있습니다. 도심지의 문화시설을 설계할 때, 집객이 매우 중요한 요소로 작용하므로, 강남의 밀집 지역에서 흔히 볼 수 있는 일직선의 가로 대신 골목길처럼 다양하고 아기자기한 도시 가로를 설계하는 방법을 선택했습니다. 기존 대지에 있던 상업적 프로그램을 대부분 수용하면서, 소규모 영화관이라는 새로운 문화 시설도 추가되었습니다.

Mario Botta의 타워 형태에서 영감을 받아, 바닥과 지붕의 형태와 벽의 기울기를 조절하며 새로운 프로그램에 대응할 수 있는 공간의 가능성을 연구했습니다. 또한, 대지의 현황에 맞춰 직선 가로에 대응할 수 있도록 형태를 변형하는 작업도 병행했습니다. 추출된 형태는 원형 그대로 사용하거나 반원형으로 사용하였는데, 도로와 접한 면에는 반원형 모듈을 배치하여 직선 도로가 만든 블록의 경계에 대응했습니다. 내부에는 곡면을 주로 배치해, 방문자가 흥미를 느낄 수 있는 도시 가로를 형성했습니다.

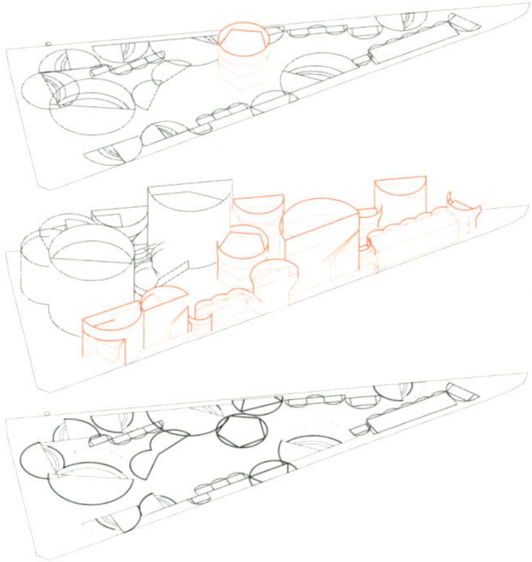

Tikect office

I want to express spread calculation.
So I chose Pentagon shape.

Gallery

I want to express flowing space for people.
So I chose circle layer space.

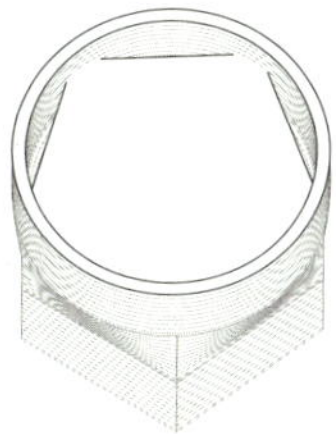

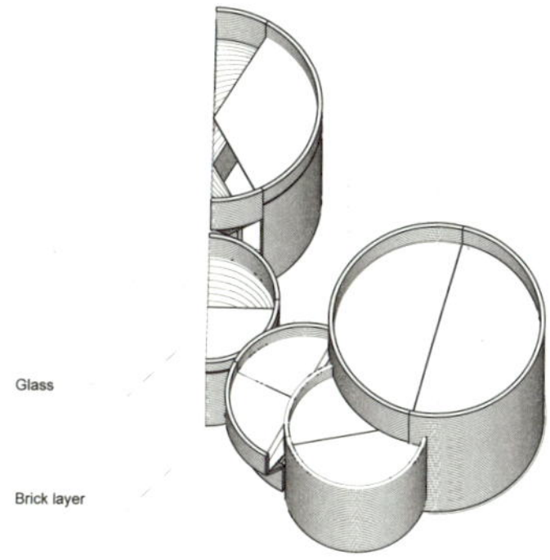

Design Development_Module Arrangement

Perspective_Bird's Eye View

Project	Serpentine Gallery Pavilion 2002
Architect	Toyo Ito and Cecil Balmond
Program	Gallery
Location	London, UK
Built Year	2002

런던 중심부에 위치한 하이드 파크(Hyde Park)는 런던에서 가장 큰 공원으로, 그 중심에는 뱀처럼 길게 이어진 인공호수인 The Serpentine이 있습니다. 이 호수의 남쪽에는 Serpentine Gallery가 자리하고 있는데, 2000년부터 매년 여름 유명 건축가를 초대해 파빌리온을 설계하고 건축하는 전통을 이어오고 있습니다. 2002년의 Serpentine Gallery Pavilion은 일본 출신 건축가 도요 이토(Toyo Ito)와 영국 출신 디자이너 겸 구조기술자인 세실 발몬드(Cecil Balmond)가 공동 설계했습니다.

이 파빌리온의 외피 패턴은 복잡해 보이지만, 분석해 보면 회전과 확장을 거듭하는 정사각형들이 교차하며 만들어집니다. 이러한 선의 교차로 형성된 수많은 삼각형과 사다리꼴 형태를 유리로 투명하게 마감하거나 철재 벽으로 불투명하게 마감하여 직사각형의 하얀 케이크를 불규칙한 사선으로 잘라내 일부를 빼낸듯한 독특한 시각적 효과를 연출합니다.

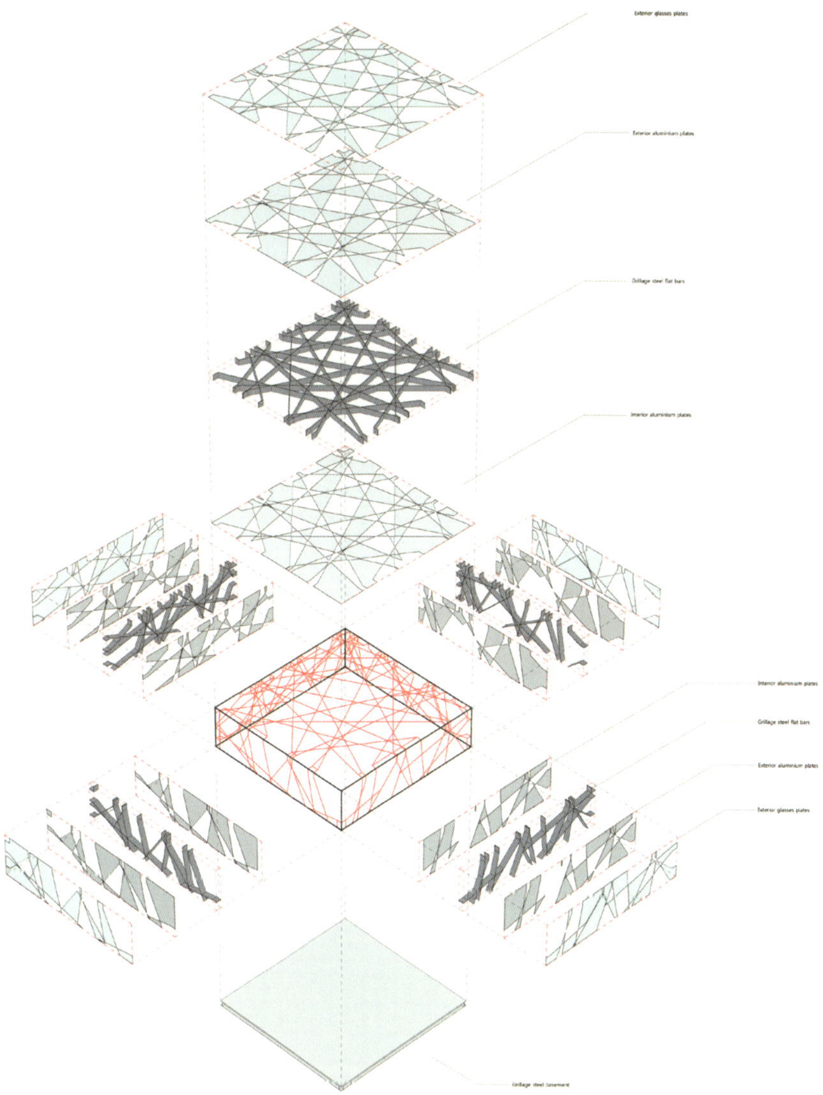

Indexical Surface

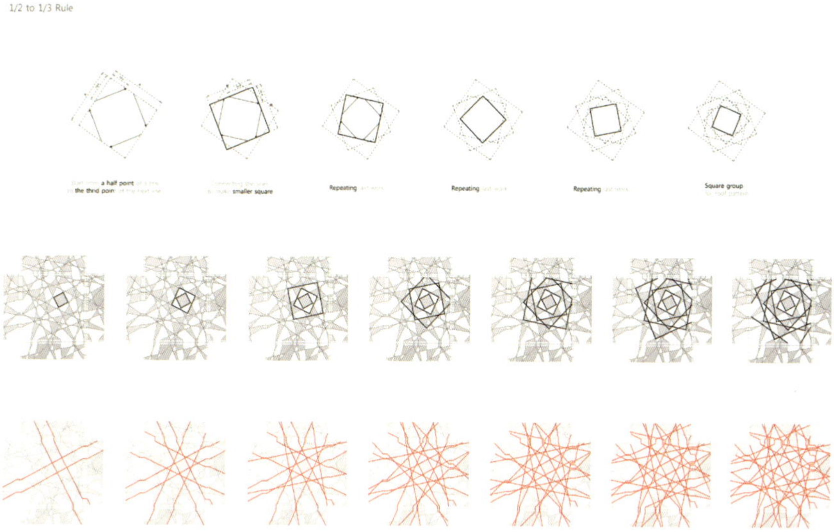

Geometry Analysis_Algorithm and Parameter

Triangle

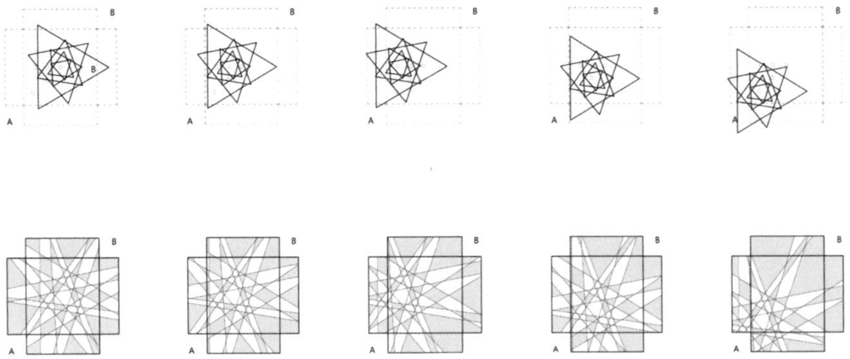

Square

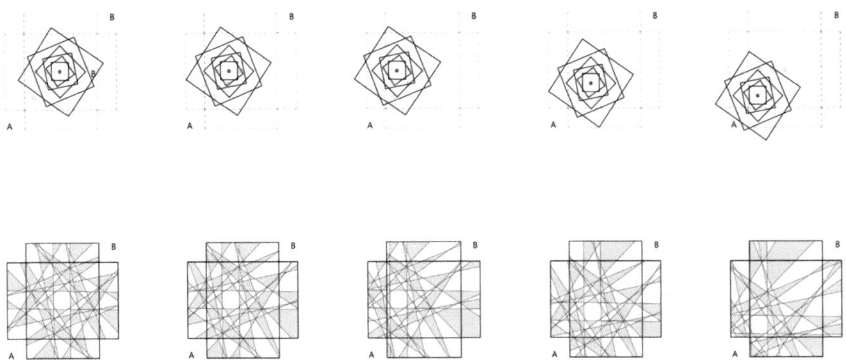

Pentagon

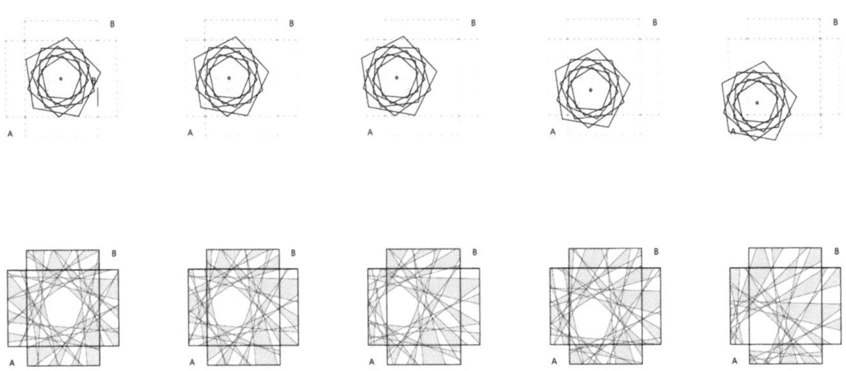

Parametric Experiment_Application of Pattern

Triangle

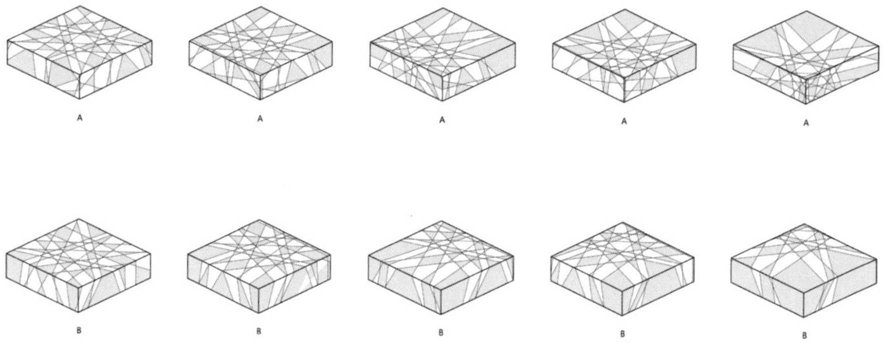

Square

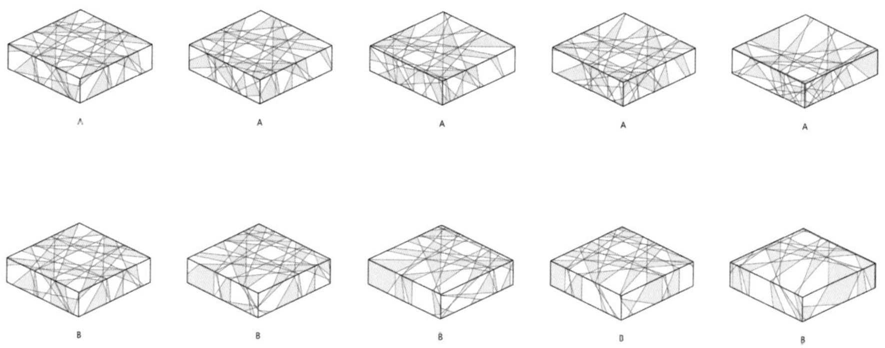

Pentagon

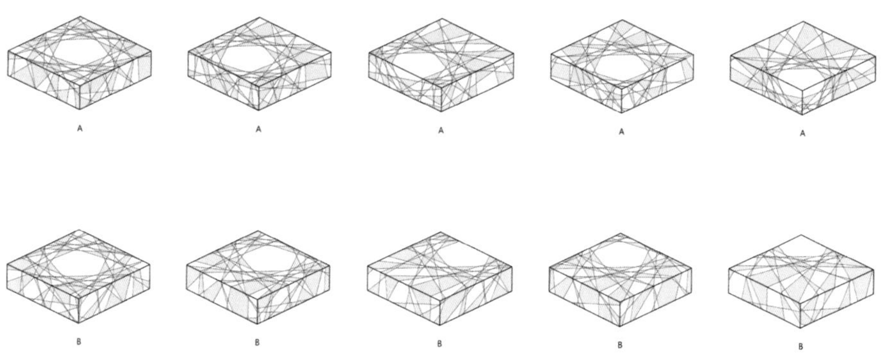

Parametric Experiment_3D Pattern Application

The original architecture was made of **steel frames.** And the feature is that **connecting parts.** When the steel frames of wall connect with roof's frames, it **bends vertically, horizontally** to joint each other. I **erected structural frames** of roof to the different height. I've tried to find some architectural potential for structure, **inner walls and partition.**

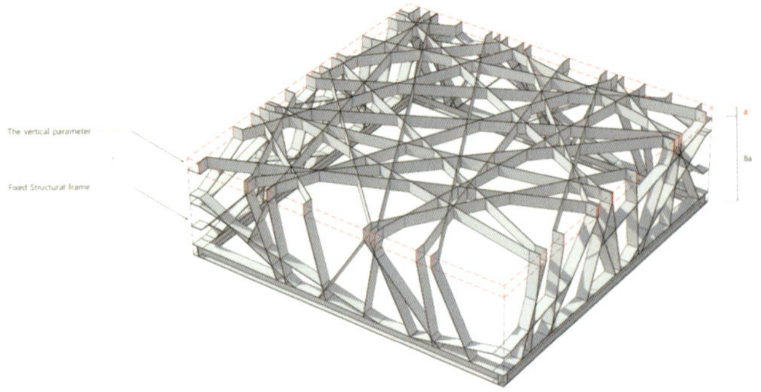

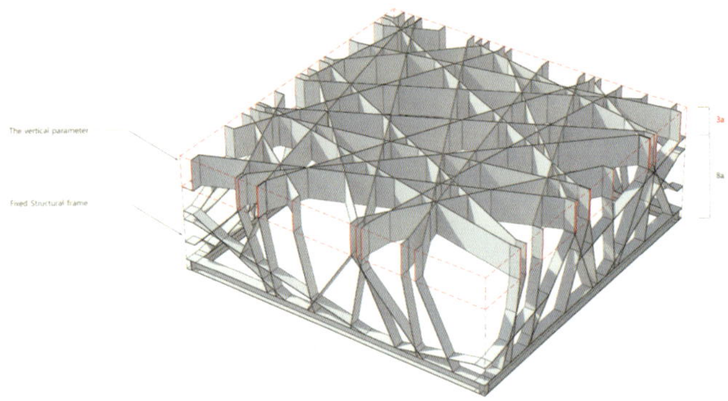

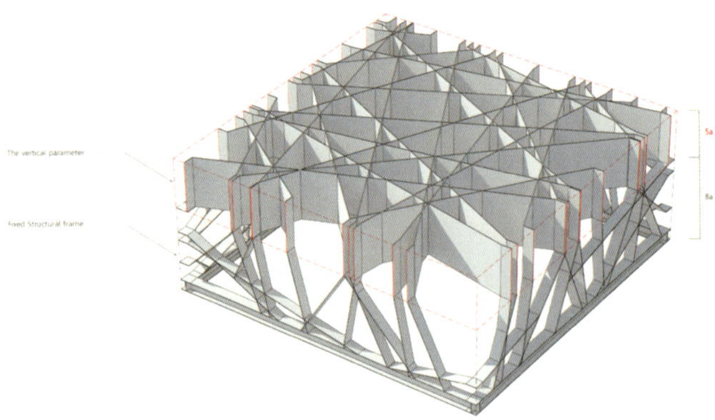

Parametric Experiment_3D Pattern Application

The original architecture was made of **steel frames**. And the feature is that **connecting parts**. When the steel frame of wall connect with roof's frame, it bends vertically, horizontally to join each other.
1) I extend the frames of wall to **the different depth**. I've tried to find some architectural potential for **wall, floor and ramp** to make spaces like dress room.
2) And also I've experimented that I made walls by **following a diagonal line** of wall and a diagonal line of roof. Even if Toyo Ito tried to make pure empty space by using this frame structure, I thought I also could have other potential for **making walls or partition or shelf** for flagship store.

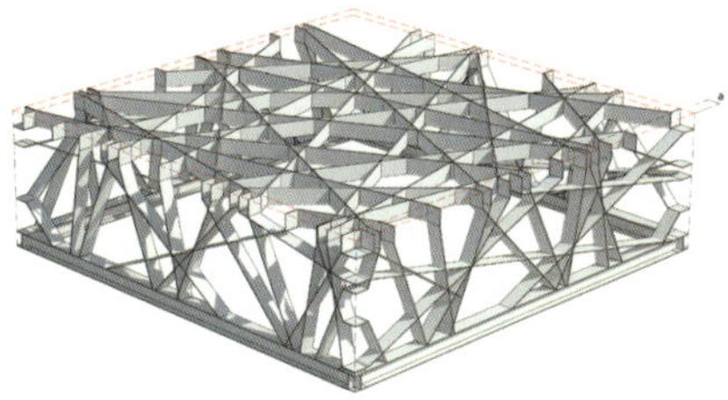

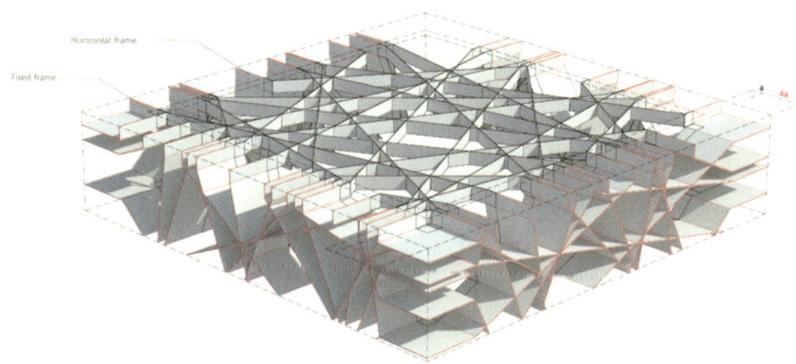

Parametric Experiment_3D Pattern Application

프로젝트의 프로그램은 플래그십 스토어(Flagship Store)로, 이는 단순히 판매 기능을 넘어 브랜드 정체성을 홍보하는 매장을 의미합니다. 이에 따라 브랜드 관련 전시나 행사를 위한 공간을 포함한 설계가 요구됩니다. 대지는 강남의 상업 지역에 위치하며, 주변에는 명품 브랜드들의 플래그십 스토어가 밀집해 있습니다.

프로젝트는 Serpentine Gallery Pavilion의 형태 생성 논리를 바탕으로, 패턴의 기본 도형, 공간의 크기, 부재의 두께 등을 변형하며 연구를 진행했습니다. 동시에 플래그십 스토어에 필요한 세부 공간들을 조사하고 이를 적절히 배치했습니다. 최종 디자인은 의도적으로 외벽을 두껍게 하여 건물의 '스킨(skin)'이 강조되도록 설계되었습니다. 이 스킨은 단순히 외벽 역할에 그치지 않고 건물을 지탱하는 구조체이며 동시에 상품 진열까지 가능하게 합니다. 반면에 내부는 기둥 없는 정방형의 넓은 공간이 되어, 전시와 행사를 자유롭게 진행할 수 있는 유연함을 제공합니다.

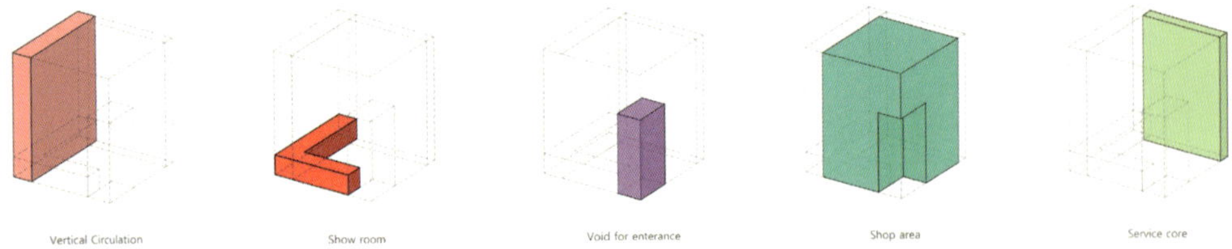

I suggest that the volume of my building and set the some **criteria** to apply algorithm rule.
Left street is good for **display** and right side of building is a high **void for main enterance**
Back street where face to narrow street is **service area** like equipment core and elevator, etc
Vertical circulation and **Show room** are more critical criterian to decide the pattern

Program Arrangement

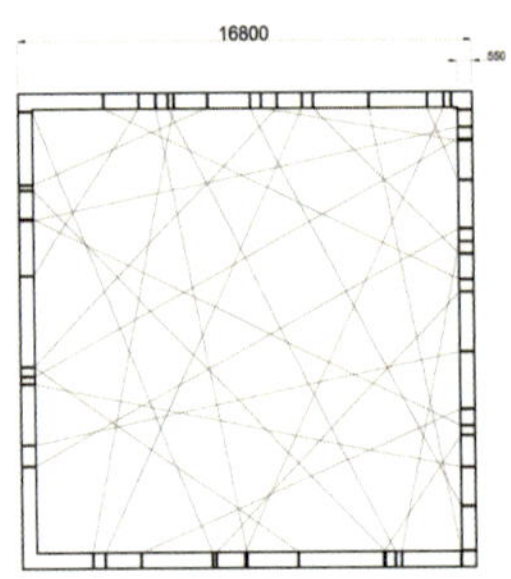

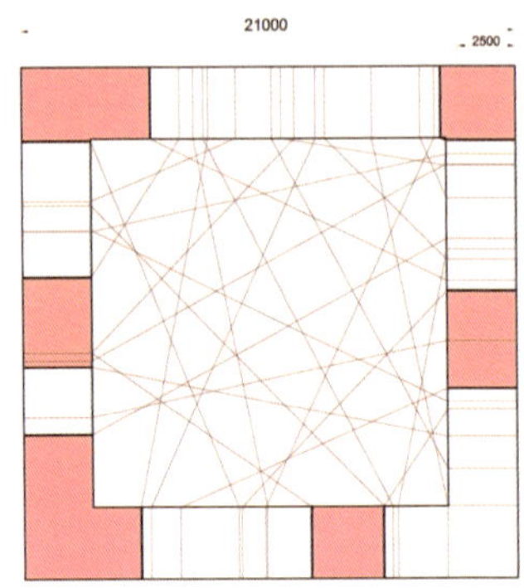

Scale 1:200

When i extruded the structural frames, i thought it could emphisize on solid and void like carving.
And also those frames would contain **a space like shelf, toilet, office and dress room, etc.**

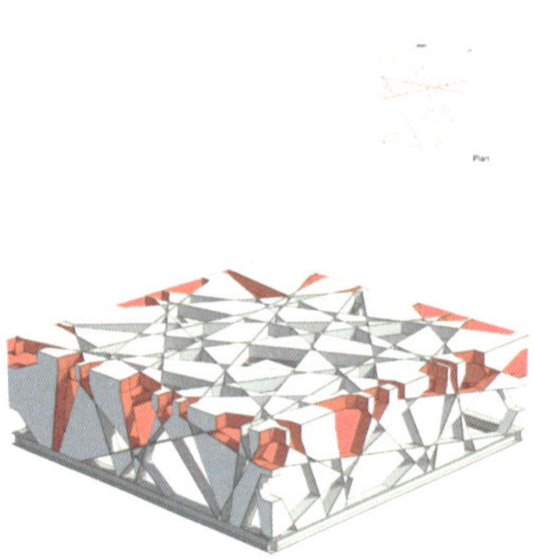

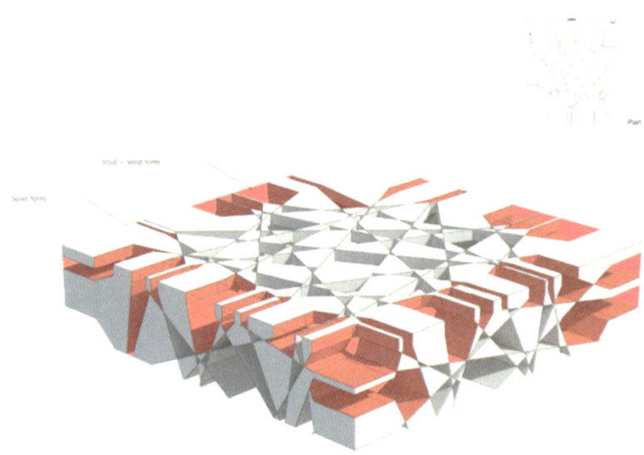

When i extruded the structural frames, i thought it could emphisize on **solid and void like carving.**
And also those frames would contain a space like dress room, shelf, office and storage

Design Development_Thickness of Skin

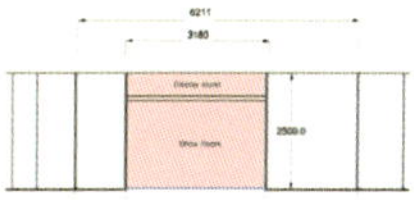

Plan

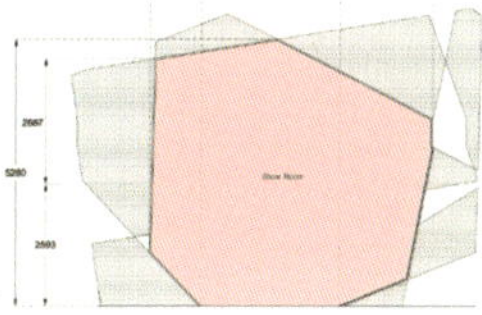

Elevation

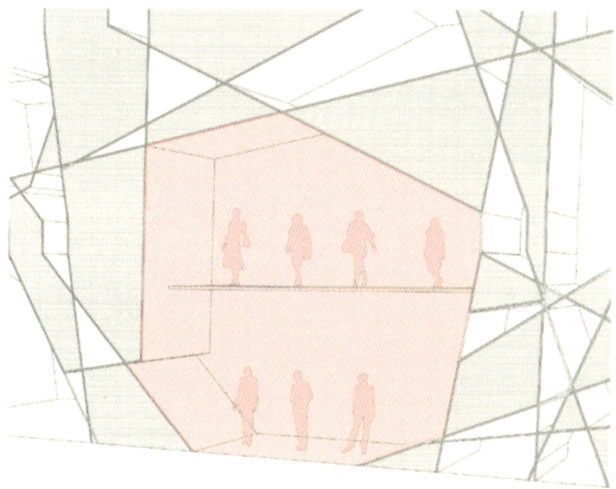

3D View

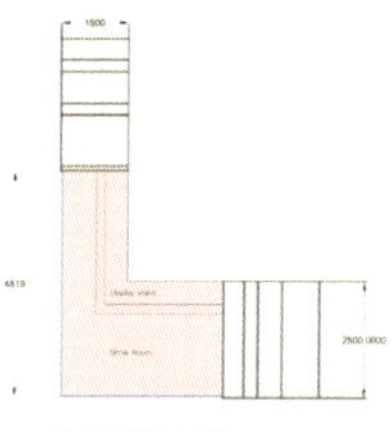

Plan

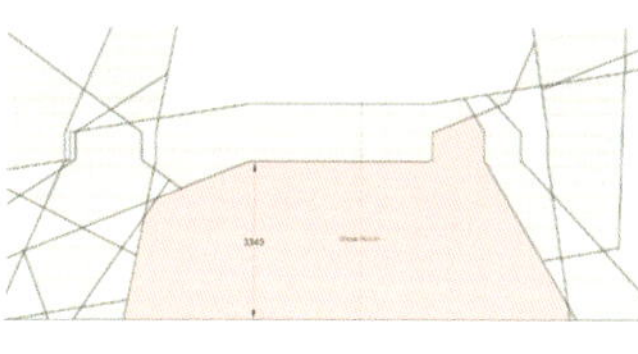

Elevation

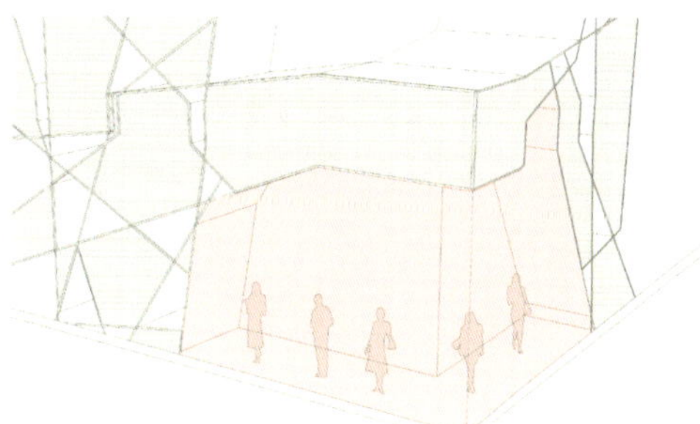

3D View

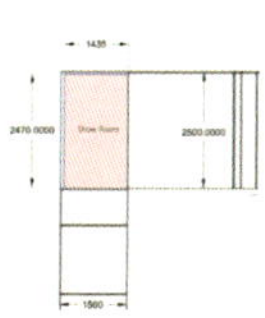

Plan

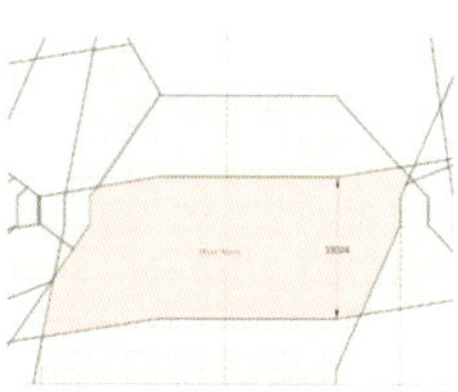

Elevation

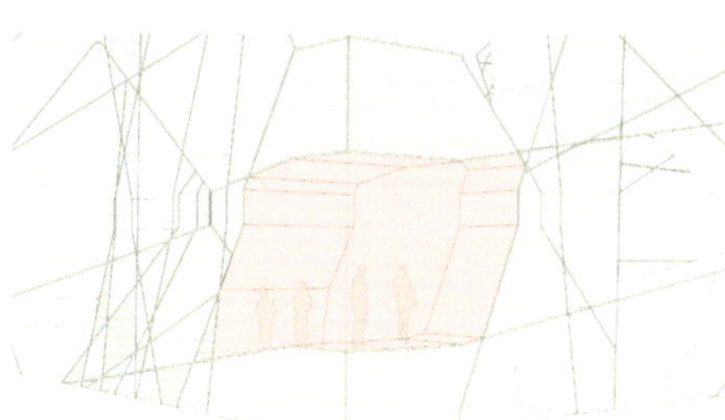

3D View

Design Development_Show Room

Scale 1:300

4F Plan

Scale 1:300

Front Elevation

Some long and low frame could be a shelf for displaying products.
Front elevation frames on third and forth floor are possible to be a shelf

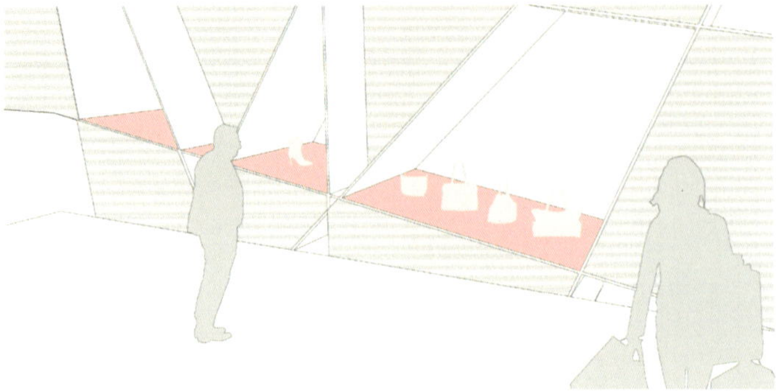

3D View

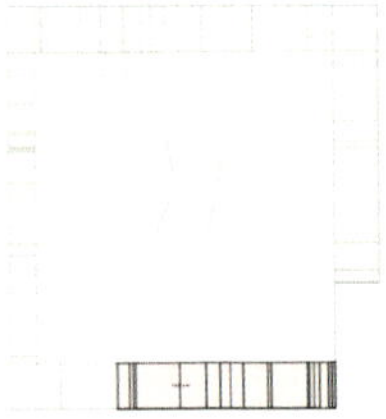

Scale 1:300

4F Plan

Scale 1:300

Front Elevation

Some long and low frame could be a shelf for displaying products.
Front elevation frames on third and forth floor are possible to be a shelf

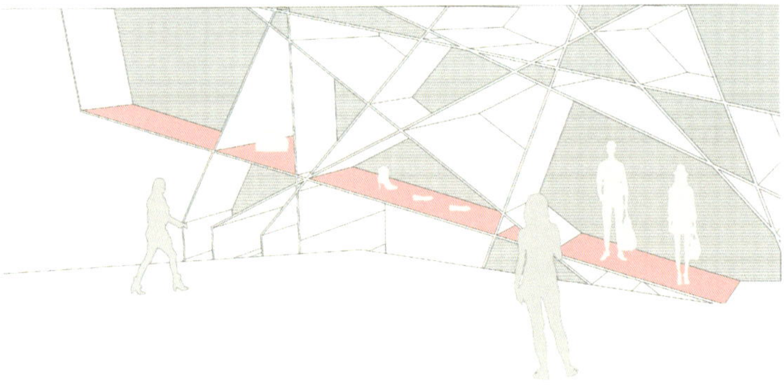

3D View

Design Development_Shelve

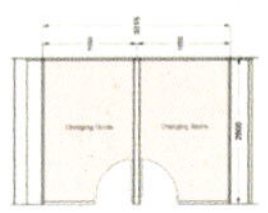

Scale 1:100

Plan

Scale 1:300

Right Elevation

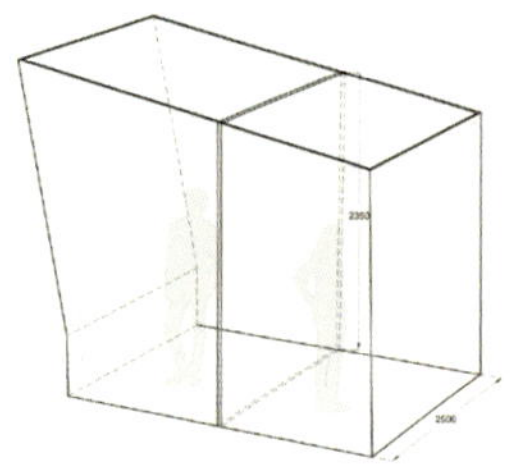

3D View

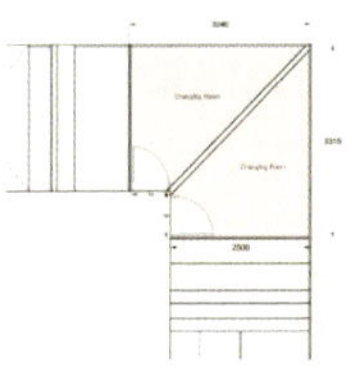

Scale 1:100

Plan

Scale 1:300

Right Elevation

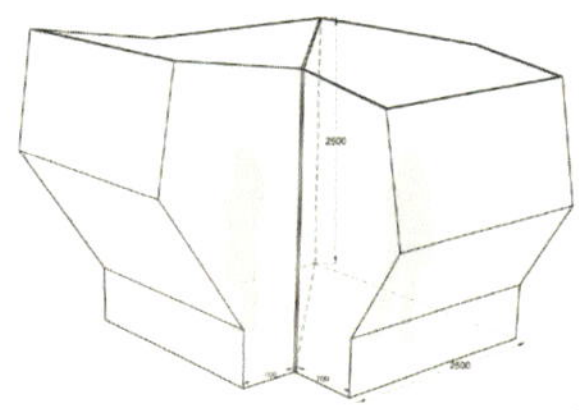

3D View

Some space like dress room, toilet or staff office coud place between frame and frame. This kind of space is not cubic style. But it could satisfy functions for a programe.

Design Development_Dress Room

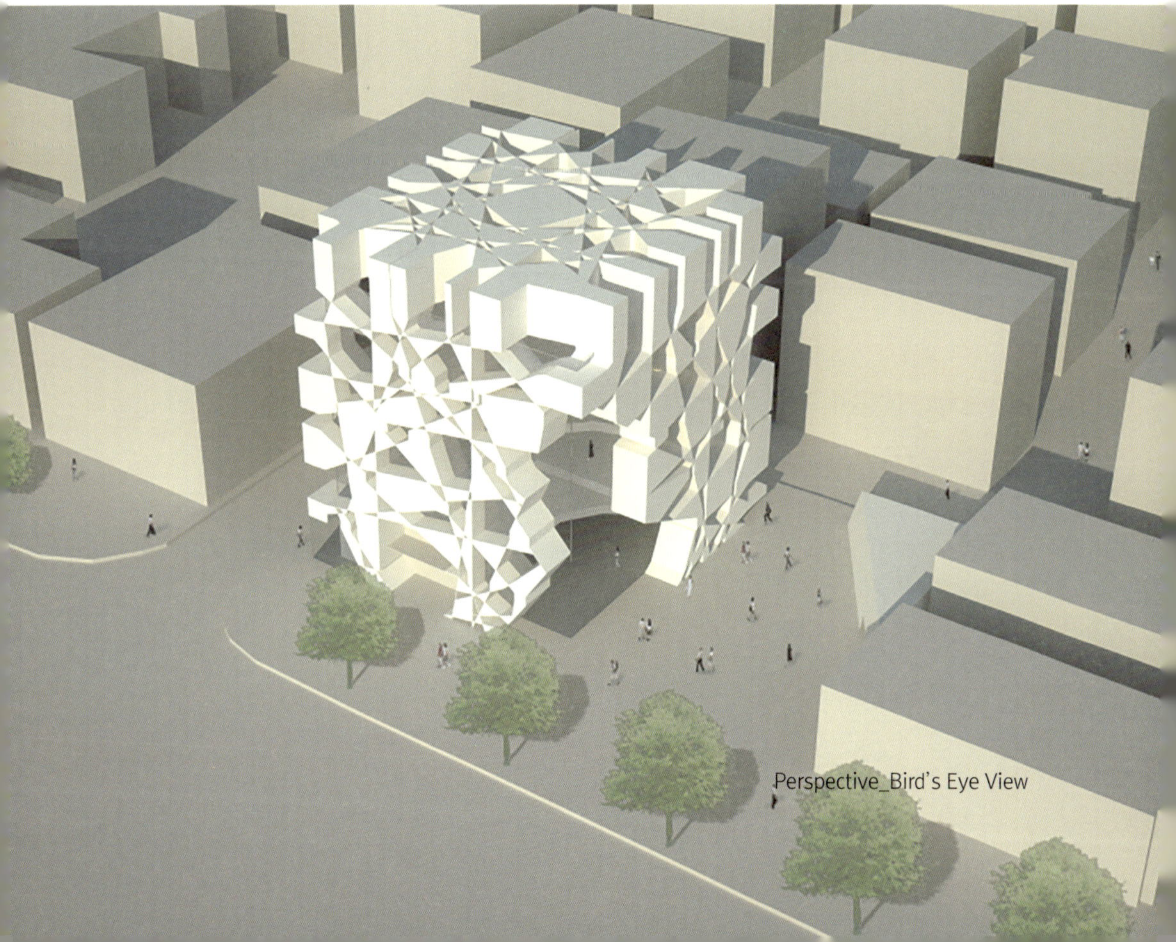

Perspective_Bird's Eye View

Project	Phillips Exeter Library
Architect	Louis Kahn
Program	Library
Location	Exeter, New Hampshire, USA
Built Year	1972

1965년 Louis I. Kahn은 Phillips Exeter Academy로부터 교내에 도서관 설계를 의뢰받았고, 이 도서관은 1972년에 완공되었습니다. 전체적으로 지역에서 생산되는 벽돌을 외장재로 사용하고 내부에는 목재와 돌의 느낌을 주는 노출 콘크리트 등 자연재료를 주로 사용하였습니다. 정사각형 평면에 높이 또한 평면의 한 변과 비슷해 보여, 전체적으로 정육면체의 느낌을 줍니다.

평면은 크게 3개의 켜로 구성되어 있습니다. 가장 바깥쪽 켜는 창을 통해 들어오는 자연채광이 우수하여 학생들이 앉아서 책을 읽을 수 있는 책상이 배치되어 있습니다. 그 안쪽으로는 책이 있는 서가가 배치되어 있으며, 가장 가운데에는 1층부터 천창까지 연결된 아트리움(atrium) 공간이 있습니다. 서가 공간과 아트리움 공간은 네 개의 내벽에 의해 구분되며, 이 벽들은 지붕을 떠받치는 'X'자 형태의 보의 하중을 받아내는 구조적 역할을 하면서, 동시에 가운데 원형의 개구부를 통해 두 공간을 시각적으로 연결합니다.

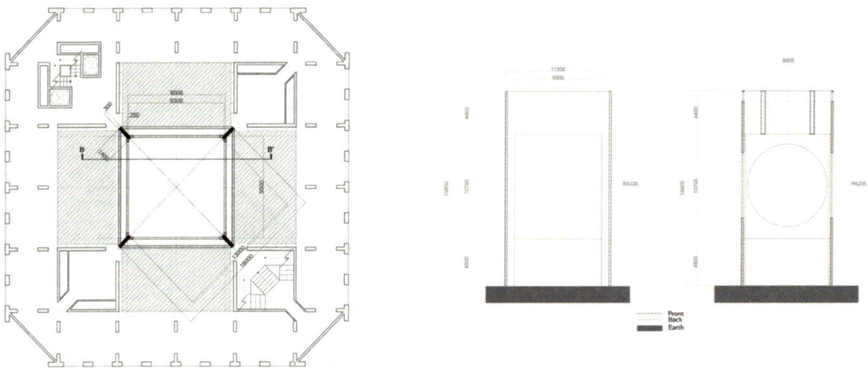

Plan and Section_Phillips Exeter Library

Rotated Column / Diagonal Beam
- This structure is unusual structure from others.
  Commonly structure is parallel space and structure each other.
  But this is not like that. Structure is rotated to 45 degree with space.

Crossing Module
- Composed of three kind of part :
  Diagonal beam, Rotated column, Partition wall

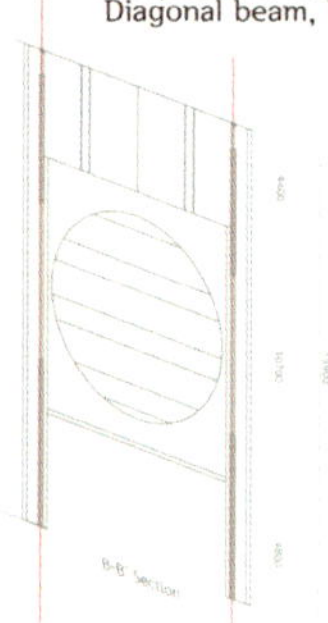

Partition wall
- It has a little structure meaning, but become a border of space

Axonometric_Module Analysis

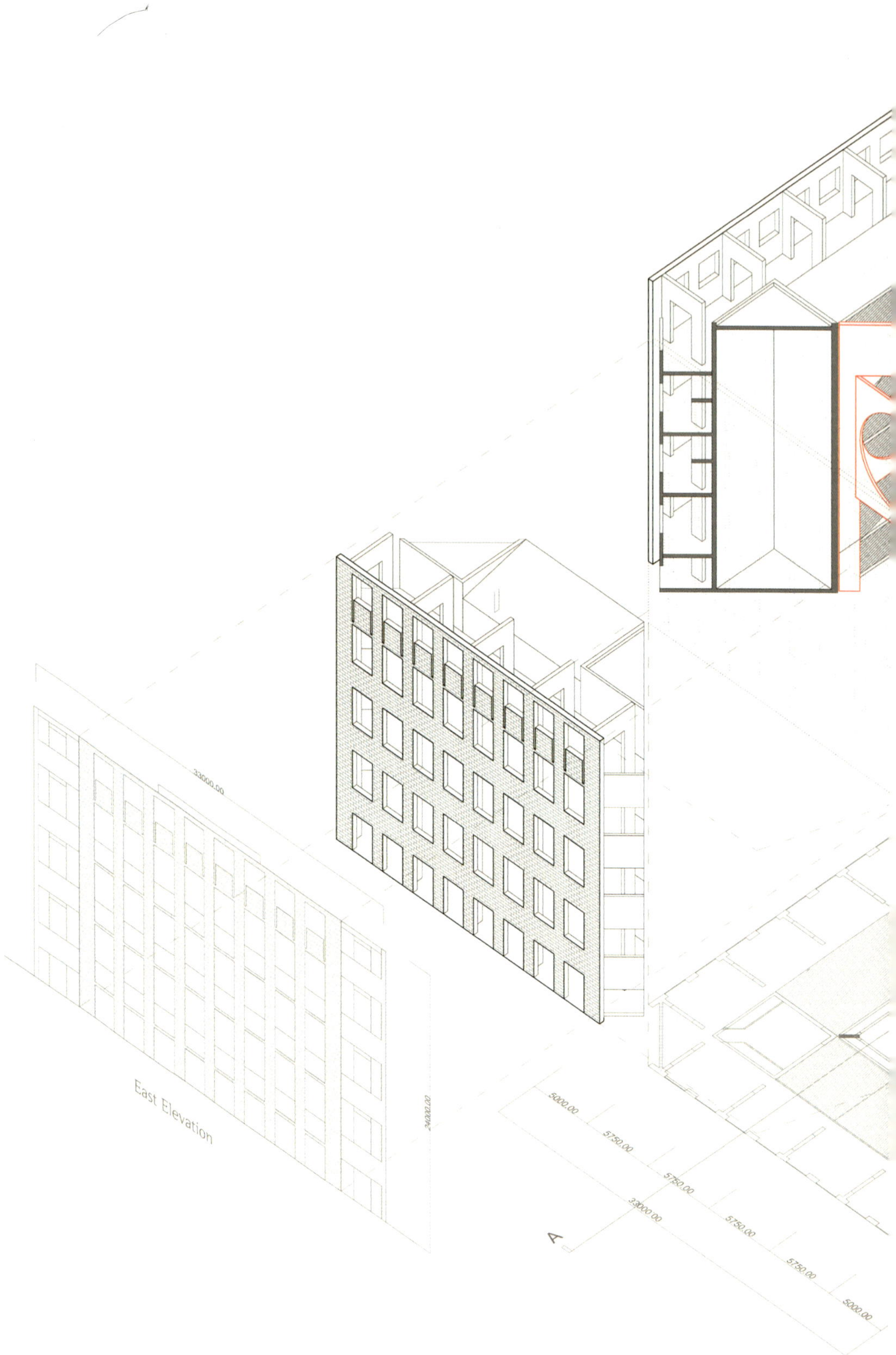
33000.00
East Elevation
24000.00
5000.00
5750.00
5750.00
33000.00
5750.00
5750.00
5000.00
A

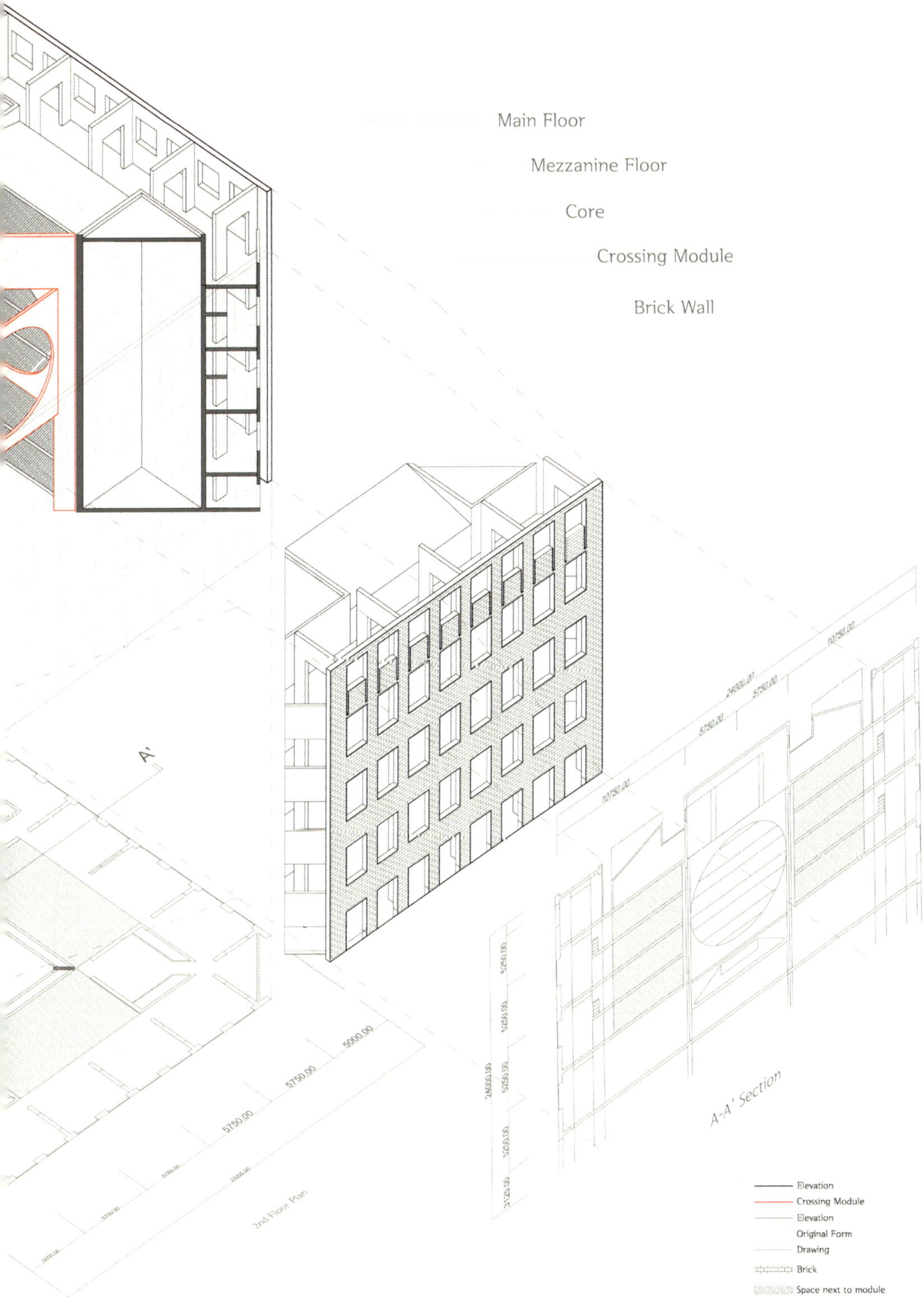

Indexical Surface

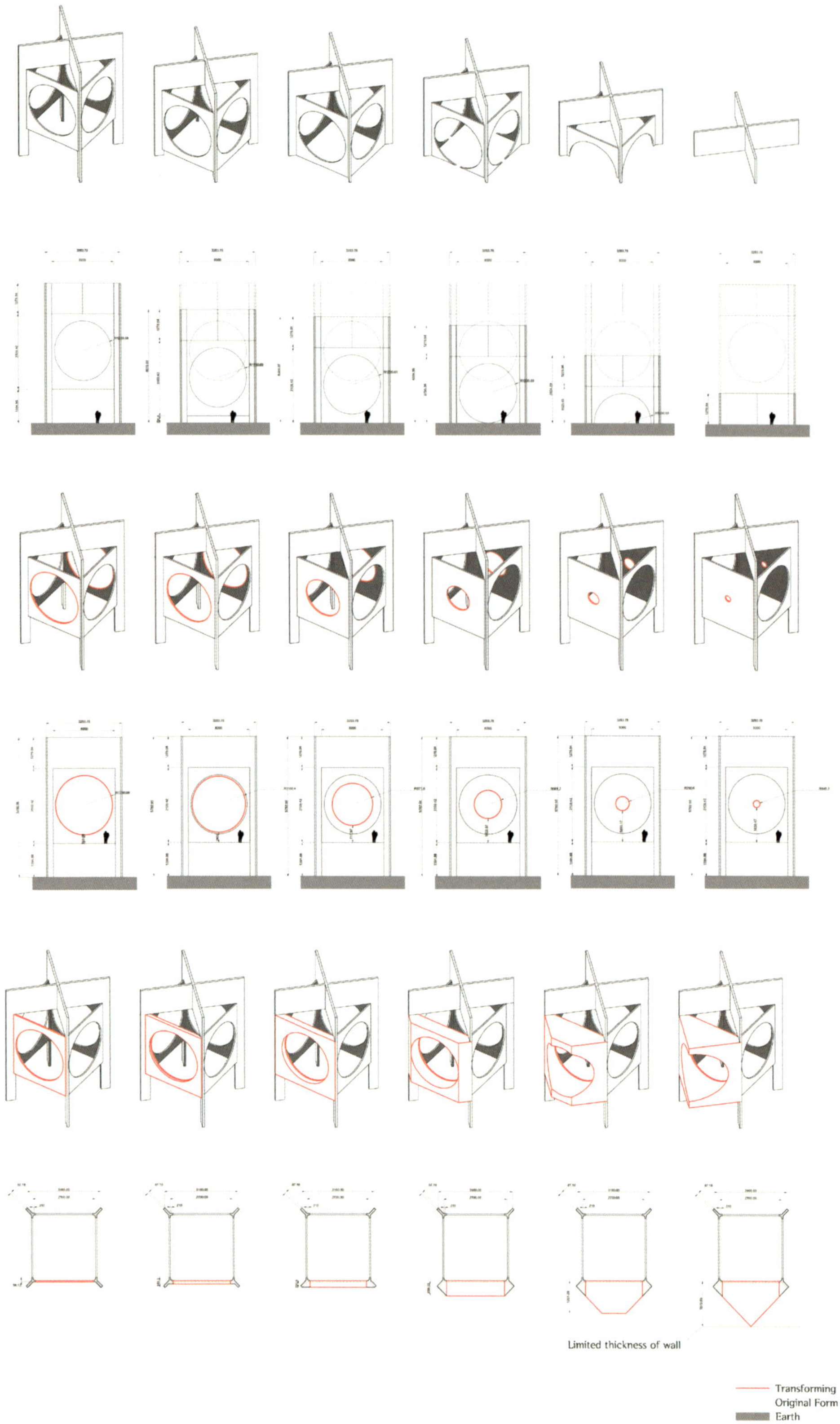

Parametric Experiment_Module

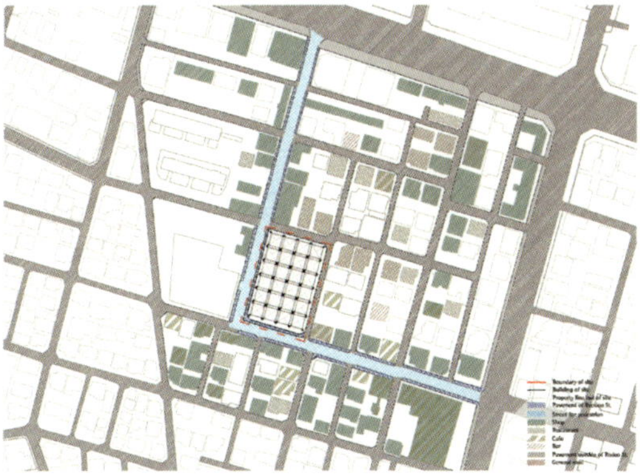

This is the case that arranged orgin size of CROSSING MODULE

a. Setting the square(4x4)

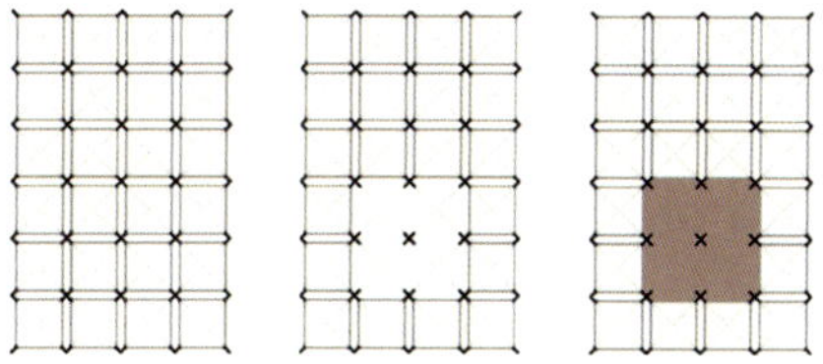

b. Dispose the program based on the principle od space composition

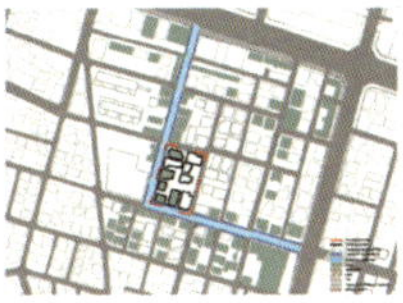

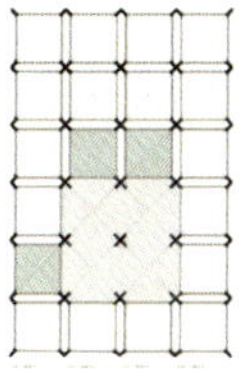

Dispose the shop program 1st column of B - row.
Because shops are placed along the Rodeo Street.
And also in my site shops are placed next to Street.

Two of shops placed inside of arrangement are arranged
for the reason that I want pedestrian to see the shop in square and use it.

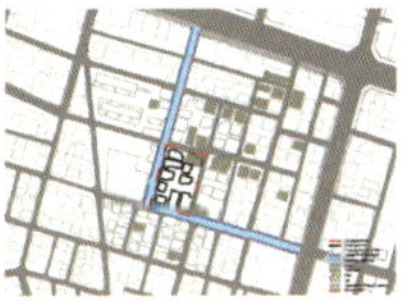

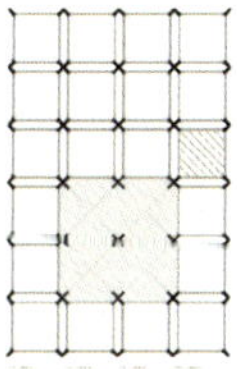

Dispose the restaurant program.

In original site, restaurant is placed in corner of site. But I would move it to center of right side.
Because a lot of restaurant are placed out of street but inside from Rodeo Street.

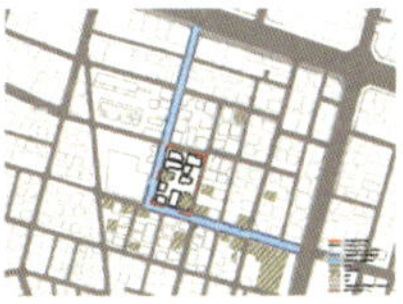

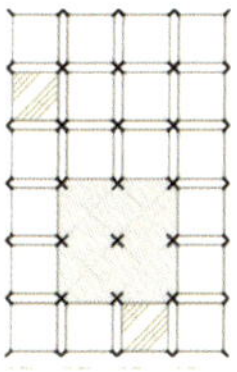

Dispose the cafe

There are two cafe in my site. So I place two of them in their own placement.
I think it will be better to use it and people can approach easily.

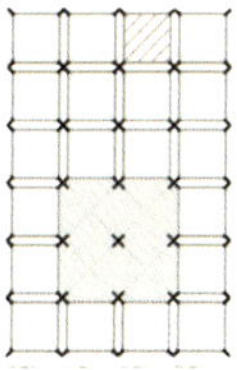

Dispose the bar

Originally, A bar is placed on the east side. But I think that would be arranged in north side bett
than east side. Because there are two bar on north side street.

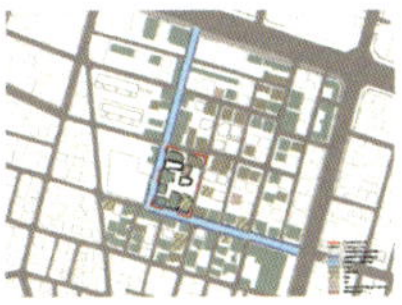

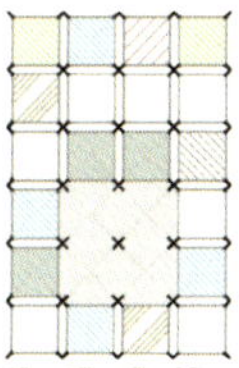

Finally, Set aquarium and exhibition space next to each program for providing interesting factor to each program. and this method will make design more special.
After then, set statirs and circulation in gap between two modules

Site Analysis and Program Arrangement

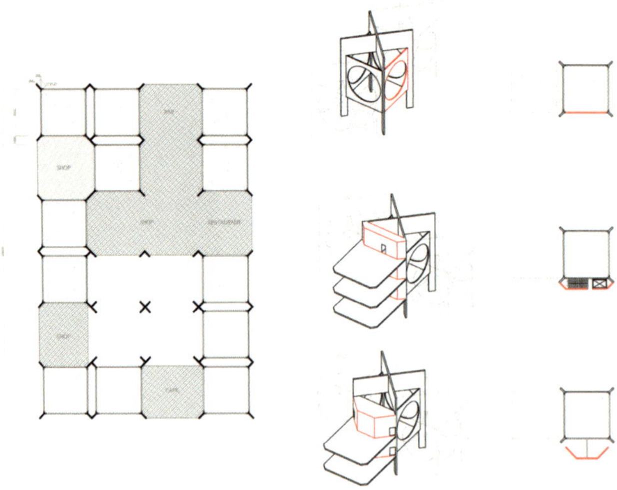

A) Original crossing module

This is the basic of design that has decided all the composition of space.

B) Part of channel space : Staircase and elevator

- Crossing module was extended to thickness 2400 and it would be used for space, staircase and elevator

C) Part of channel : Toilet

- Crossing module was extended to thickness 4200 and it would be used for space, toilet

Design Development_Shape of Wall

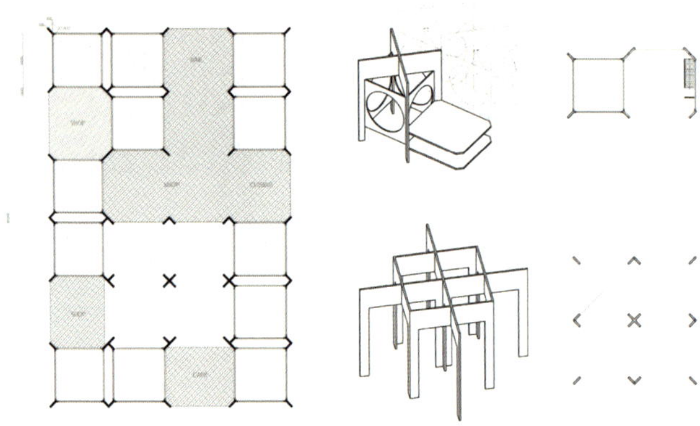

D) Part of transformed height : Cafe and exhibition

- Crossing module was lowered to height 15100, no pilotti It would be a space for sculpture exhibition. Pedestrian could look the sculpture over module but could be accessed

Floor that is next to transformed module would be a cafe like others adjoining street

E) Part of Square

- It is the most open space for square. Cause there are just columns and diagonal beam not partition wall

This space will be a solution of the problem that there is no space for pedestrian in Apgujeong

Design Development_Floor and Beam

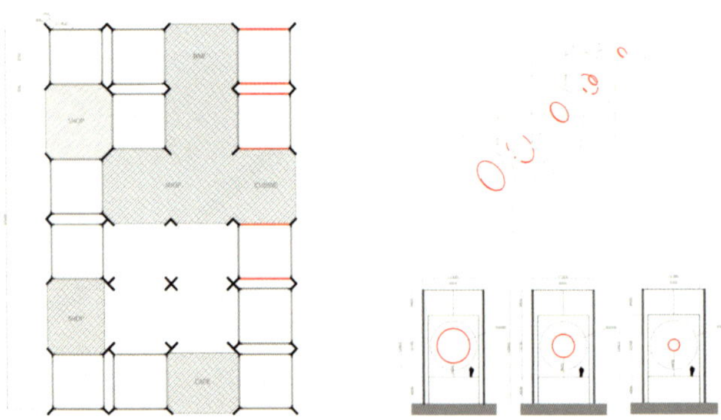

G) Sequence of radius transforming

Radius of each crossing module is transformed smaller when it have arranged in single file

The sequence will be focused on one point of view. It has role of screening out of urbanscape.

Because there are more private space like bar. And I want to make people concentrate on inside not outside.

Parameter
Original form
Public eye
Trace
Upper floor
Lower floor

Design Development_Opening of Wall

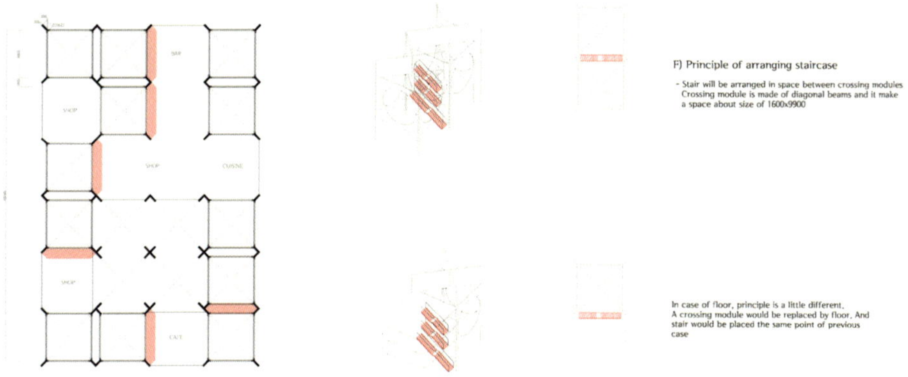

Design Development_Arrangement of Stair

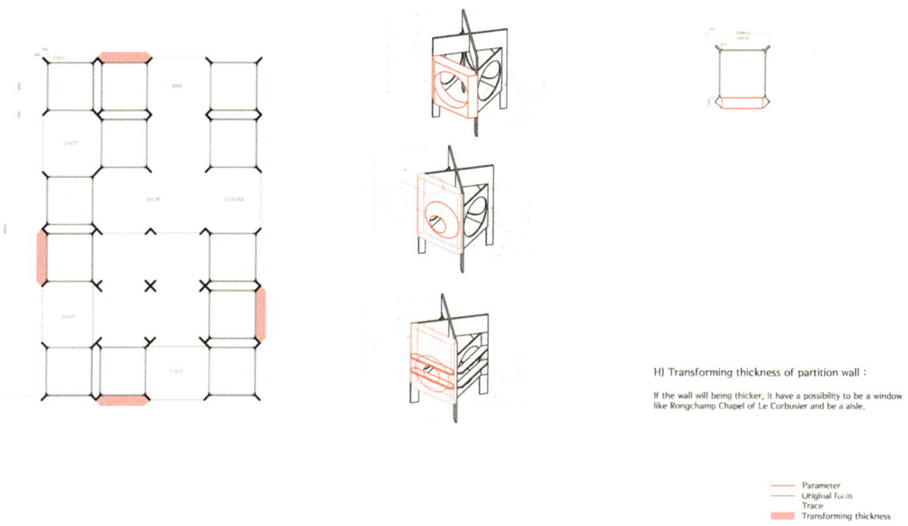

Design Development_Thickness of Wall

프로젝트의 대지는 서울 강남 한복판에 위치한 직사각형 형태의 도시블록입니다. 현재 이 블록에는 레스토랑, 카페, 바 등의 식음시설과 판매시설이 가득 차 있습니다. 높이 제한이 있어 고층 개발은 불가능하지만, 땅의 가치가 높은 지역이고 필지가 작게 나눠져 있어 토지 효용이 낮은 점을 고려하여 블록 전체를 합필하여 개발하고, 기존 상업시설 면적은 유지하면서 수족관이라는 새로운 프로그램을 추가하였습니다.

Phillips Exeter 도서관의 중심에 나타나는 아트리움 공간과 원형 개구부를 가진 내벽의 형태를 주목하여, 내벽의 높이, 두께, 원형 개구부의 크기 등을 변화시키며 분석하고 조합 방법을 연구하였습니다. 프로젝트의 공간구성을 위해 아트리움을 구성하는 'X'자 형태 보와 이를 떠받치는 4개의 내벽을 기본 모듈(Module)처럼 사용하였습니다. 정사각형 모듈에는 필요한 프로그램들을 배치하고, 모듈들이 만나는 부분에는 계단과 승강기를 배치하였습니다. 또한, 벽들의 형태는 인접하는 실의 기능에 맞게 각각 조정되었습니다.

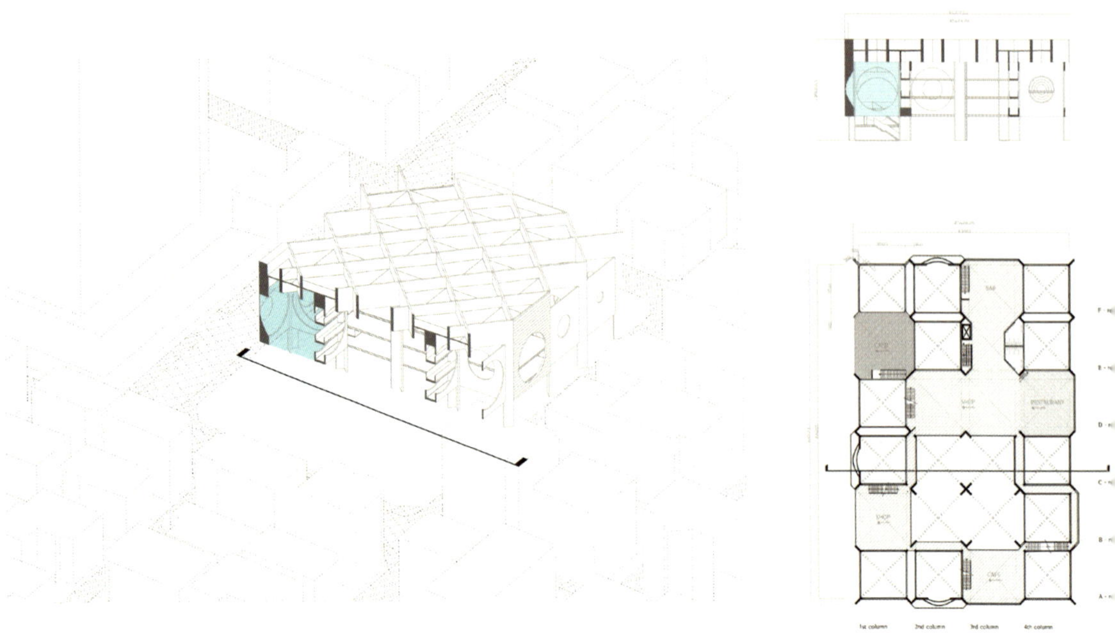

Short Section Perspective

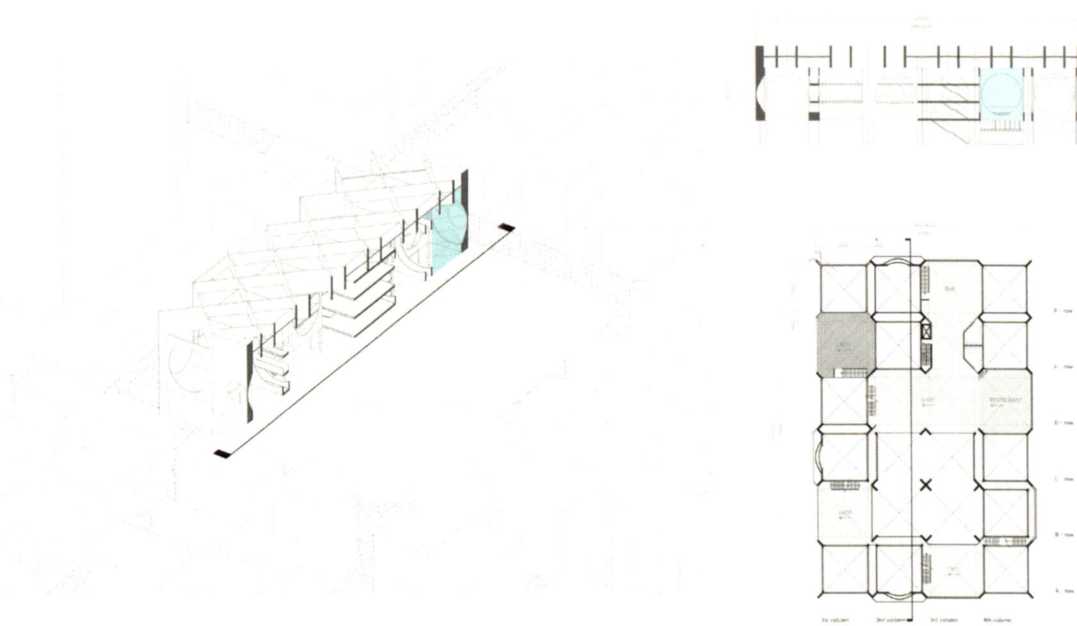

Long Section Perspective

Perspective_Atrium and Aquarium

Perspective_Lobby

Project	Atelier Bisque Doll House
Architect	UID Architects
Program	Gallery and Private House
Location	Osaka, Japan
Built Year	2009

Atelier Bisque Doll House는 이름 그대로 인형 작가 부부의 작업실이자 주택입니다. 건축주는 일과 생활공간이 분리되면서도 시각적으로 개방되길 원했고, 동시에 이웃으로부터 프라이버시를 보호받기를 원했습니다. 이를 위해 건축가가 선택한 방법은 매우 흥미롭습니다. 그는 대지 경계에 벽이나 울타리를 세우는 대신, 건물 외벽을 높이에 따라 3등분하여 필요한 부분만 가리는 방식을 선택했습니다. 그는 이 가로로 나뉜 입면 요소를 'Floating Belt'라고 명명했으며, 벨트가 겹치는 개수에 따라 프라이버시의 정도를 조절했습니다.

예를 들어, 건물 높이가 3m라면, 주거 공간은 3개의 벨트를 겹쳐 완전한 벽을 만들고, 아틀리에는 바닥부터 2m 높이까지 가린 뒤, 위쪽 1m는 측창으로 활용합니다. 외부 정원은 바닥부터 1m 높이까지 벨트 1개를 사용해 경계를 형성하는 등의 방식입니다. 이 벨트들은 공간의 경계를 모호하게 만들어 색다른 공간감을 연출하며, 대지와 주변 환경 사이에 새로운 관계형성을 유도합니다.

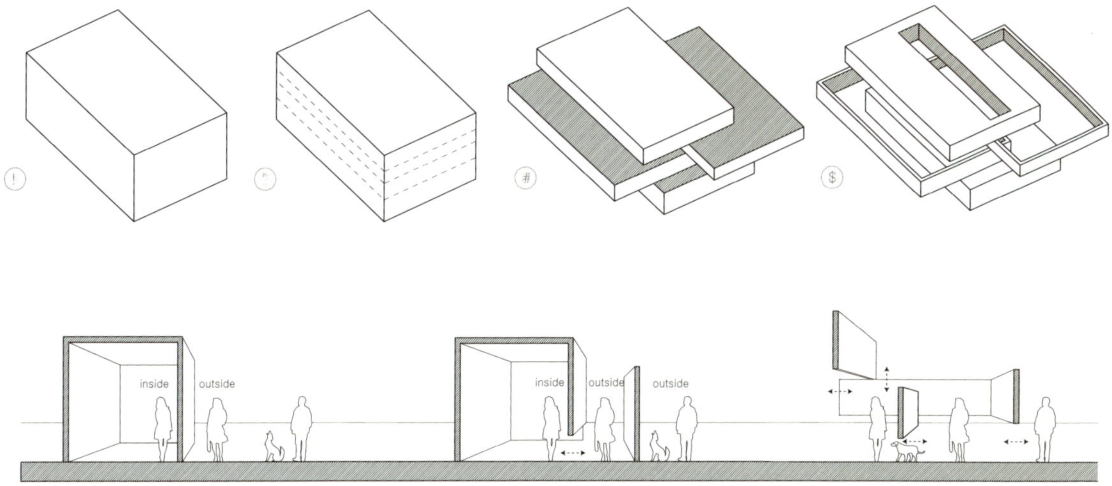

Geometry Analysis and Section Perspective

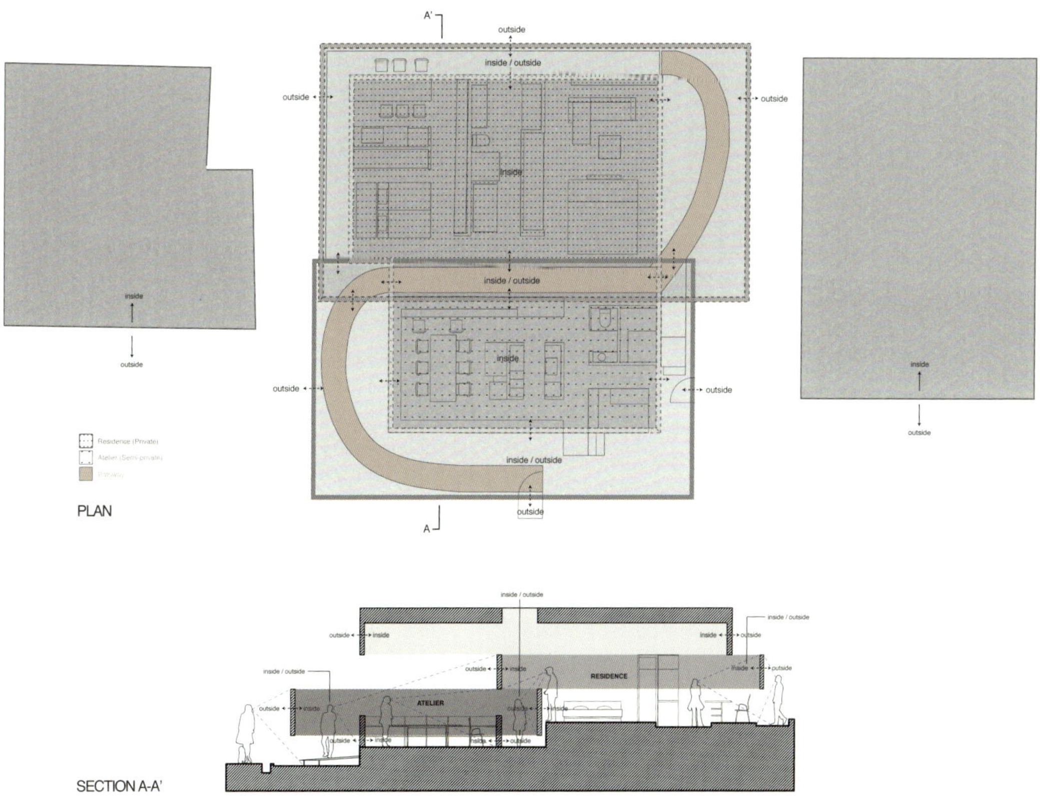

Geometry Analysis and Section Perspective

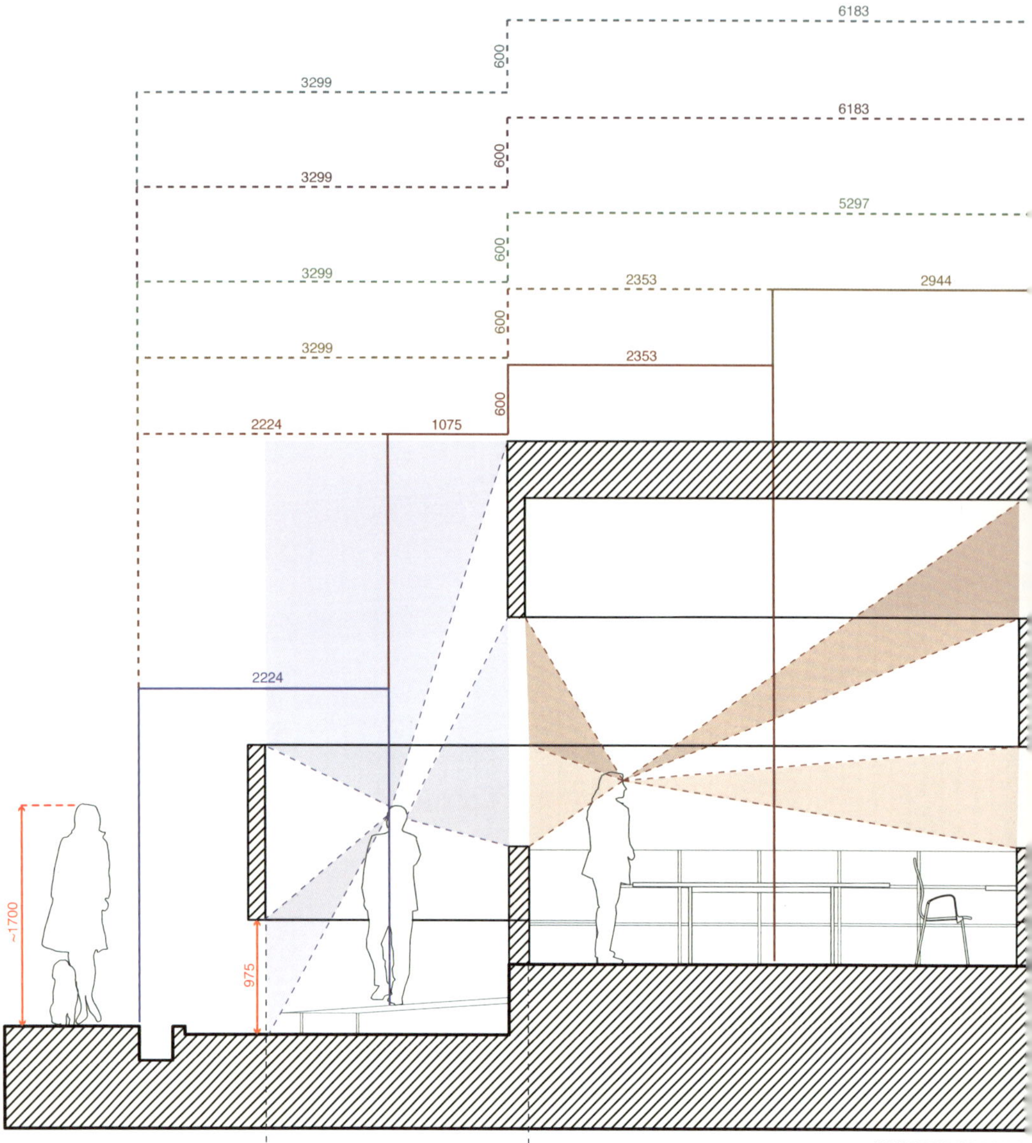

100% Accessibility 100% Proximity 100% Visibility Total 100% Interaction	0 - 40% Accessibility 95% Proximity 63% Visibility Total 36 - 66% Interaction	0 % Accessibility 35 - 65% Proximity 20 - 30% Visibility Total 18 - 31% Interaction	0 % Accessibility <10 - 35% Proxi 32 - 51% Visibilit Total 14 - 28% I
The Exterior	E.g. Reception, Children's area	E.g. Reading Spaces (Audio Books/ Magazines & Newspaper/Children Section), Atelier, Service Spaces	E.g. Circulation

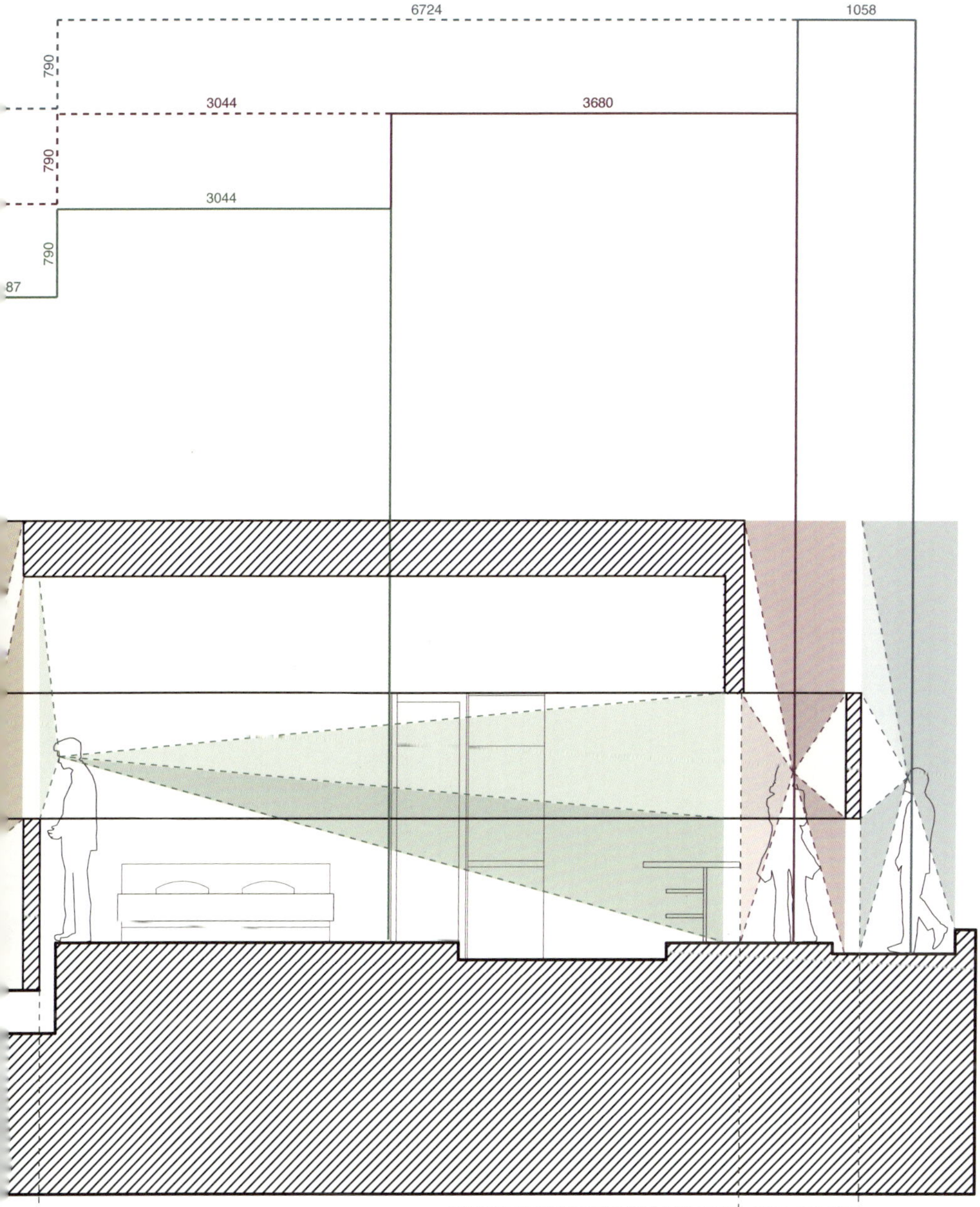

0 % Accessibility
<10 % Proximity
9 - 34% Visibility
Total 10 - 14% Interaction

E.g. Reading Spaces (Reference/Adult/ Youth Section), Atelier, Service Spaces

0 % Accessibility
<10 % Proximity
43 - 70% Visibility
Total 14 - 25% Interaction

E.g. Circulation

0 % Accessibility
<10 % Proximity
70 - 87% Visibility
Total 23 - 29% Interaction

E.g. Circulation, Children's Area

Section_Accessibility, Proximity and Visibility

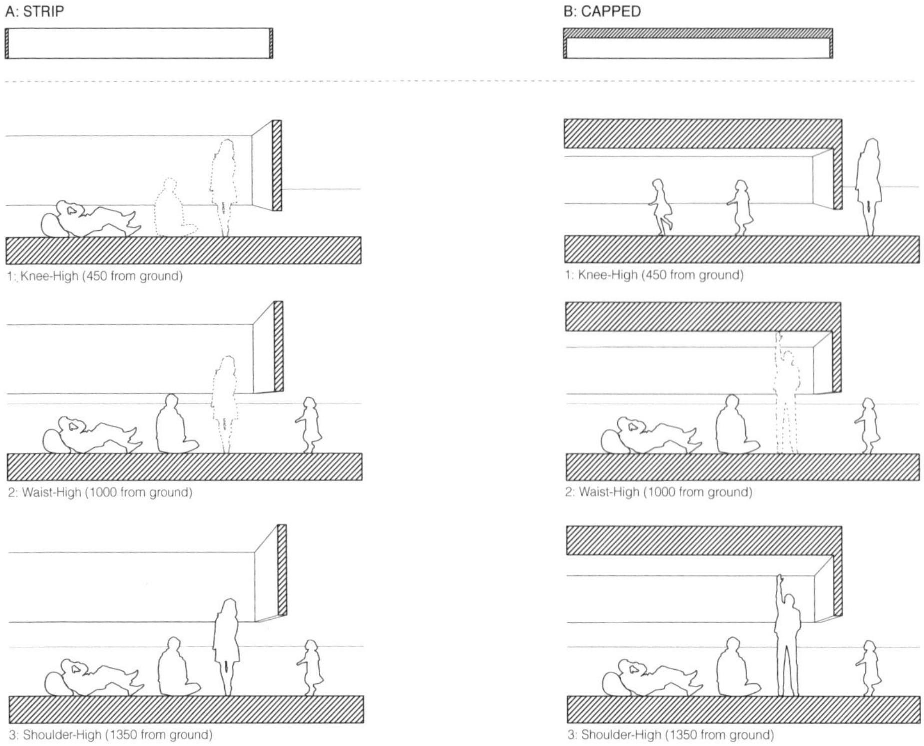

Parametric Experiment_Position of Belts

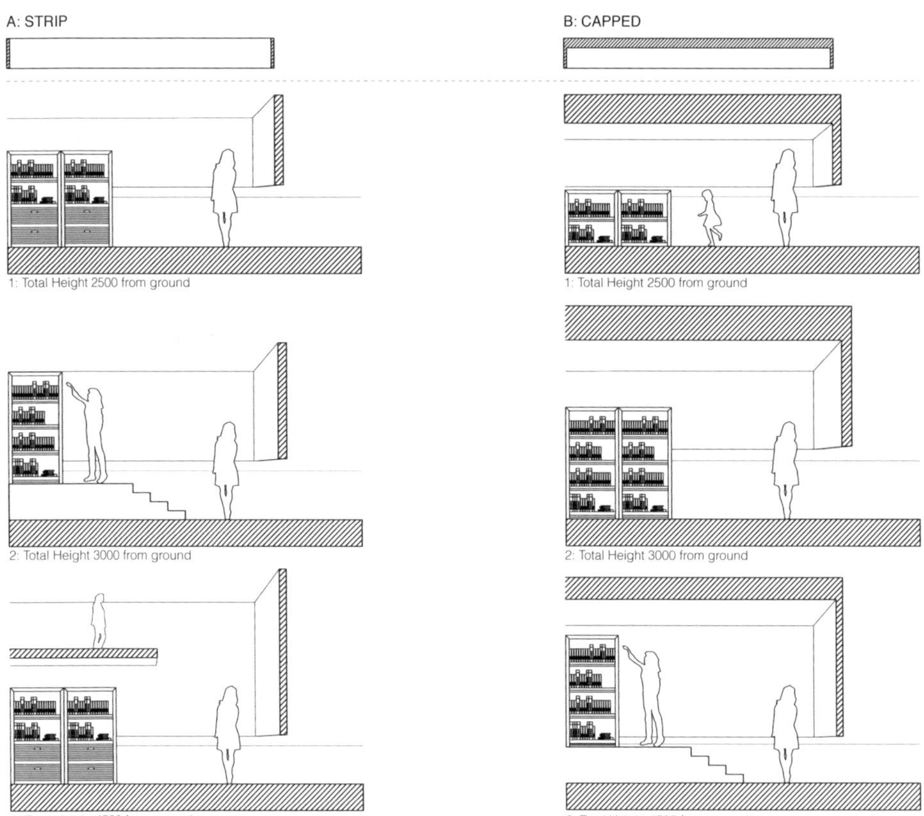

Parametric Experiment_Height of Belts

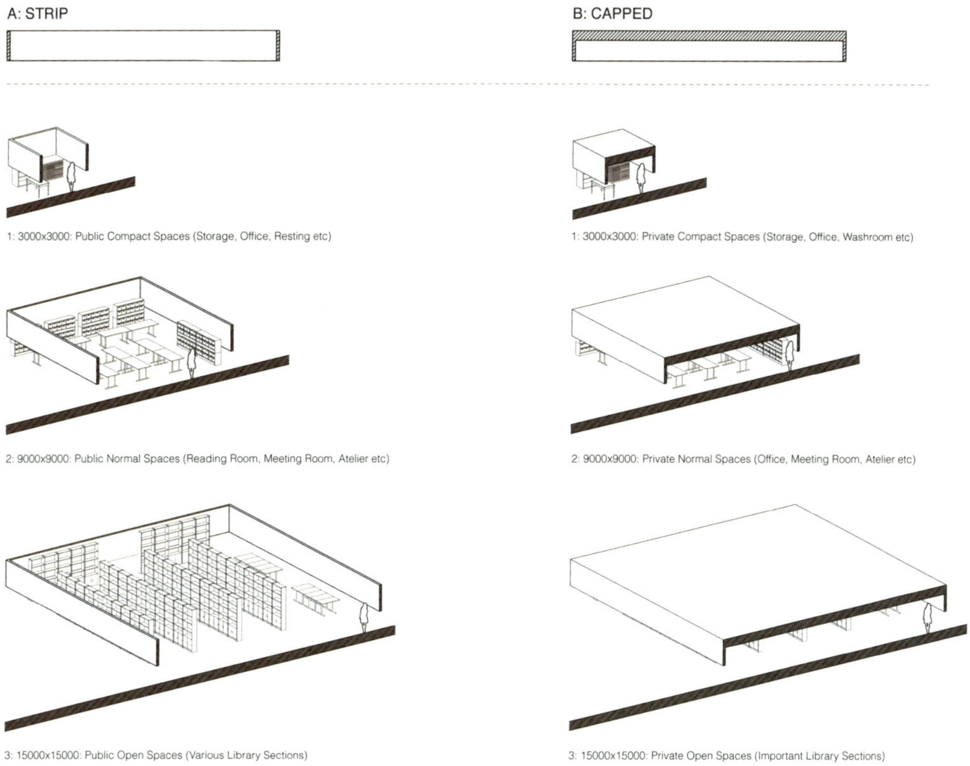

Parametric Experiment_Width of Belts

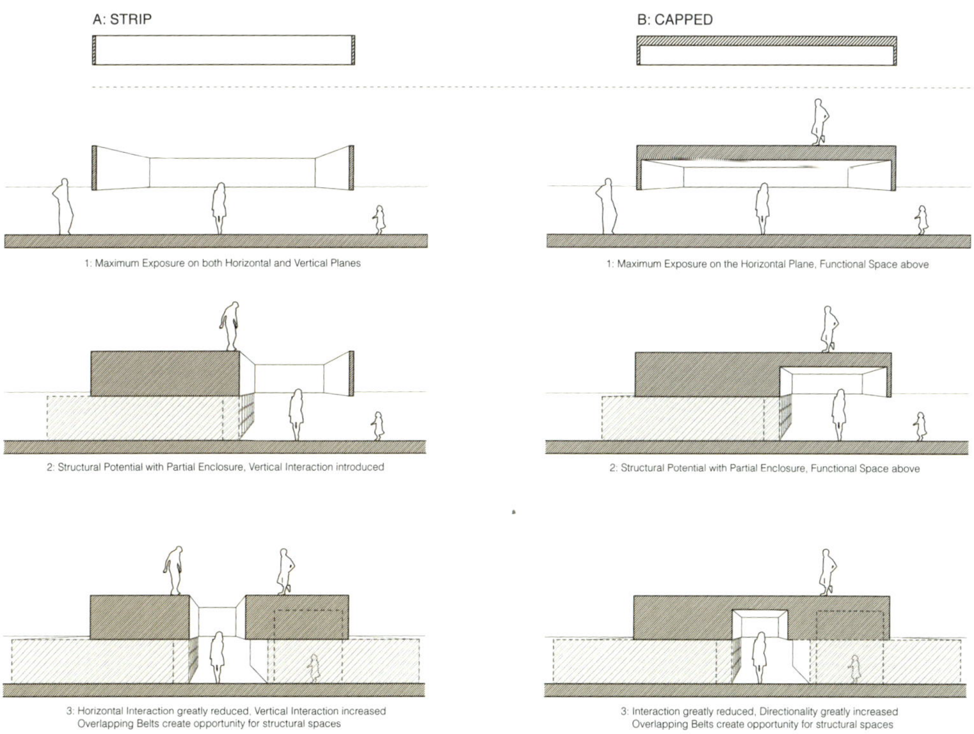

Parametric Experiment_Thickness of Belts

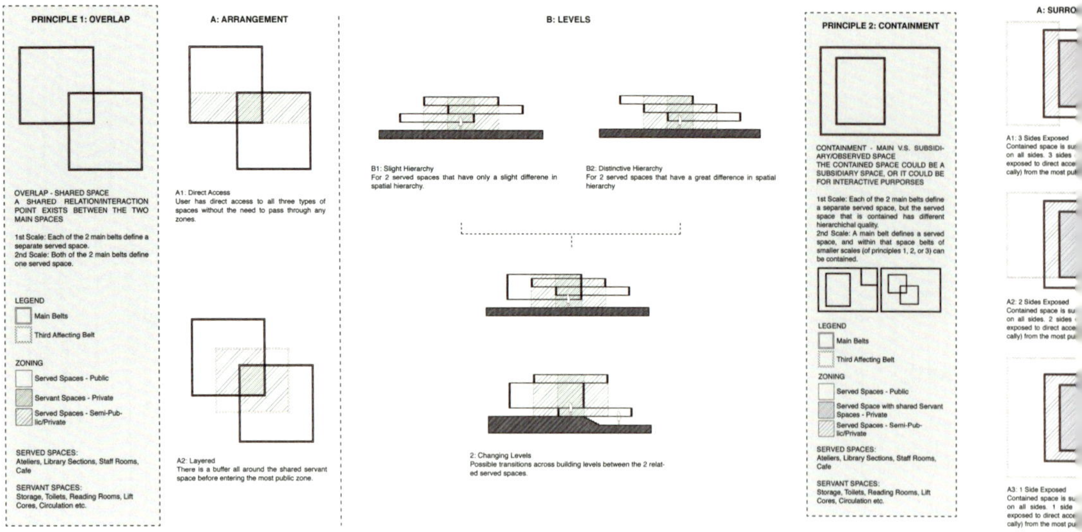

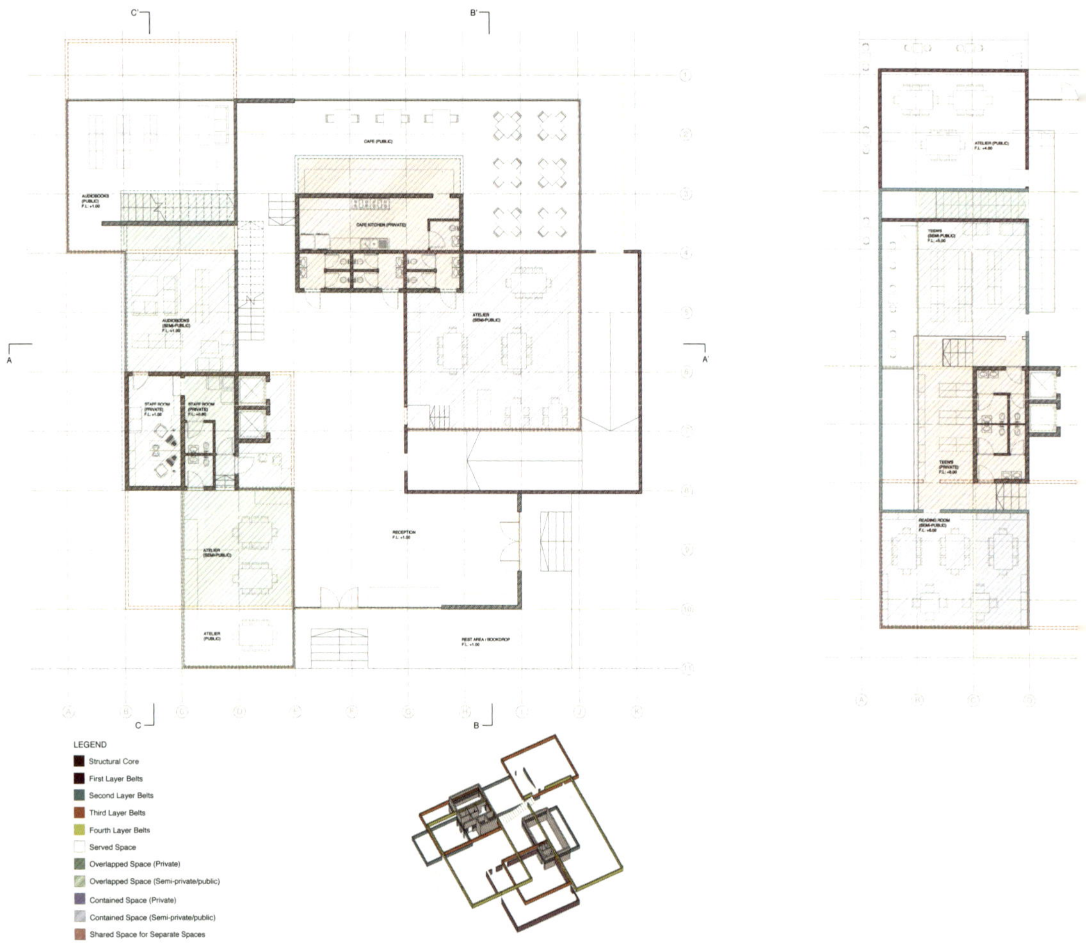

Plan and Axonometric_1st Floor

B: LAYERING ZONES

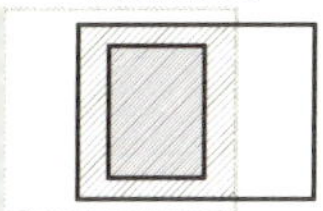

31: 4 Sides Surrounded
There is a buffer all around the contained space pefore entering the most public zone. The contained space is surrounded by the main space's semi-pub-ic/private zone on all 4 sides.

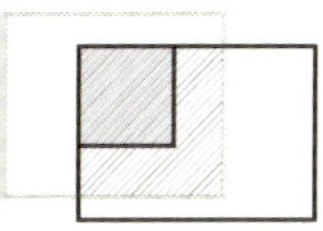

32: 2 Sides Surrounded
There is a buffer around the contained space before entering the most public zone. The contained space s surrounded by the main space's semi-public/pri-vate zone on 2 sides.

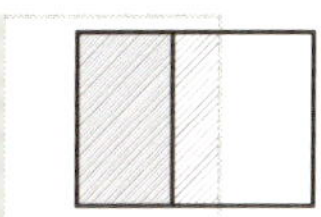

33: 1 Side Surrounded
here is a buffer around the contained space before ntering the most public zone. The contained space s surrounded by the main space's semi-public/pri-ate zone on 1 side.

C: DIRECT ACCESS

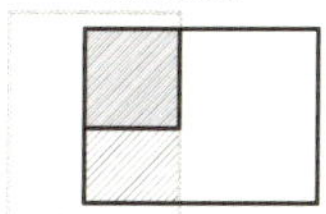

C: Direct Access
User has direct access to all three types of spaces without the need to pass through any zones.

PRINCIPLE 3: SEPARATE

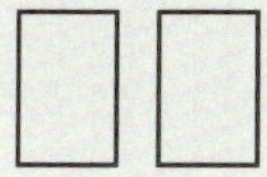

SEPARATE - TWO DISTINCTIVE SPACES THERE ARE NO SHARED RELATION/INTERACTION POINTS BETWEEN THE TWO SERVED SPACES

One scale only: Each of the two belts must define two different served spaces as they are spaces that bear little or no relations with each other.

LEGEND
- Main Belts
- Third Affecting Belt

ZONING
- Served Spaces - Public
- Servant Spaces - Private

SERVED SPACES:
Ateliers, Library Sections, Staff Rooms, Cafe

SERVANT SPACES:
Storage, Toilets, Reading Rooms, Lift Cores, Circulation etc.

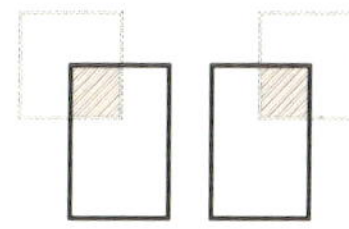

1: Separate Servant Spaces
Each served space has its own servant space within, and has no relation to the other space.

2: Shared Servant Space (Outside)
Both served spaces share a common servant space, but that space is situated in the exterior space, and not within the served spaces themselves.

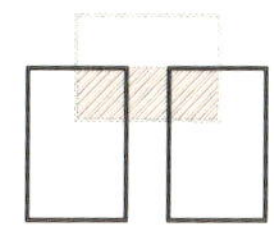

3: Shared Servant Space (Inside)
Both served space share a common servant space, and users can use the space to access from a separate served space to another, passing through the exterior space while transiting.

Design Principle_Served and Servant Space

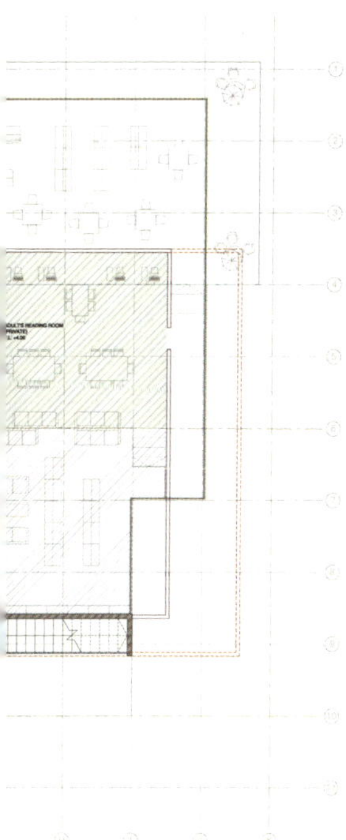

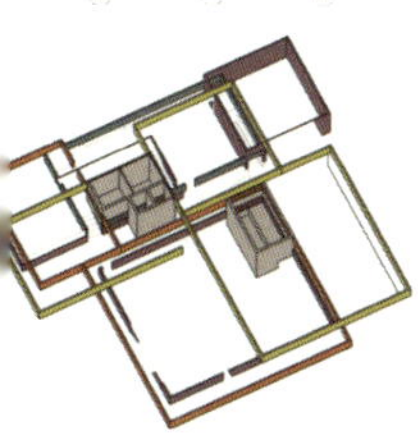

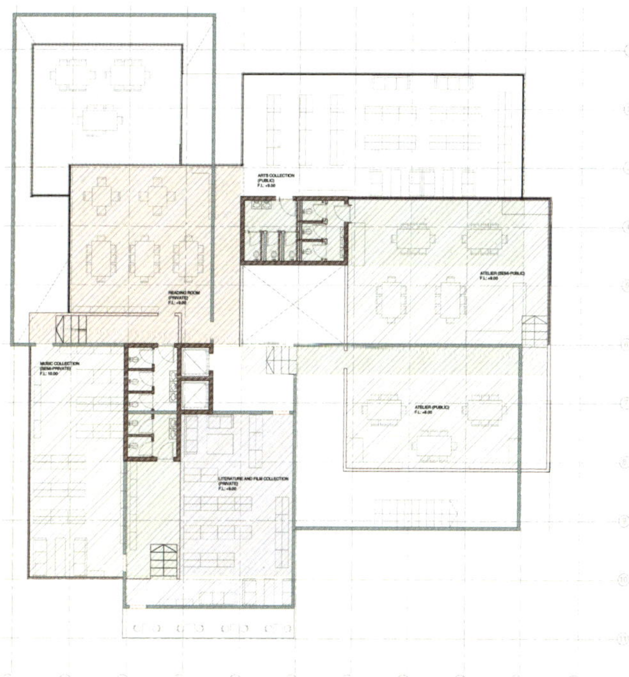

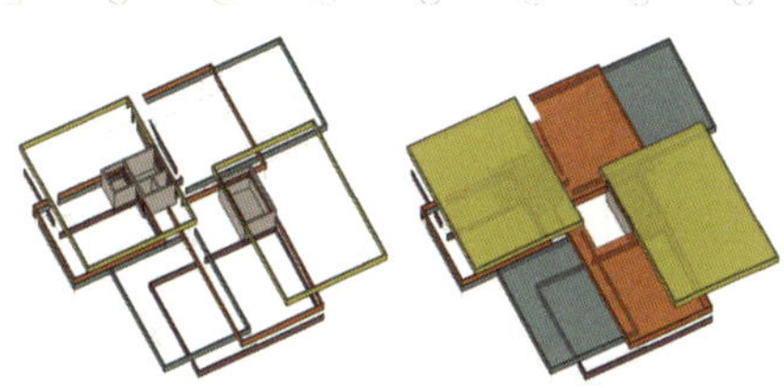

Plan and Axonometric_2nd Floor

Plan and Axonometric_3rd Floor

대지 분석을 바탕으로, 프로젝트의 프로그램을 예술교육을 위한 교육실과 작업실을 포함한 확장된 개념의 도서관으로 설정했습니다. 이후, 도서관에 필요한 공간을 조사하고, 사용자의 연령과 규모를 고려하여 각 공간의 면적과 높이를 결정한 뒤, 개방성의 정도에 따라 구분했습니다. 또한, 공간의 규모와 상호 관계를 고려하여 배치를 계획하고, 실내·외 및 공간 간 개방성을 조정했습니다.

프로그램 연구와 병행하여, Atelier Bisque Doll House의 '벨트' 개념을 지붕이 있는 형태와 없는 형태로 나누고, 크기와 깊이를 조절하며 새로운 공간 활용 가능성을 연구했습니다. 이를 기반으로 공간별 개방성을 조정하며 '벨트'를 활용해 설계했습니다. 또한, 주요 건축 언어인 '벨트' 외의 건축 요소 사용을 최소화하기 위해, '벨트'가 겹치는 부분을 구조적 요소로 활용하여 별도의 구조체 없이 건물 하중을 효과적으로 분산하도록 계획했습니다.

Physical Model Photo

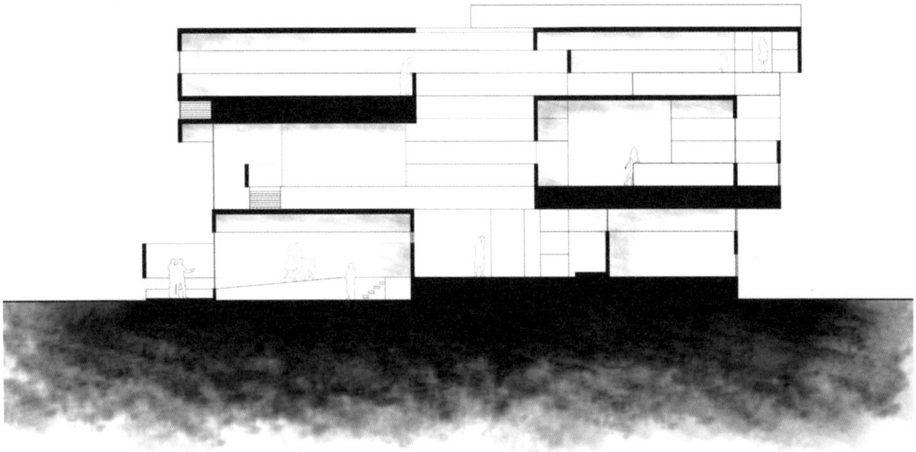

A-A' Section

Perspective_Bird's Eye View

Project	Board Contemporary Art Museum
Architect	Renzo Piano
Program	Art Museum
Location	LA, CA, USA
Built Year	2008

퐁피두 센터로 잘 알려진 이탈리아 출신 건축가 렌조 피아노(Renzo Piano)가 설계한 브로드 현대 미술관(BCAM)은 2008년에 개관했습니다. 전체적으로 연한 노란색 석재 패널로 마감된 직사각형 건물로, 총 3개 층, 약 6,700m² 규모이며, 6개의 전시관이 모두 높은 천장과 24m 폭의 무주공간으로 설계되었습니다.

건물 최상부의 톱니 모양 지붕은 BCAM의 특징적인 요소로, 전시 공간에 적합한 자연 채광을 제공합니다. 또 다른 주요 요소는 반복적으로 나타나는 빨간색 철재 구조물로, H-Beam, 철판, 철재 와이어 등으로 구성되며 건물 외벽에 부착되어 계단, 에스컬레이터, 연결 통로 등의 외부동선을 형성합니다. 특히 H-Beam의 구축 방식이 흥미로운데, 일부는 기둥으로 사용되었고, 일부는 벽에서 가로로 돌출되어 와이어로 다른 구조물을 매달 수 있는 보 역할을 합니다.

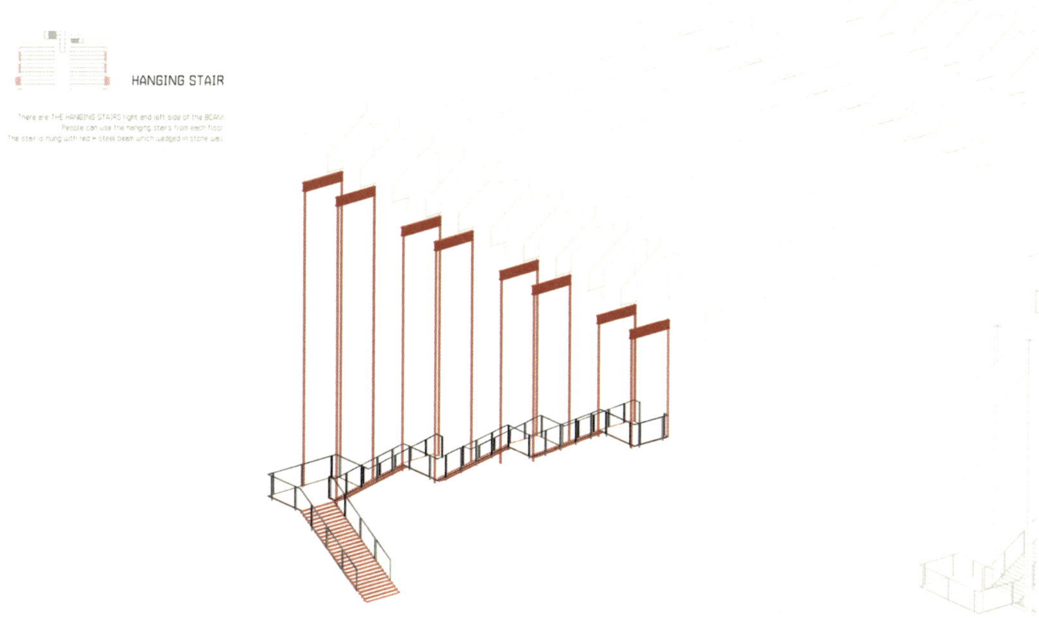

A-A' Section

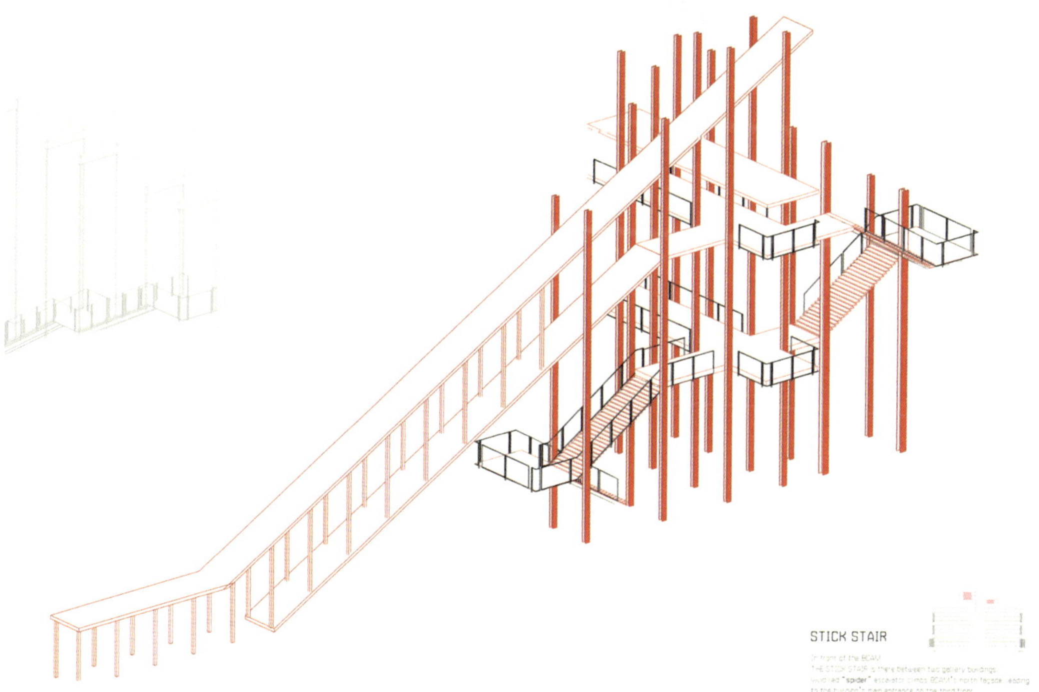

Axonometric_Freestanding Stair

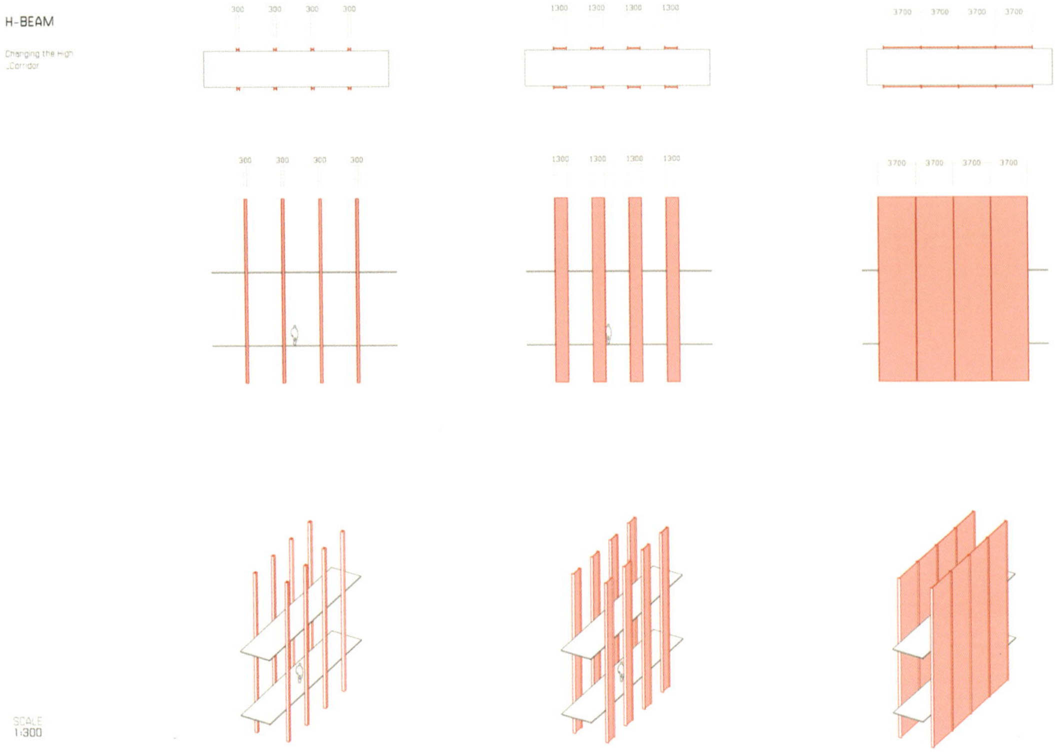

Parametric Experiment_Width of H-Beam

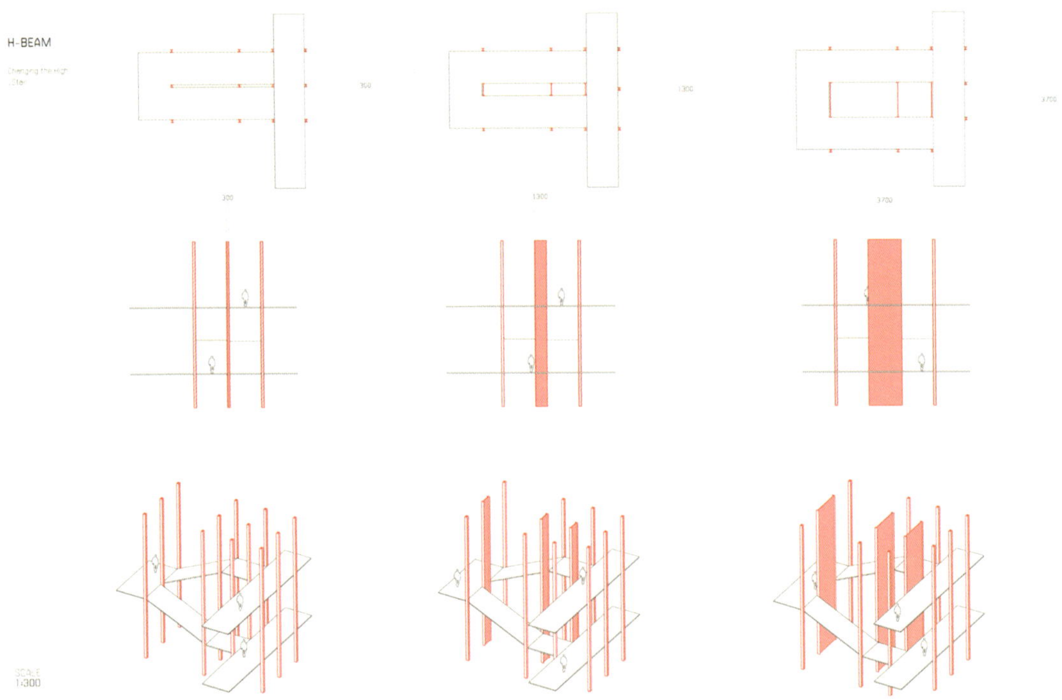

Parametric Experiment_Thickness of H-Beam

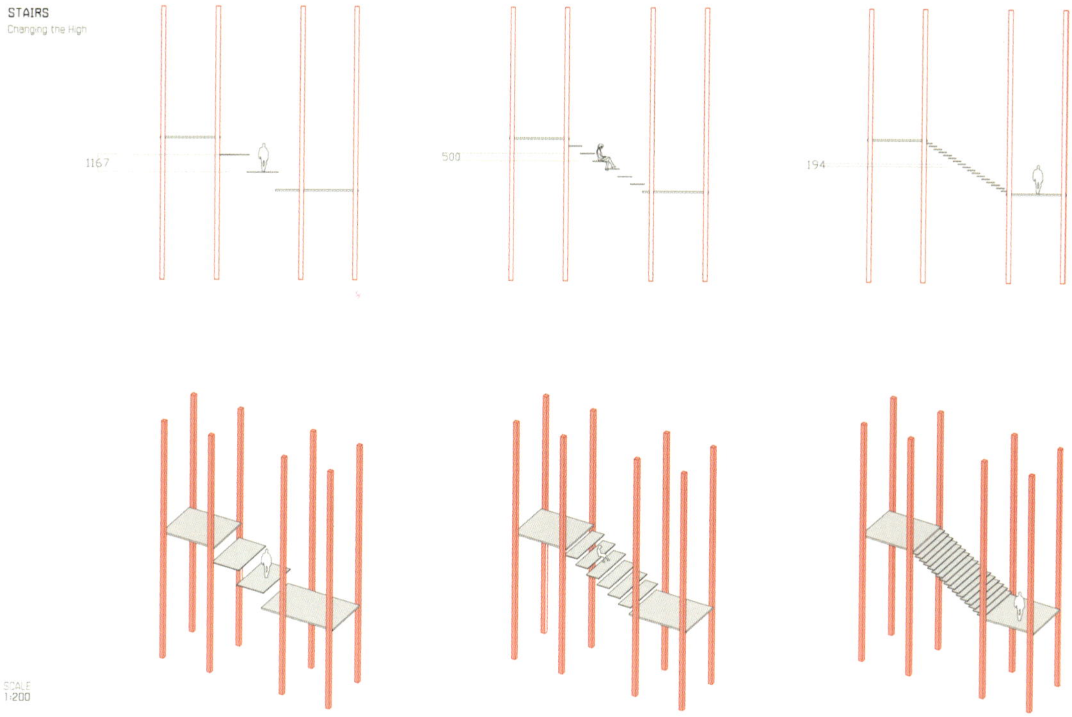

Parametric Experiment_Width of H-Beam

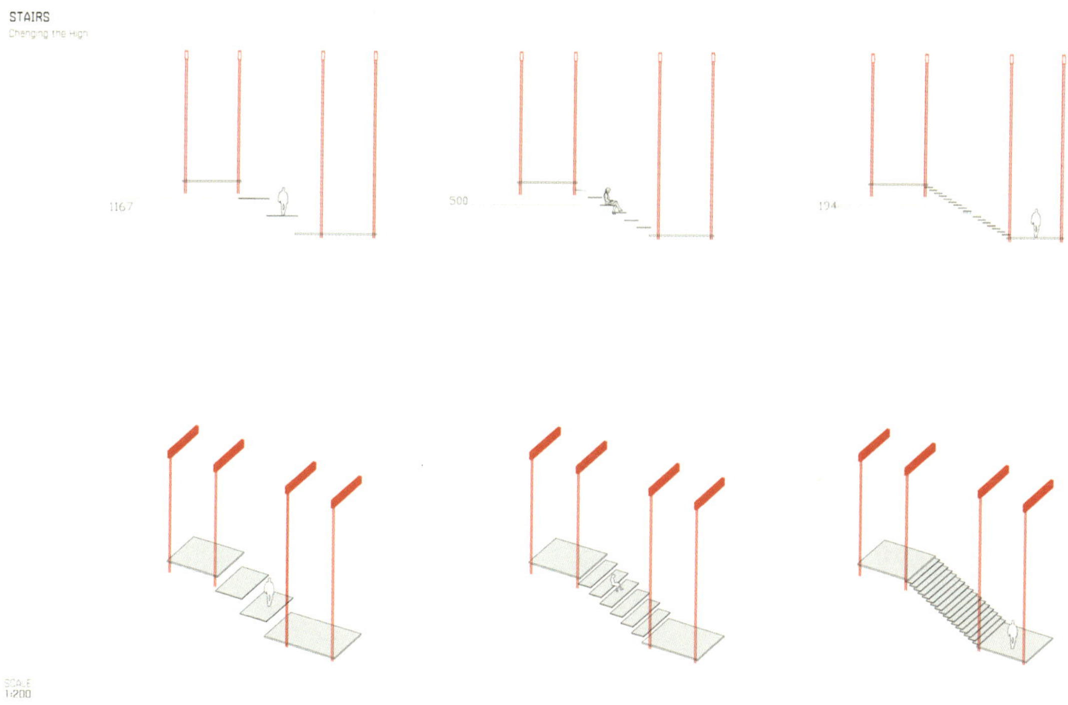

Parametric Experiment_Thickness of H-Beam

STAIRS

Changing the High
_ Area

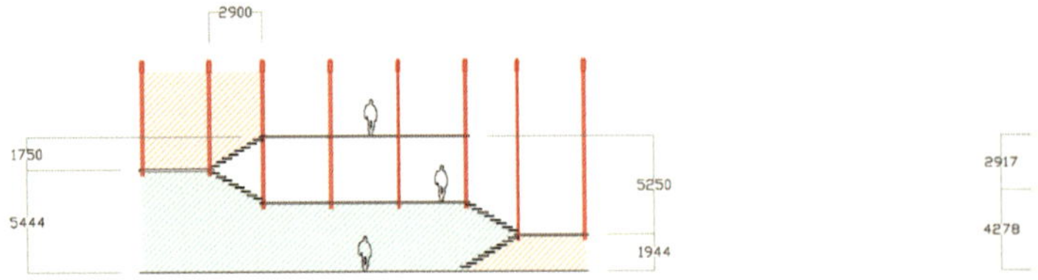

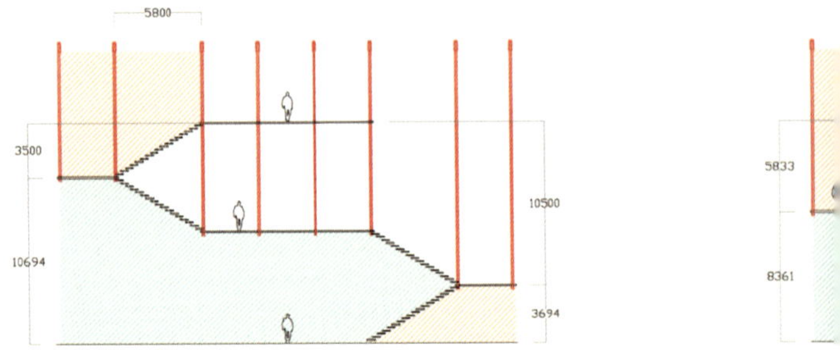

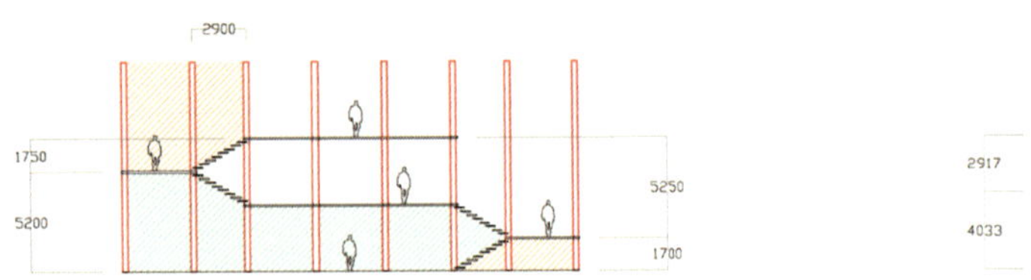

SCALE
1:500

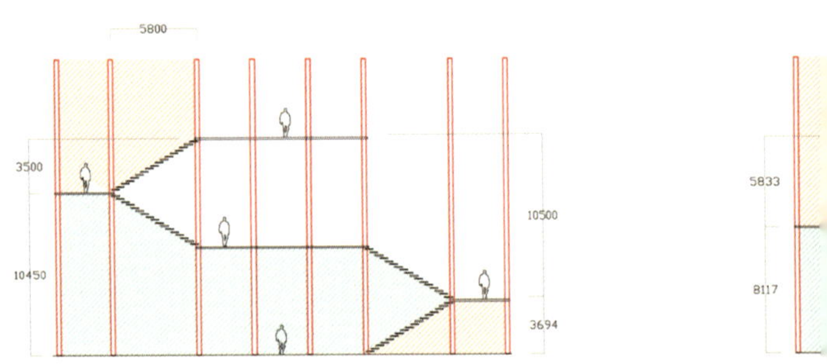

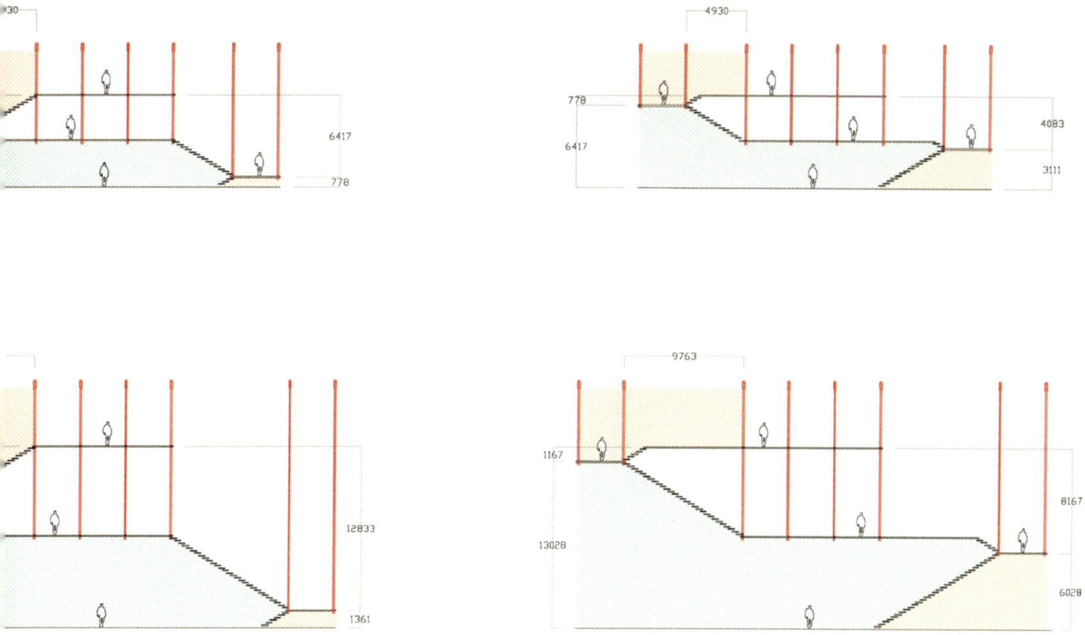

Design Development_Hanging Stair

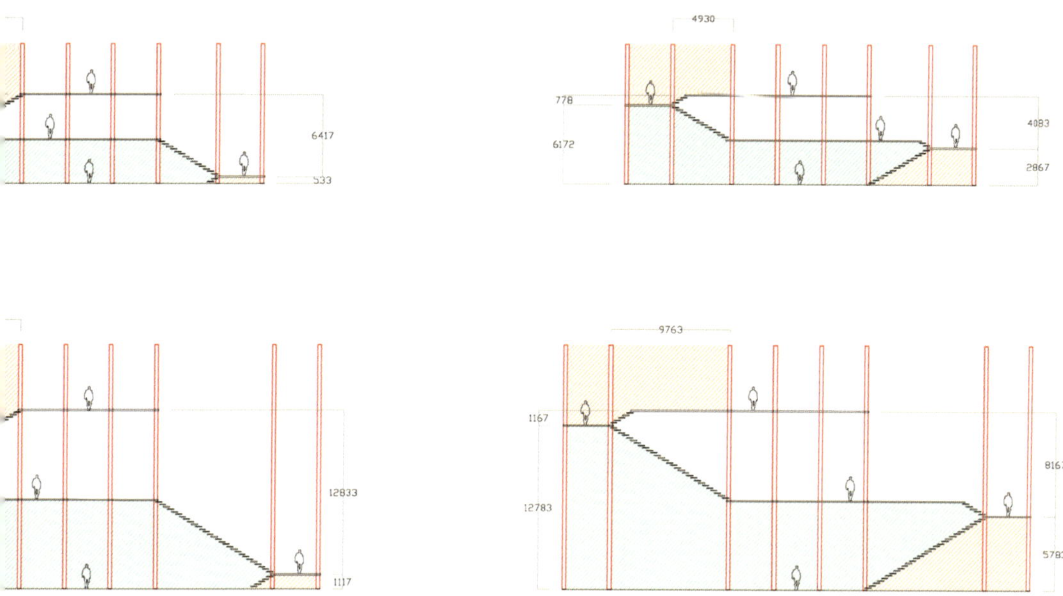

Design Development_Free standing Stair

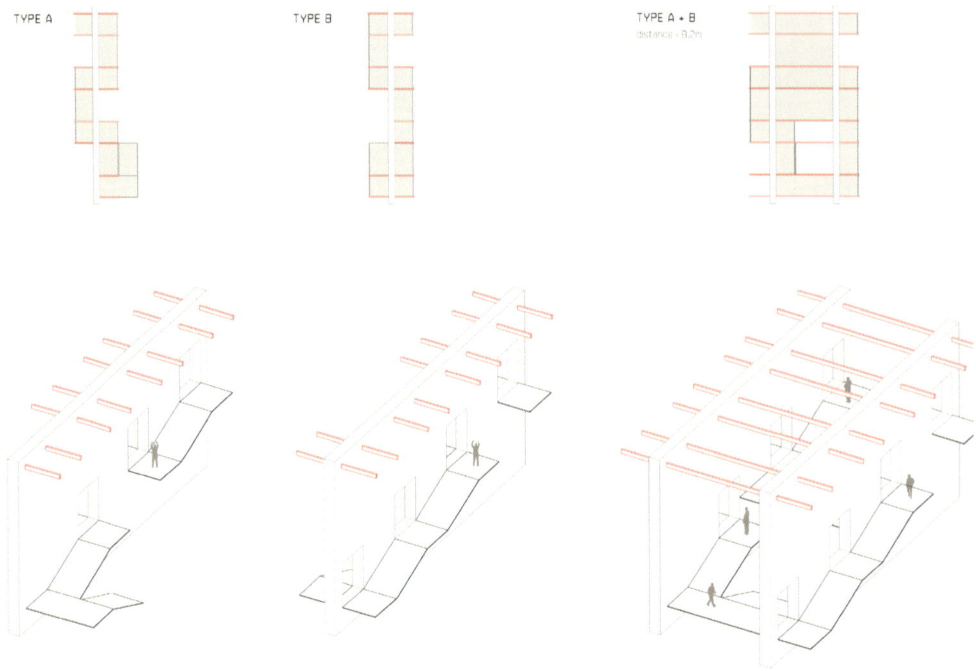

Design Development_Wall and Beam

BCAM의 외부 동선은 기둥을 이용한 형태와 매달리는 형태로 구분됩니다. 통로의 폭, 기둥의 두께와 간격 등을 조정하며 구조적 안정성과 공간의 사용성을 동시에 분석했으며, 계단과 계단 참을 이용한 동선 연결 방법과 외벽을 활용한 공간 구성 방법도 연구하였습니다.

프로젝트는 전통문화 중심의 상권이 형성된 길의 진입부에 위치하며, 프로그램은 대지의 특성을 고려해 야외 공연장과 실내 갤러리를 중심으로 한 복합문화시설로 결정했습니다. 대규모 공연을 위한 대공간이 필요하지는 않았기 때문에 대지 내에서 벽을 사용해 공간을 분리하고, 벽으로 둘러싸인 중정과 같은 외부 공간에 야외 공연장을 배치했습니다. 야외 공연장에 접한 벽은 공연과 관람을 위한 충분한 공간을 확보하기 위해 매달리는 형태의 외부 동선을 사용했으며, 공간을 구분하기 위해 사용된 벽을 때때로 두껍게 만들어 내부에 갤러리를 설계했습니다.

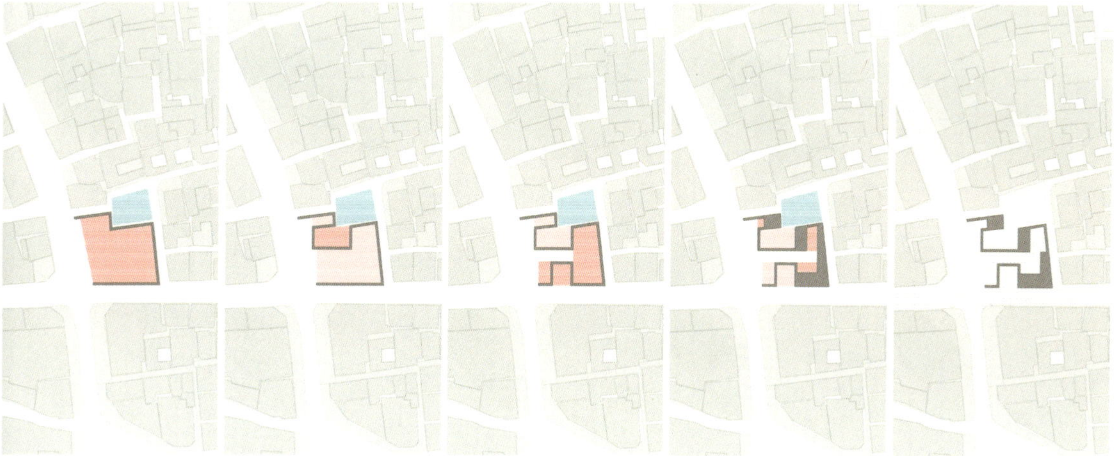

Draw the wall following shape of the site.
The wall create two spaces.
Blue is surrounded by buildings.
Red is facing to Insadong-street.

Red space is too big to pocket space.
So I devided red space into many pocket space
for various and exiting pocket space.
Now red is totally surrounded by the wall.

Still pink is big.
Considering East-West street, there is another red pocket.
Opposite side of the wall make one more pocket space.

Not just simple wall.
The wall could have different depth depending on program.
Thick wall offer inside space.

Finally, There are many pocket space.

Design Development_Wall Arrangement

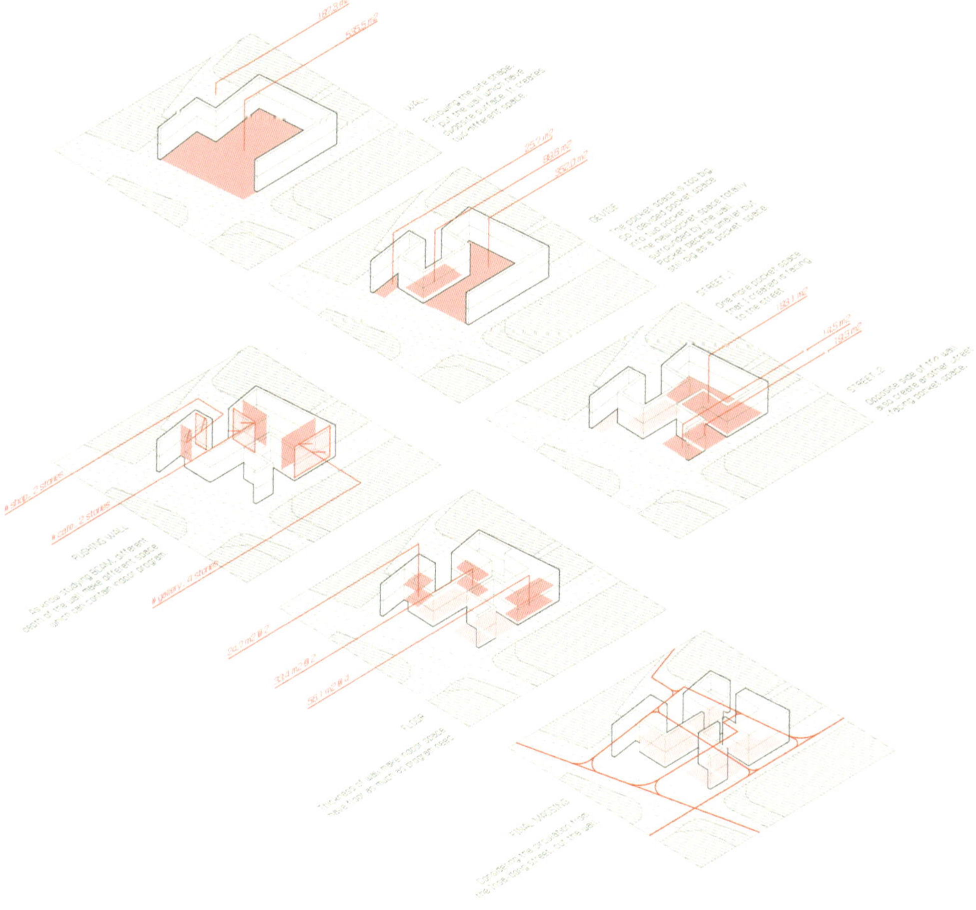

Design Development_Space Arrangement

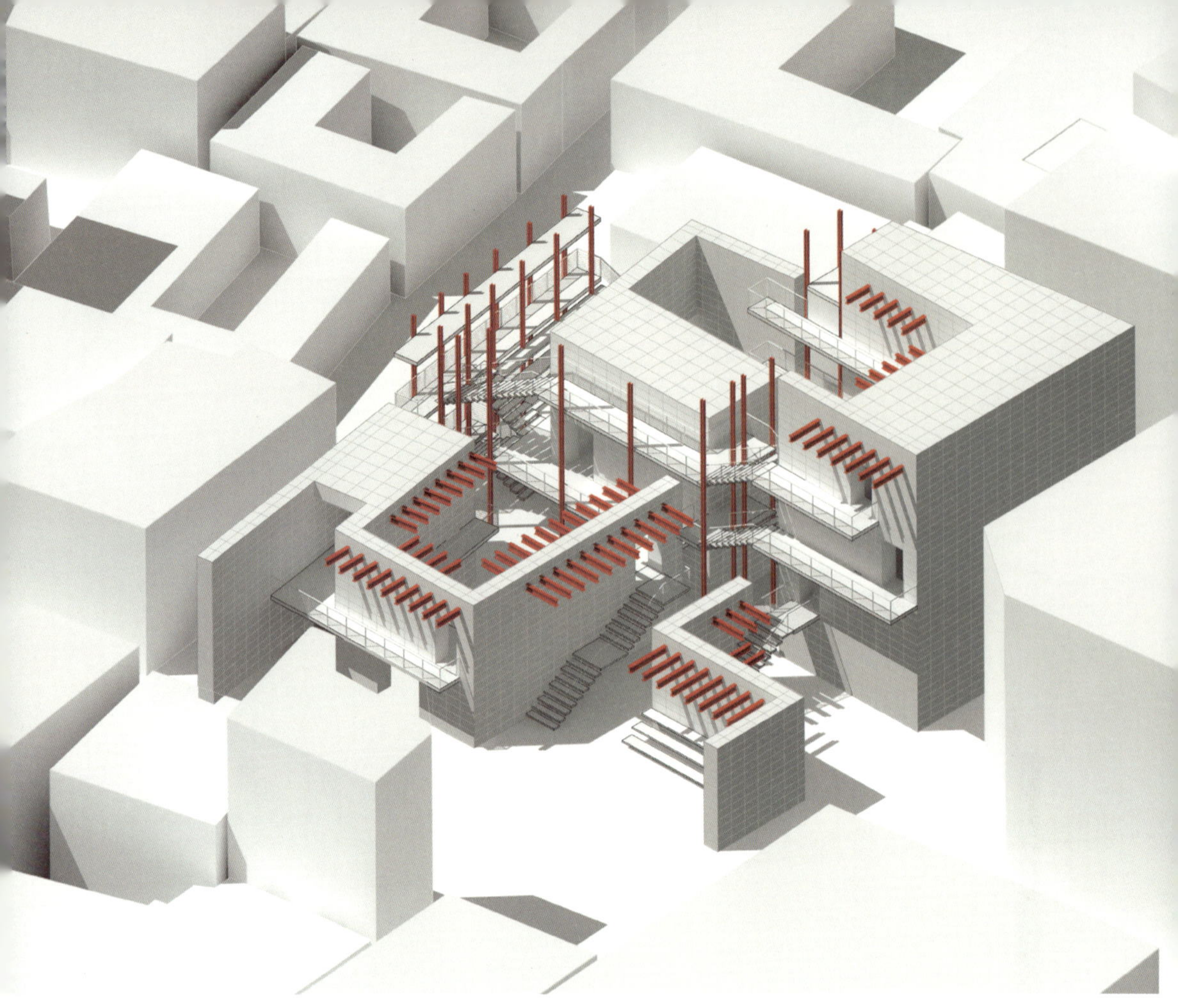

Design Development_Space Arrangement

Design Development_Space Arrangement

Perspective_Front View

Perspective_Wall and Courtyard